金刚石膜的应用与抛光技术

苑泽伟 著

科学出版社

北京

内 容 简 介

金刚石作为第四代半导体材料,具有极其优越的物理化学特性,在诸多高科技领域具有很好的应用前景。金刚石抛光技术的研究不但突破了金刚石在高科技领域的应用瓶颈,还带动了一些新工艺、新方法和新技术的发展。本书以作者多年的科研成果为基础,汇集国内外金刚石领域的最新进展,全面系统地对金刚石应用和抛光技术的重要成果进行了归纳和总结,内容主要包括:金刚石的结构及性能,金刚石膜的应用,金刚石膜的制备技术,金刚石膜的去除机理与抛光理论,金刚石膜的机械抛光技术、摩擦化学抛光技术、化学机械抛光技术、光催化辅助抛光技术及特种抛光技术,金刚石相关材料应用及加工技术。

本书可供高等院校机械和材料等相关专业师生、研究院所及相关领域企业的研发与应用人员参考。

图书在版编目(CIP)数据

金刚石膜的应用与抛光技术/苑泽伟著. —北京:科学出版社,2023.5
ISBN 978-7-03-073844-8

Ⅰ.①金… Ⅱ.①苑… Ⅲ.①类金刚石膜-研究 Ⅳ.①TB43

中国版本图书馆 CIP 数据核字(2022)第 220749 号

责任编辑:王喜军 陈 琼/责任校对:杨聪敏
责任印制:吴兆东/封面设计:无极书装

科 学 出 版 社 出版

北京东黄城根北街 16 号
邮政编码:100717
http://www.sciencep.com

北京中石油彩色印刷有限责任公司印刷

科学出版社发行 各地新华书店经销

*

2023 年 5 月第 一 版 开本:720 × 1000 1/16
2023 年 5 月第一次印刷 印张:20 1/2
字数:413 000

定价:188.00 元
(如有印装质量问题,我社负责调换)

前　　言

    金刚石自从 3000 多年前在古印度被发现以来，以其色彩绚丽和稀有耐久的特性一直被当作稀世珍宝受人追捧和珍藏，并被视为权力、财富和地位的象征。不仅如此，金刚石除了作为高贵的装饰品闻名于世，更是集多种优越的物理化学性能于一身的材料"极品"。它不但是自然界已知材料中硬度最大、导热性能最好的材料，而且具有很小的摩擦系数、优良的电绝缘性、较宽的透光波段、优秀的半导体特性和化学惰性，被视为 21 世纪最有发展前途的新材料之一，具有广泛的应用前景和巨大的市场潜力。

    然而，由于天然金刚石资源数量稀少且尺寸有限，这种当今世界上优秀的全方位材料长期以来并没有得到广泛的应用。1982 年，Matsumoto 用低压化学气相沉积（chemical vapor deposition，CVD）法成功地人工合成了金刚石，再次使金刚石成为全世界关注的焦点。此后依次出现了热丝 CVD、微波等离子 CVD、直流电弧等离子喷射 CVD 等多种合成方法。金刚石的生产速率、尺寸和质量得到了极大的提高，而且价格被控制在可以接受的范围，自此，金刚石的应用不再局限于刀具和模具领域，逐渐向光学、热学、半导体和声学等高科技领域发展。例如，金刚石具有高的透射率，是大功率红外激光器和探测器的理想窗口材料；金刚石膜同时具有高强度、高硬度、高的化学稳定性和高的热传导性，是最理想的导弹天线窗口材料；金刚石具有高的热传导性、低的热膨胀系数及极佳的化学惰性和高电阻率，可以代替硅成为下一代高功率、高密度集成电路的最佳材料。

    随着金刚石制备技术的不断成熟及应用领域的不断拓展，市场对金刚石的抛光需求愈加强烈。但是，金刚石具有极高的硬度和良好的化学稳定性，对金刚石及其复合材料的抛光极其困难。近些年，国内外开发了许多物理、化学、热学方面及其组合的方法以实现对金刚石的抛光。实际应用时，常常需要根据具体应用需求，如零件几何形状、设备情况、效率和经济要求来选择合适的抛光技术，否则容易造成抛光损伤、加工费用高等问题。

    本书结合作者近些年对金刚石膜抛光技术的相关研究，总结了金刚石膜的应用领域及常用抛光技术，以满足工业领域对单晶金刚石、多晶金刚石及聚晶金刚石（polycrystalline diamond，PCD）的加工需求和相关领域对科研人员的技术需求。本书包含 10 章内容。

第1章介绍金刚石的原子结构及力学、光学、热学、电子学、化学方面的特性。

第2章介绍金刚石膜的应用，特别是在高新技术领域的应用。

第3章介绍常见的金刚石膜制备技术。

第4章详细阐述金刚石膜的去除机理和抛光理论，特别是摩擦化学抛光理论和化学机械抛光理论，为各种抛光技术奠定基础。

第5章介绍金刚石膜的机械抛光技术及在此基础上发展的固结磨料机械抛光技术和金刚石砂轮磨削技术，同时简要介绍金刚石膜对磨抛光技术和单晶金刚石的机械抛光技术。

第6章详细阐述金刚石膜的摩擦化学抛光技术，内容包括摩擦化学抛光盘的制备、抛光方法与装置、抛光工艺及抛光机理等。该技术可用于金刚石膜平坦化粗抛光和金刚石刀具的刃磨等。

第7章详细阐述金刚石膜的化学机械抛光技术，分析化学机械抛光的关键技术，介绍化学机械抛光液的配制方法，研究化学机械抛光工艺和抛光机理。

第8章介绍金刚石膜的光催化辅助抛光技术。该技术在化学机械抛光技术的基础上发展而来。

第9章介绍一些金刚石膜的特种抛光技术，如激光抛光技术、离子束抛光技术、等离子刻蚀技术、电火花加工技术、等离子融合化学机械抛光技术。

第10章介绍金刚石相关材料的应用及加工技术，如 SiC、Si_3N_4、蓝宝石、石墨烯及类金刚石碳基（diamond-like carbon，DLC）材料。这些材料的加工方法可以相互借鉴。

为了全面、准确地反映金刚石膜抛光的研究现状，本书还整理、归纳了部分国内外同行的优秀成果，在此对这些同行表示最诚挚的谢意！金刚石膜的应用与抛光是新兴技术领域，尽管作者尽了最大的努力，但限于水平，书中可能有挂一漏万之处，敬请各位专家读者批评指正。

希望本书的出版能对我国金刚石膜及相关材料的研究与应用起到推进作用。

苑泽伟

2022 年 4 月 20 日

目　　录

前言
第1章　金刚石的结构及性能 ……………………………………………………… 1
　1.1　金刚石的原子结构 …………………………………………………………… 1
　1.2　金刚石的力学性能 …………………………………………………………… 3
　　1.2.1　金刚石的硬度 …………………………………………………………… 3
　　1.2.2　金刚石的解理与脆性 …………………………………………………… 4
　　1.2.3　金刚石的强度 …………………………………………………………… 4
　　1.2.4　金刚石其他力学性能 …………………………………………………… 6
　1.3　金刚石的光学性能 …………………………………………………………… 6
　1.4　金刚石的热学性能 …………………………………………………………… 7
　1.5　金刚石的电子学性能 ………………………………………………………… 9
　1.6　金刚石的化学性能 …………………………………………………………… 9
　参考文献 …………………………………………………………………………… 10
第2章　金刚石膜的应用 …………………………………………………………… 11
　2.1　金刚石膜在机械领域的应用 ………………………………………………… 11
　　2.1.1　金刚石的定向 …………………………………………………………… 11
　　2.1.2　金刚石刀具 ……………………………………………………………… 12
　　2.1.3　金刚石修整器 …………………………………………………………… 18
　　2.1.4　金刚石膜在医疗器械领域的应用 ……………………………………… 18
　　2.1.5　金刚石膜在其他机械领域的应用 ……………………………………… 20
　2.2　金刚石膜在热学领域的应用 ………………………………………………… 20
　　2.2.1　金刚石热沉片 …………………………………………………………… 20
　　2.2.2　金刚石散热片 …………………………………………………………… 22
　　2.2.3　金刚石场发射散热片 …………………………………………………… 23
　2.3　金刚石膜在光学领域的应用 ………………………………………………… 24
　　2.3.1　超声速飞行器红外或雷达光学窗口 …………………………………… 24
　　2.3.2　高功率激光窗口和微波窗口 …………………………………………… 26
　　2.3.3　苛刻环境下服役的光学窗口 …………………………………………… 28
　　2.3.4　金刚石膜在其他光学领域的应用 ……………………………………… 29

2.4 金刚石膜在声学领域的应用 ·····························30
2.4.1 高保真声学器件 ··································31
2.4.2 SAW 器件 ·······································31
2.5 金刚石膜在电学领域的应用 ·····························33
2.5.1 紫外探测器、辐射探测器 ·······················33
2.5.2 效应管、二极管 ·································34
2.5.3 金刚石膜在集成电路光刻领域的应用 ··············35
2.5.4 金刚石膜在其他电学领域的应用 ··················36
2.6 金刚石膜的应用要求 ·································38
2.7 金刚石膜的市场前景 ·································39
参考文献 ··41
第 3 章 金刚石膜的制备技术 ·······························44
3.1 概述 ···44
3.2 金刚石膜的 CVD 生长机理 ·····························45
3.3 热丝 CVD 法 ···47
3.3.1 热丝 CVD 法的基本原理 ·························47
3.3.2 热丝 CVD 过程中的化学反应 ·····················48
3.3.3 热丝的选择与碳化 ·······························49
3.3.4 电子辅助热丝 CVD ······························50
3.3.5 热丝 CVD 法的基本工艺参数 ·····················51
3.4 微波等离子 CVD 法 ···································52
3.4.1 常见微波等离子 CVD 装置 ·······················52
3.4.2 其他类型的微波等离子 CVD 装置 ·················55
3.4.3 微波等离子 CVD 法的应用与展望 ·················56
3.5 直流电弧等离子喷射 CVD 法 ··························56
3.5.1 直流电弧等离子喷射 CVD 的原理 ·················56
3.5.2 直流电弧等离子喷射 CVD 电弧特性及其影响 ·······57
3.5.3 磁场对直流电弧等离子喷射 CVD 的影响 ···········58
3.6 其他金刚石膜制备技术 ·································59
3.6.1 燃烧火焰 CVD ··································59
3.6.2 脉冲激光沉积 ··································60
参考文献 ··62
第 4 章 金刚石膜的去除机理与抛光理论 ·····················65
4.1 概述 ···65
4.2 金刚石抛光的材料去除机理 ·····························69

4.3　金刚石摩擦化学抛光理论 ··73
　　4.3.1　金刚石石墨化的化学热力学分析 ·····························74
　　4.3.2　金刚石石墨化的化学动力学分析 ·····························77
　　4.3.3　加快金刚石石墨化反应的措施 ·······························78
　　4.3.4　摩擦化学抛光技术的催化机制及对抛光盘的要求 ·······79
4.4　金刚石化学机械抛光理论 ··82
　　4.4.1　金刚石氧化的化学热力学分析 ·······························83
　　4.4.2　金刚石氧化的化学动力学分析 ·······························84
　　4.4.3　加快金刚石氧化反应的措施 ··································86
　　4.4.4　化学机械抛光动力学模型的建立 ·····························87
4.5　金刚石膜抛光过程接触理论 ··99
　　4.5.1　摩擦化学抛光表面粗糙峰分布模型 ·······················101
　　4.5.2　摩擦化学抛光动态接触模型 ································104
　　4.5.3　摩擦化学抛光过程界面温升模型 ···························105
　　4.5.4　接触模型的验证与讨论 ····································106
4.6　金刚石膜抛光平坦化理论 ···113
　　4.6.1　抛光盘与工件的相对运动 ··································113
　　4.6.2　仿真运动轨迹分析 ··114
参考文献 ···116

第5章　金刚石膜的机械抛光技术 ···120
5.1　概述 ···120
5.2　游离磨料机械抛光 ···120
　　5.2.1　试验条件与检测方法 ······································120
　　5.2.2　试验结果与分析 ··122
5.3　固结磨料机械抛光 ···125
　　5.3.1　试验条件与检测方法 ······································125
　　5.3.2　电镀金刚石盘粒度对抛光的影响 ·····························126
　　5.3.3　抛光时间对抛光的影响 ····································128
　　5.3.4　抛光工艺参数对抛光的影响 ································130
　　5.3.5　金刚石膜材料机械抛光的去除机理 ·······················131
5.4　金刚石砂轮磨削 ···133
　　5.4.1　陶瓷结合剂金刚石砂轮磨削 ································133
　　5.4.2　金属催化剂金刚石砂轮磨削 ································135
5.5　金刚石膜对磨抛光 ···137
5.6　单晶金刚石的机械抛光 ··138

参考文献 ·· 140

第6章 金刚石膜的摩擦化学抛光技术 ··· 141

6.1 概述 ·· 141

6.2 摩擦化学抛光盘的制备 ··· 143

6.2.1 FeNiCr 合金抛光盘 ·· 144

6.2.2 TiAl 合金抛光盘 ·· 157

6.2.3 WMoCr 合金抛光盘 ··· 165

6.3 摩擦化学抛光方法与装置 ·· 168

6.4 金刚石膜摩擦化学抛光工艺 ··· 170

6.4.1 抛光盘材料对材料去除率的影响 ···································· 170

6.4.2 抛光工艺参数对抛光温度的影响 ···································· 172

6.4.3 抛光工艺参数对材料去除率的影响 ································· 173

6.5 金刚石膜摩擦化学抛光机理 ··· 174

6.5.1 金刚石膜试样的表面成分分析 ······································· 174

6.5.2 抛光盘的表面成分分析 ··· 175

6.5.3 摩擦化学抛光的材料去除机理 ······································· 175

6.6 金刚石的热化学抛光 ·· 176

6.6.1 热金属盘抛光 ··· 176

6.6.2 热扩散刻蚀 ··· 179

参考文献 ·· 181

第7章 金刚石膜的化学机械抛光技术 ··· 183

7.1 概述 ·· 183

7.2 金刚石膜化学机械抛光关键技术分析 ···································· 184

7.2.1 加热条件 ·· 185

7.2.2 金刚石膜化学机械抛光试验装置的搭建 ·························· 185

7.2.3 试样的粘贴、清洗方案 ·· 187

7.2.4 抛光盘的选择 ··· 188

7.3 化学机械抛光液的配制 ··· 191

7.3.1 磨料的选择 ··· 191

7.3.2 氧化剂的选择 ··· 192

7.3.3 K_2FeO_4 抛光液的性能表征 ·· 198

7.3.4 K_2FeO_4 抛光液的成分优化 ·· 203

7.4 金刚石膜的化学机械抛光工艺 ··· 206

7.4.1 摩擦力测量装置的搭建 ··· 206

7.4.2 抛光工艺参数对抛光摩擦力的影响 ································· 210

　　　7.4.3　抛光工艺参数对材料去除率的影响 ·················· 213
　　　7.4.4　化学机械抛光金刚石膜的效果 ·················· 215
　7.5　金刚石膜的化学机械抛光机理 ··················· 217
　　　7.5.1　金刚石膜的表面成分分析 ···················· 218
　　　7.5.2　金刚石膜表层的 XPS 深度分析 ················· 225
　　　7.5.3　化学机械抛光的材料去除机理 ·················· 227
　7.6　金刚石的高温化学机械抛光 ···················· 228
　参考文献 ································· 230
第 8 章　金刚石膜的光催化辅助抛光技术 ················· 232
　8.1　光催化辅助抛光原理 ······················ 232
　8.2　光催化辅助抛光液的配制 ···················· 233
　　　8.2.1　磨料的选择 ························· 233
　　　8.2.2　光催化剂的选择 ······················ 234
　　　8.2.3　电子捕获剂的选择 ····················· 236
　　　8.2.4　pH 调节剂的选择 ····················· 236
　　　8.2.5　光催化辅助抛光液的氧化性表征 ··············· 236
　8.3　金刚石膜的光催化辅助抛光 ···················· 240
　　　8.3.1　光催化辅助抛光方法与装置 ················· 240
　　　8.3.2　光照条件与电子捕获剂对抛光的影响 ············· 243
　　　8.3.3　光催化剂对抛光的影响 ··················· 244
　8.4　光催化辅助抛光金刚石膜的机理 ·················· 246
　参考文献 ································· 249
第 9 章　金刚石膜的特种抛光技术 ···················· 251
　9.1　激光抛光技术 ························· 251
　　　9.1.1　激光抛光原理及特点 ···················· 251
　　　9.1.2　金刚石膜的激光抛光 ···················· 252
　9.2　离子束抛光技术 ························ 255
　　　9.2.1　离子束抛光原理及特点 ··················· 255
　　　9.2.2　金刚石膜的离子束抛光 ··················· 256
　9.3　等离子刻蚀技术 ························ 258
　　　9.3.1　等离子刻蚀原理及特点 ··················· 258
　　　9.3.2　金刚石膜的等离子刻蚀 ··················· 259
　9.4　电火花加工技术 ························ 261
　　　9.4.1　电火花加工原理及特点 ··················· 261
　　　9.4.2　金刚石膜的化学镀金属 ··················· 262

　　9.4.3　金刚石膜的电火花加工 ···································· 265
　9.5　等离子融合化学机械抛光技术 ···································· 268
　参考文献 ··· 271
第10章　金刚石相关材料应用及加工技术 ······························ 273
　10.1　SiC 的应用及抛光技术 ·· 273
　　10.1.1　SiC 的结构 ·· 273
　　10.1.2　SiC 的性质与应用 ·· 274
　　10.1.3　SiC 晶片的抛光技术概述 ·································· 277
　　10.1.4　SiC 晶片的超声振动辅助研磨技术 ·························· 284
　　10.1.5　SiC 晶片的光催化辅助抛光技术 ···························· 288
　10.2　Si_3N_4 的应用及抛光技术 ···································· 294
　　10.2.1　Si_3N_4 的性质与应用 ···································· 294
　　10.2.2　Si_3N_4 的抛光技术 ······································ 295
　10.3　蓝宝石的应用及抛光技术 ······································ 299
　　10.3.1　蓝宝石的性质与应用 ······································ 299
　　10.3.2　蓝宝石的抛光技术 ·· 301
　10.4　石墨烯的应用及加工技术 ······································ 303
　　10.4.1　石墨烯的性质与应用 ······································ 303
　　10.4.2　石墨烯的加工技术 ·· 305
　10.5　DLC 材料的应用及制备技术 ···································· 308
　　10.5.1　DLC 材料的性质与应用 ···································· 308
　　10.5.2　DLC 材料的制备技术 ······································ 311
　参考文献 ··· 311

第 1 章　金刚石的结构及性能

1.1　金刚石的原子结构

金刚石是单一碳原子的结晶体，是典型的原子晶体。碳的原子序数为 6，基态电子层结构为 $1s^2 2s^2 2p^2$，外层电子构型是 $2s^2$、$2p^2$。2s 次层只有一个轨道，可容纳两个电子，并且两个电子成对，无成键能力。2p 次层可有三个轨道，而碳的 2p 次层只有两个轨道，各由一个未成对电子所占有，故将碳元素划入 2p 组元素。由于 2s 和 2p 同属于一个电子层，它们的能级相差很小，在成键时，碳原子处于激发状态下，一个 2s 电子跃迁到空着的 2p 轨道上去，形成四个未成对的价电子，即一个 2s 电子和三个 2p 电子。因此，碳原子与碳原子结合时表现出的化合价不是 +2 价而是 +4 价。激发态碳原子的四个未成对价电子中，p 电子的成键能力较 s 电子强，碳化合物（碳原子呈 +4 价）中有三个键比较稳定，另一个键比较不稳定，即四个键是不等价的。但是在金刚石晶体中，四个价电子轨道 2s、$2p_x$、$2p_y$、$2p_z$ 需要"重新组合"杂化轨道，形成四个新的等价轨道，其中每一个新轨道都含有 1/4s 电子和 1/4p 电子的成分。由一个 s 轨道和三个 p 轨道混合成的轨道称为 sp^3 杂化轨道。金刚石中碳原子的结合基于碳原子外层的四个价电子 2s、$2p^3$ 杂化形成的 sp^3 共价键，四个共价键是等价的，且它们的键角是 109°28′，构成正四面体。如图 1.1 所示，每个碳原子位于正四面体的中心，周围四个碳原子位于四个顶点上，中心碳原子和顶角上每个碳原子共享两个价原子[1]，在空间构成连续的、坚固的骨架结构。因此，可以把整个晶体看成巨大的分子。

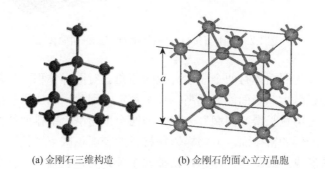

(a) 金刚石三维构造　　　　　　　(b) 金刚石的面心立方晶胞

图 1.1　金刚石三维构造及晶胞结构

由于 C—C 键的键能很大（为 367kJ/mol），价电子都参与了共价键的形成，晶体中没有自由电子。碳元素位于化学元素周期表中ⅣA 族元素最上方，原子半径最小，因此单位体积内的原子数（176nm^{-3}）及共价键数（704nm^{-3}）最大，即具有最大的键能密度。键能密度外在的表现就是硬度，所以金刚石为最硬的物质，熔点高达 3550℃，并不导电；金刚石的共价电子振动时，其声子的传播最快，因此它的热导率最高；金刚石的晶格振动时频率最高，因此它的传声速率最大（18km/s）；金刚石具有单一且分布均匀的强键，因此它的透光能力最强；金刚石的致密结构使得其他外来原子很难进入，因此它的原子不易散失，化学稳定性很高。此外，密实的原子排列使金刚石成为最锐利的刀具。因为原子间彼此束缚得最紧，所以比热容小，加上热膨胀系数很小，金刚石成为最耐热/冷冲击的材料。由于其电子抓得最牢，纯金刚石电阻率也最大。

根据碳原子 sp^3 杂化成键，金刚石呈现正四面体结构。图 1.1 中每个立方体称为晶胞，是能反映晶体对称性的最小结构单元。这种面心立方晶胞内包含许多正四面体。这些四面体的表面都是原子堆积最紧密的面，称为密排面。一般来说，同样面积的表面，密排面具有最低的能量，因此在晶体形核和生长过程中，密排面往往最容易形成。金刚石晶体中存在四个等价但不同方向的密排面，因此，直觉上，天然形成的金刚石应该会是图 1.2 所示的正四面体形状。

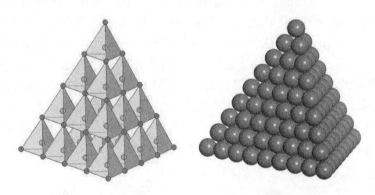

图 1.2　金刚石按{111}密排面堆积成正四面体

然而，这样的四面体有四个非常尖锐的顶角。对同样体积的材料而言，顶角越尖锐，表面积越大，表面能就越高，越不稳定。因此，相比于长出四个尖锐的顶角，金刚石更愿意长得"圆润"一些。把四个顶角沿着密排面切掉，剩下的表面依然是能量最低的密排面，但同样体积材料的表面积减小了很多，自然也就更稳定，更容易形成。如图 1.3 所示，切掉四个顶角后，正四面体就变成了更"圆润"的正八面体，也就是常见的天然金刚石形状。如果进一步将正八面体顶角切掉，就形成了常见的正十二面体形状。

图 1.3　正四面体切掉尖锐顶角后变成正八面体

1.2　金刚石的力学性能

1.2.1　金刚石的硬度

金刚石的硬度在旧莫氏标度上为 10 级，在新莫氏标度上是 15 级，维氏硬度为 100GPa。图 1.4 为常见材料的硬度比较。表 1.1 为常见超硬材料的力学和热学性质。在任何一种标度上，金刚石都是最硬的物质。由于每个晶面上原子排列形式和原子密度的不同及晶面间距的不同，金刚石单晶呈现各向异性的特点。不同金刚石晶面的硬度不同，各晶面硬度的顺序与面网密度的顺序一致，即(111)＞(110)＞(100)。利用金刚石单晶的各向异性，在使用的时候定向排列，可使金刚石钻头或滚轮的耐磨性提高 50%～100%。

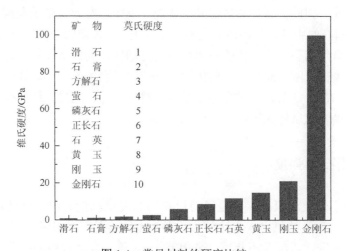

图 1.4　常见材料的硬度比较

表 1.1　常见超硬材料力学和热学性质[2]

材料	熔点/℃	维氏硬度/MPa	密度/(g/cm³)	弹性模量/GPa	热膨胀系数/(×10⁻⁶K⁻¹)	热导率/[W/(m·K)]	摩擦系数
Al₂O₃	2047	21000	3.97	400	6.5	约25	0.1~0.15
金刚石	3800	100000	3.51	1050	1.1	2200	0.08~0.1
cBN	2730	50000	3.31	440	4.3	20	0.1~0.3
SiC	2830	26000	3.21	480	4.7	84	0.5~0.7
Si₃N₄	1900	17000	3.29	310	2.5	17	0.07~0.1
TiN	2950	21000	5.43	590	9.3	30	0.4~0.9
WC	2776	23000	15.7	720	4.0	35	约0.15
B₄C	2445	35800	2.52	450~470	5	30~42	0.35~0.4

注：cBN 是指立方氮化硼（cubic BN）。

1.2.2　金刚石的解理与脆性

金刚石虽然很硬，但是很脆，容易发生八面体解理，这与各面网之间的距离有关。金刚石发生解理的顺序为(111)晶面、(110)晶面、(100)晶面，即(111)晶面最容易发生解理。由金刚石单晶面上实际的价电子密度计算得出，(111)晶面的价电子键分布均匀，实际发生作用的价电子密度最大。金刚石单晶(111)晶面的有效价电子密度为 46.212nm⁻²，明显高于(110)晶面的有效价电子密度（38.542nm⁻²），成为有效原子密排面。当金刚石受到外力作用时，(111)晶面间较弱的键更容易断裂，导致沿(111)晶面产生解理。在实际加工时，金刚石刀具出现磨损也常常由于(111)晶面产生解理。因此，合理解决耐磨与解理的矛盾能有效地延长金刚石工具的使用寿命。金刚石的脆性还与晶体的完整程度有关。晶体缺陷会产生很大的内应力，甚至会引起自然劈裂；而完整的晶体有较高的韧性，劈裂所需的应力要大得多。冲击韧性是表征金刚石质量的重要指标之一，可以利用专门的仪器进行测定。取一定量试样，在一定条件下进行冲击试验，然后过筛，测量保持原有粒度的百分数，即可间接表示试样的韧性。

1.2.3　金刚石的强度

金刚石不仅硬度极高，也是目前已知的强度最高的材料，因此对它进行测量比较困难，测量结果出入也比较大。各种晶形金刚石由于存在生产工艺、技术等方面的区别，强度各不相同，可相差 2~4 倍。金刚石的强度受它所包含的包裹体、杂质结晶缺陷的影响很大。金刚石的小颗粒往往比大颗粒显示出更高的强度,存在尺寸效应。根据测量结果,金刚石的抗弯强度为 1050~3000MPa,抗压强度为 1500~3000MPa,体积弹性模量高达 435GPa。由图 1.5 和图 1.6 可以看出,金刚石的弹性模量、剪切模量和维氏硬度均显著高于其他材料。弹性模量表示某种材料的强度和在加工过程中发生形变的特性。弹性模量越大,加工工件的形变、产生的内应力和发热量越小,加工工件的质量越高。

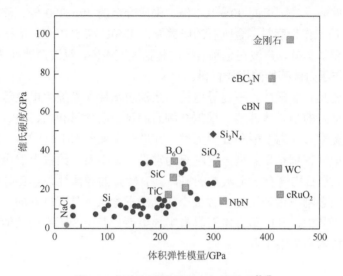

图 1.5　硬度与弹性模量之间的关系[3-6]

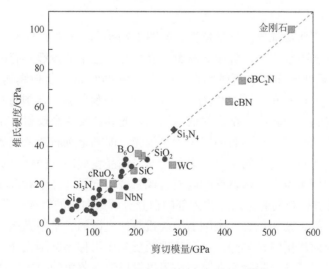

图 1.6　硬度与剪切模量之间的关系[3-6]

1.2.4　金刚石其他力学性能

金刚石的密度一般为 $3.47\sim3.56g/cm^3$，质纯、结晶完好的金刚石密度为 $3.51g/cm^3$。金刚石的摩擦系数非常低，在空气中与金属的摩擦系数低于 0.1，有极高的抗磨损性能，是刚玉的 $90\sim100$ 倍、硬质合金的 $40\sim200$ 倍、淬火高速钢的 $2000\sim5000$ 倍。作为磨料，金刚石的研磨能力比 SiC 高 $500\sim3500$ 倍，比 B_4C 高 $1500\sim6000$ 倍。另外，声波在金刚石内的传播速度极快，纵波声速高达 18000m/s，金刚石是制作压力传感器的极佳材料。

金刚石还具有非磁性、不良导电性、亲油疏水性和摩擦生电性等。唯Ⅱb 型金刚石具有良好的半导体性能。根据金刚石的氮杂质含量和热、电、光学性质的差异，可将金刚石分为Ⅰ型和Ⅱ型两类，并进一步细分为Ⅰa、Ⅰb、Ⅱa、Ⅱb 四个亚型。Ⅰ型（特别是Ⅰa 型）金刚石为常见的金刚石，约占天然金刚石总量的 98%。Ⅰ型金刚石均含有一定数量的氮，具有较好的导热性、不良导电性和较好的晶形。Ⅱ型金刚石极为罕见，含极少或几乎不含氮，具有良好的导热性和曲面晶体的特点，其中，Ⅱb 型金刚石具有半导电性。Ⅱ型金刚石的性能优异，因此多用于空间技术和尖端工业。

1.3　金刚石的光学性能

金刚石具有非常优异的光学特性。如图 1.7 所示，除位于 5μm 附近由双声子吸收造成的微弱吸收峰外，金刚石从紫外到远红外整个波段都具有高的透射率。由表 1.2 可以看出，金刚石折射率高，在波长为 5900nm 时折射率达到 0.241（玻璃的折射率是 $1.4\sim1.6$），可以作为太阳能电池的防反射膜。金刚石具有极高的反射率，其反射临界角较小，全反射的范围宽，光容易发生全反射，反射光量大，从而产生很高的亮度。金刚石的闪烁就是闪光，即当金刚石或者光源、观察者相对移动时其表面对于白光的反射。无色透明、结晶良好的八面体或者曲面体聚形钻石即使不加切磨也可展露良好的闪光。像三棱镜一样，金刚石多样的晶面能把通过折射、反射和全反射进入晶体内部的白光分解成白光的组成颜色——红、橙、黄、绿、蓝、靛、紫等色光。金刚石出类拔萃的坚硬的、平整光亮的晶面或解理面对白光的反射作用特别强烈，这种特殊的反光作用称为金刚光泽。此外，金刚石有独特的发光特性，曝晒后在暗室中可以发出淡青蓝色的磷光，在天蓝色紫外线的照射下可发出较强的亮光。采用阴极荧光对金刚石膜发射蓝光，其发射能量为 1.681eV，这可能与金刚石膜中的杂质有关；同时，金刚石膜存在对 1.681eV 光发射的光吸收现象，测量结果表明，其光吸收的位置与合成金刚石的碳氢比（体积分数比）有关。

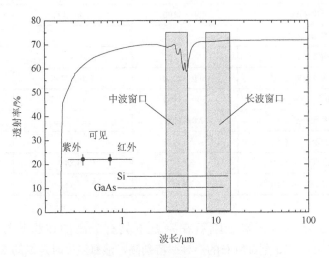

图 1.7　金刚石的透光性

表 1.2　金刚石的光学性能

参数	数值
透光性/nm	225nm～远红外
光吸收率	0.22
折射率	0.241（5900nm）
禁带宽度/eV	5.45
热导率/[W/(m·K)]	2000

1.4　金刚石的热学性能

金刚石的力学性能和热学性能与金刚石的种类有关，如表 1.3 所示。单晶金刚石表现出了最佳的热导率和热扩散系数。

表 1.3　三类金刚石材料的力学和热学性能

性能	CVD 金刚石	单晶金刚石	PCD
密度/(g/cm³)	3.52	3.52	4.12
硬度/GPa	85～100	50～100	50
断裂韧性/MPa	5.5	3.4	8.81

续表

性能	CVD 金刚石	单晶金刚石	PCD
抗拉强度/MPa	450~1100	1050~3000	1260
横向断裂强度/GPa	1.3	2.9	1.2
抗压强度/GPa	9	9	7.6
热导率（20℃）/[W/(m·K)]	500~2200	600~2200	560
热导率（200℃）/[W/(m·K)]	500~1100	600~1100	200
热扩散系数/(cm²/s)	2.8~11.6	5.5~11.6	2.7
热膨胀系数(100~250℃)/(×10⁻⁶K⁻¹)	1.21	1.21	4.2
热膨胀系数（500℃）/(×10⁻⁶K⁻¹)	3.84	3.84	—
热膨胀系数（1000℃）/(×10⁻⁶K⁻¹)	4.45	4.45	6.3

如图 1.8 所示，人造金刚石在室温下具有最高的体积热导率，一般为 $138.16W/(cm^3 \cdot K)$。Ⅱa 型金刚石的热导率特别高，液氮温度时是铜的 25 倍，并随温度的升高急剧下降；室温时是铜的 5 倍；200℃时是铜的 3 倍。

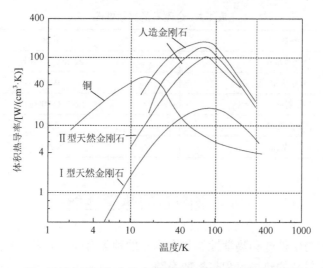

图 1.8　铜、天然金刚石和人造金刚石体积热导率与温度之间的关系[1]

金刚石热容小，无法积累热量，高温时的散热效能更为明显，是散热极好的热沉积材料。金刚石的比热容随温度的升高而增大。在-106℃时为 399.84J/(kg·K)，107℃时为 472.27J/(kg·K)，247℃时为 1266.93J/(kg·K)。低温时金刚石的热膨胀系数极小，随温度的升高，热膨胀系数迅速增大。在-38.8℃时接近 0，0℃时为 $5.6 \times 10^{-7}K^{-1}$，30℃时为 $9.97 \times 10^{-7}K^{-1}$，50℃时为 $12.86 \times 10^{-7}K^{-1}$。

金刚石的燃点在纯氧中为 720～800℃，在空气中为 850～1000℃；在纯氧下于 2000～3000℃金刚石转化为石墨。

1.5　金刚石的电子学性能

纯净的金刚石晶体内部没有自由电子，是一种良好的绝缘体，其电阻率大于 $10^{13}\Omega\cdot cm$；当金刚石中掺入少量硼原子后可使其电阻率控制在 $10^{-14}\sim 10^{-2}\Omega\cdot cm$，成为典型的半导体。如表 1.4 所示，与现有半导体材料相比，金刚石具有最低的相对介电常数（5.5）、最高的禁带宽度（5.45eV）、极好的电子迁移率[$1600cm^2/(V\cdot s)$]及空穴迁移率[$2200cm^2/(V\cdot s)$]、最高的热导率[$22W/(cm\cdot K)$]和最高的击穿场强（$10^7V/cm$）。基于这些特性，金刚石可以明显缩小原来元件中用于散热的部件尺寸，不仅解决导热问题，而且使制作超大规模集成电路成为可能。

表 1.4　金刚石与其他半导体材料的特性比较

性能	硅	GaAs	β-SiC	4H-SiC	GaN	AlN	金刚石
晶格常数/Å	5.43	5.65	4.3596	$3.073a_0$ $10.053c_0$	4.51	$3.11a_0$ $4.979c_0$	3.567
热膨胀系数/($\times 10^{-6}K^{-1}$)	2.6	5.9	4.7	$4.2a_0$ $4.68c_0$	5.6	4.5	1.1
硬度/(kg/mm^2)	1150	750	2600	—	—	1200	10000
密度/(g/cm^3)	2.328	—	3.210	3.211	6.095	3.255	3.51
熔点/℃	1420	1238	2830	2830	—	>2200	3800
禁带宽度/eV	1.1	1.43	2.2	3.26	3.45	6.2	5.45
饱和电子漂移速率/($\times 10^{-7}s^{-1}$)	1.0	1.0	2.2	2.0	2.2	—	2.7
空穴迁移率/[$cm^2/(V\cdot s)$]	1500	8500	1000	1140	1250	—	2200
电子迁移率/[$cm^2/(V\cdot s)$]	600	400	50	50	850	—	1600
击穿场强/($10^5V/cm$)	3	60	20	30	>10	2	100
相对介电常数	11.8	12.5	9.7	9.6/10	9	8.5	5.5
电阻率/($\Omega\cdot cm$)	1000	10^8	150	$>10^{12}$	$>10^{10}$	$>10^{13}$	$>10^{13}$
热导率/[$W/(cm\cdot K)$]	1.5	0.46	4.9	4.9	1.3	3	22

1.6　金刚石的化学性能

金刚石的化学性质稳定，具有耐酸性和耐碱性，高温下不与高浓度 HF、HCl、HNO_3 作用，只在 Na_2CO_3、$NaNO_3$、KNO_3 的熔融体中，或与 $K_2Cr_2O_7$ 和 H_2SO_4 的混合物一起煮沸时，表面会稍有氧化；在 O_2、CO、CO_2、H_2、Cl_2、H_2O、CH_4

的高温气体中腐蚀。金刚石在纯氧中加热至 720～800℃时就可燃烧；在空气中加热至 850～1000℃时可燃烧；在真空中加热至 800～1700℃时仅在晶体表面薄层有石墨化，内部无变化；在惰性气体中加热至 1700℃以上时整个晶体迅速发生石墨化，最后成为石墨粉末。石墨化开始温度为 1600～1800℃，随各结晶体而异。由使用各种气体进行的结晶表面蚀刻试验得知，在 1400℃以下发生的石墨化实际上是真空系统中残存的氧化气体造成的蚀刻效果，是基于下列反应使碳沉淀在结晶表面上而发生的。

$$2CO + C(dia) \longrightarrow CO_2 + 2C$$

在石墨化开始温度以下，金刚石向石墨的直接转变过程是极为缓慢的。但温度高于石墨化开始温度时，金刚石向石墨的转变可以发生。石墨化还与晶体表面的方位有关，在真空中于 1700℃下进行的试验表明，石墨化在<110>方向进行得最快，在<001>方向进行得最慢。

一般来讲，在大气条件下，人造金刚石晶体的氧化温度为 740～838℃，氧化温度与触媒的成分、生长的压力/温度条件关系不大，而主要取决于晶体的完整程度：完整结晶的人造金刚石晶体的氧化温度高；非完整结晶的人造金刚石晶体的氧化温度低。

金刚石在化学上具有特殊稳定性。它在 HF、HCl、H_2SO_4 中甚至在酸的浓度很大且温度极高的情况下都没有任何反应，只能在熔融的 KNO_3、$NaNO_3$ 和 Na_2CO_3 中溶解（正确地说是氧化和燃烧）。熔融的 $NaNO_3$ 等在 450℃下能腐蚀金刚石。在强氧化剂 $NaClO_4$ 和 $KClO_4$ 中处理金刚石时存在最低蚀刻温度。试验表明，在长时间（181h）暴露时，金刚石(111)面在 380℃下发生三角形蚀刻现象。

此外，金刚石在高温下能被两组金属化学侵蚀：第一组是一些强烈的碳化物形成剂，包括钨、钽、钛及锆，在高温下它们将与金刚石发生化学反应以形成各自的碳化物；第二组是铁、钴、锰、镍、铬及铂族金属，在熔融状态下它们是碳的溶剂，使金刚石转变成石墨或无定形碳。

参 考 文 献

[1]　陈光华，张阳. 金刚石薄膜的制备与应用[M]. 北京：化学工业出版社，2004.

[2]　苑泽伟. 利用化学和机械协同作用的 CVD 金刚石抛光机理与技术[D]. 大连：大连理工大学，2012.

[3]　Teter D M. Computational alchemy: The search for new superhard materials[J]. MRS Bulletin, 1998, 23（1）：22-27.

[4]　Haines J, Leger J, Bocquillon G. Synthesis and design of superhard materials[J]. Annual Review of Materials Research, 2001, 31（1）：1-23.

[5]　Mcmillan P F. New materials from high-pressure experiments[J]. Nature Materials, 2002, 1（1）：19-25.

[6]　Kocer C, Hirosaki N, Ogata S. Ab initio calculation of the crystal structure of the lanthanide Ln_2O_3 sesquioxides[J]. Cheminform, 2003, 351（1）：31-34.

第 2 章　金刚石膜的应用

金刚石膜具有优异的力学、光学、热学、化学及电子学特性，在机械、热学、光学、声学及半导体领域均获得很好的应用效果。

2.1　金刚石膜在机械领域的应用

2.1.1　金刚石的定向

单晶金刚石为各向异性体，有(111)、(110)、(100)三个晶面，如图 2.1 所示。

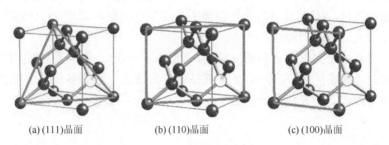

(a) (111)晶面　　　　　(b) (110)晶面　　　　　(c) (100)晶面

图 2.1　金刚石的不同晶面

金刚石三个晶面的物理和力学性能不同，金刚石晶体的取向直接影响单晶金刚石刀具制造的难易程度和使用寿命。图 2.2 是金刚石各晶面的好磨和难磨方向。因此，在使用之前对金刚石进行定向是十分必要的。单晶金刚石(100)晶面左右、上下对称，呈正方形结构；(111)晶面成 120°对称，呈三角形结构；(110)晶面成 180°左右对称，呈菱形结构。

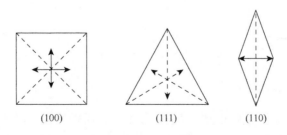

(100)　　　　　　(111)　　　　　　(110)

图 2.2　金刚石各晶面的好磨和难磨方向

目前，实用化的晶体定向方法主要有人工目测定向法、X 射线晶体定向法和激光晶体定向法三种[1, 2]。

1. 人工目测定向法

人工目测定向法根据天然金刚石晶体外部几何形状、表面腐蚀特征及各晶面之间几何角度关系来确定金刚石的三个晶面。人工目测定向法简单、易行，不需要借助设备，但是需要有长期工作经验的操作人员借助观察和一定的试验，进行粗略晶体定向，定向结果准确性差。

2. X 射线晶体定向法

X 射线晶体定向法有劳伦衍射法和单色衍射仪法两种。这两种方法的原理都是利用 X 射线的波长接近晶体的晶格常数的特点，让 X 射线透过晶体或从晶体表面反射回来时发生衍射，然后根据布拉格方程 $2\sin\theta = n\lambda$，通过衍射花样或衍射角计算推出晶面取向。由衍射结果可知，单晶金刚石的(100)晶面的衍射图像中光点呈四次轴对称性，(111)晶面的衍射图像中光点呈三次轴对称性，(110)晶面的衍射图像中光点呈二次轴对称性。

X 射线晶体定向法的定向精度较高，可达 0.3°～0.5°，并且可对金刚石晶体进行重复定向，可重复性好。但是 X 射线晶体定向法的仪器设备昂贵，且 X 射线对人体有害，操作时需使用防护设施。

3. 激光晶体定向法

激光晶体定向法的原理是利用金刚石晶体在不同结晶方向上的晶体结构不同，对激光反射而形成的衍射图像不同，以此进行定向。由激光衍射图像可知，单晶金刚石的(100)晶面的衍射图像呈四叶形，(111)晶面的衍射图像呈三叶形，(110)晶面的衍射图像呈二叶形。激光衍射图像的叶瓣所指方向即该晶面的好磨方向。

激光晶体定向法的定向精度虽略低于 X 射线晶体定向法，但具有操作安全、设备价格较低的优点，不仅可以确定晶面在晶体中的空间方位，而且可以知道该晶面的好磨方向。

2.1.2　金刚石刀具

1. 金刚石刀具的应用背景

随着汽车、航空航天工业的发展，以及对材质轻量化、高比强度和高比模量要求的提高，高温合金、碳纤维增强复合材料（carbon fiber reinforced plastics,

CFRP)、玻璃纤维增强复合材料（glass fiber reinforced plastics，GFRP）、纤维增强金属材料（fiber reinforced metal material，FRM）及石墨、陶瓷等新型材料在工业中的应用日益广泛，对加工这些材料的刀具提出了更高的要求。金刚石具有最高硬度、高耐磨损性能、高热传导性、低热膨胀系数、低摩擦系数和化学惰性等其他材料不能比拟的力学性能，是加工这些材料最理想的刀具材料。另外，$1cm^3$ 金刚石中含有 $1.76×10^{23}$ 个碳原子。金刚石作为已知材料中键密度最高的材料，是实现光学器件和一些电子器件超精密成型的最佳刀具材料，其刃圆半径可达 10nm 以下，表面粗糙度 Ra 可达 3nm 以下。每年我国在航空航天和光学等加工领域所消耗的超精密加工刀具总值达到数千万美元，且呈增长趋势。从生产技术方面讲，金刚石完全可以作为超精密加工刀具的刃口材料[3, 4]。图 2.3 为 CVD 金刚石制备的手术刀、车削刀尖，以及采用金刚石刀具加工出的微结构。

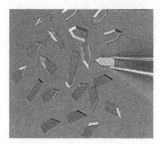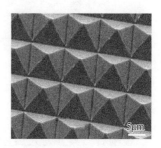

(a) CVD金刚石手术刀　　　　　　(b) CVD金刚石车削刀尖　　　　　(c) 金刚石刀具加工出的微结构

图 2.3　CVD 金刚石在刀具方面的应用

在超精密加工领域，要获得高精度的零件形状尺寸和超光滑的加工表面，除必须具有超精密机床、高精度和高分辨率的检测仪器及超稳定的加工环境等条件外，还必须具备进行切削加工的高精度金刚石刀具[5]。例如，X 射线天文望远镜中非球面反射镜面铝基衬底要求 0.2μm 的轴向形状精度、2μm 的径向圆弧精度（直径为 1.5m）和 5nm 的表面粗糙度 RMS；同步辐射 X 射线光刻（X-ray lithography，XRL）技术中的高导无氧铜椭圆柱面在几百毫米轴向长度范围内需要达到 0.13μm 的形状精度和 0.043μm 的表面粗糙度 RMS。这些都需要通过金刚石刀具切削实现。另外，金刚石刀具还应用于接触镜、计算机硬盘存储器铝盘片及电荷耦合器件（charge coupled device，CCD）、数码相机、激光打印机、复印机等仪器设备光学系统中曲面和平面透镜、反射镜及其他光学零件的超精密加工。

在国防军工领域，金刚石刀具可用于仪表轴承、陀螺仪、雷达波导管、光学器件、高能加速器等精密器件的加工[6]。例如，航空航天、航海等各种导弹惯性导航系统中陀螺仪的超精密切削加工精度直接影响定位精度和命中率；侦察卫星中摄像光学系统零件的超精密切削加工精度决定了卫星侦察的空间分辨率；惯性约束、激光核聚变装置中各类反射镜、透射镜及聚焦透镜等光学零件表面的超精密切削加工精度直接影响各路高能激光的散射和透射程度，尤其对于磷酸二氢钾（potassium dihydrogen phosphate，KDP）晶体倍频转换器等零件，当其面形精度小于波长 λ 的 1/6、表面粗糙度 *RMS* 小于 5nm 时，透射率才能满足使用要求[7]。图 2.4 为圆弧刃金刚石刀具。

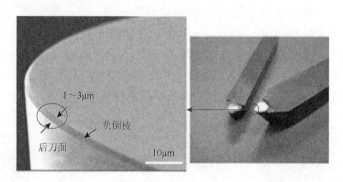

图 2.4　圆弧刃金刚石刀具[8]

2. 金刚石刀具的种类

金刚石刀具分为天然金刚石刀具、PCD 刀具和 CVD 金刚石刀具。天然金刚石刀具经过精细研磨，刃口能磨得十分锋利，刃圆半径可达 2nm，能够实现超薄切削，可以加工出极高的工件精度和极低的表面粗糙度，是公认的、理想的和不能替代的超精密刀具。天然金刚石昂贵，切削加工中广泛使用 PCD 刀具。PCD 是采用高温高压合成技术制备的，其价格为天然金刚石的 2%～10%。PCD 刀具无法刃磨出极其锋利的刃口，加工出的工件表面也不如天然金刚石刀具，因此，PCD 刀具只能用于有色金属和非金属的精密切削，很难用于超精密镜面切削。CVD 金刚石刀具是采用 CVD 法在异质基体（如硬质合金、陶瓷）上合成金刚石膜。CVD 金刚石的性能与天然金刚石十分接近，兼有天然金刚石和 PCD 的优点，在一定程度上又克服了它们的不足。

3. 金刚石刀具的晶面选择

金刚石晶体属于立方晶系，由于每个晶面上原子排列形式和原子密度不同且晶面间距不同，天然金刚石晶体具有各向异性。因此，金刚石各晶面表现的物理和力学性能不同，其制造难易程度和使用寿命不同，各晶面的微观强度也有明显差别。金刚石晶体的微观强度可用赫兹（Hertz）试验法来测定。由于金刚石是典型的脆性材料，其强度数值一般偏差较大，主要依赖应力分布形态和分布范围，因此适合用概率论来分析。当作用应力相同时，(110)晶面的破损概率最大，(111)晶面的破损概率次之，(100)晶面的破损概率最小，即在外力作用下，(110)晶面最易破损，(111)晶面次之，(100)晶面最不易破损。尽管(110)晶面的磨削率高于(100)晶面，但试验结果表明，(100)晶面具有更高的抗应力、抗腐蚀和抗热退化能力。将(100)晶面作为刀具的前、后刀面，容易刃磨出高质量的刀具刃口，不易产生微观崩刃。

天然金刚石主要有(100)、(110)、(111)三个晶面。因晶面密度、晶面间距和共价键密度不同，故各晶面表现出的物理性能不同。其中，(111)晶面为解理面，容易沿此晶面断裂[9, 10]。(100)晶面的耐磨性明显高于(110)晶面。因此，一般分别采用(110)晶面和(100)晶面作为金刚石刀具的前、后刀面[11]。如果要求金刚石刀具抗机械磨损，则选用(110)晶面作为刀具的前、后刀面；如果要求金刚石刀具抗化学磨损，则宜采用(110)晶面作为刀具的前刀面、(100)晶面作为刀具的后刀面，或者前、后刀面都采用(100)晶面。从刀具的几何角度分析，由于金刚石具有脆性，在保证获得较好表面粗糙度的前提下，为增加切削刃的强度，刀具前角应尽量小，进而得到较大的楔角。通常情况下宜采取刀具前角 0°、后角 10°，刀具刃圆半径为 1mm。

4. 金刚石刀具的特点

（1）硬度和耐磨性极高。天然金刚石是自然界已经发现的最硬的物质。金刚石具有极高的耐磨性，加工高硬度材料时，金刚石刀具的寿命为硬质合金刀具的 10～100 倍，甚至几百倍。

（2）摩擦系数很低。金刚石与一些有色金属之间的摩擦系数比其他刀具都低，加工时变形小，可减小切削力。

（3）切削刃非常锋利。金刚石刀具的切削刃可以磨得非常锋利，天然金刚石刀具刃圆半径可高达 0.002～0.008μm，能进行超薄切削和超精密加工。

（4）导热性能很好。金刚石的热导率及热扩散率高，切削热容易散出，刀具切削部分温度低。

（5）热膨胀系数较低。金刚石的热膨胀系数比硬质合金小，由切削热引起的刀具尺寸的变化很小，这对尺寸精度要求很高的精密和超精密加工来说尤为重要。

5. 金刚石刀具的应用

金刚石刀具多用于在高速下对有色金属及非金属材料进行精密切削及镗孔，适合加工各种耐磨非金属材料（如玻璃钢粉末冶金毛坯、陶瓷）和耐磨有色金属材料（如硅铝合金、铝、铜）。

金刚石刀具的不足之处是热稳定性较差，切削温度超过 750℃时，就会完全失去其硬度。此外，金刚石（碳）在高温下容易与铁、镍、钴等铁族元素原子发生亲和反应，加工过程中刀具容易转化为石墨结构，发生磨损，因此不适合切削黑色金属材料。例如，钢具有较高的硬度、刚度和耐磨性，但金刚石刀具切削钢的磨损速度比切削铜快 10^4 倍[12]，破坏了加工过程的稳定性，不能保证加工零件具有理想的表面粗糙度和几何形状精度，同时使金刚石刀具损坏。

为了使金刚石刀具适应用途较广的模具钢等黑色金属材料，近年来国内外学者从改善刀具材料、模具表面处理和改善加工条件等方面进行研究以减小金刚石刀具磨损，扩大金刚石刀具在黑色金属材料加工方面的应用。

在改善刀具材料方面，涉及采用保护涂层，利用 TiN、TiC 建立扩散屏障等方法。德国亚琛工业大学机床与生产工程实验室 Klocke 和 Krieg[13]使用物理气相沉积（physical vapor deposition，PVD）法在金刚石表面形成 TiN 保护层，这也是从材料化学角度进行的尝试。但涂层附着力和硬度远远不及金刚石基体，加工过程中同工件接触的刀具涂层部分非常容易磨损，对最终金刚石刀具磨损的改善作用很小，实际应用的意义有限。

在模具表面处理方面，在经过常规精加工的钢表面溅射镍磷合金[14]，在钛合金表面加入氮，均可有效地阻止碳向镍工件的扩散及铁对石墨化的催化。这些研究都获得了较好的金刚石切削效果，为金刚石切削钢的研究指明了方向。德国不来梅大学 Brinksmeier 等[15]从对材料热处理的工艺入手，运用渗氮方法取得了较好的效果。渗氮后的钢铁工件表面生成一层氮化铁，明显降低了金刚石与铁的反应速率。采用飞刀加工后所获得的工件表面粗糙度 Ra 为 10nm 左右（图 2.5），研究结果取得了初步进展。

图 2.5　金刚石刀具铣削工件表面[15]

在改善加工条件方面，涉及超低温环境切削、在氮或氩等保护气体中加工或引入刀具超声振动等方法，以降低金刚石刀具与钢的化学反应速率（主要指金刚石由正四面体结构向更稳定的石墨片层状结构转化的趋势）。美国劳伦斯利弗莫尔国家实验室 Casstevens[16]及德国卡尔斯鲁厄应用技术大学 Weule 等[17]

在碳饱和的条件下进行加工试验，采用甲烷作为保护气体。这种碳原子充足的环境有助于减少金刚石刀具的磨损，类似代替金刚石刀具进行化学反应，取得了一定的效果，但饱和的甲烷气体在加工中存在爆炸隐患，因此没有对该方法进行深入的研究。美国国家标准与技术研究院 Evans 和 Bryan[18]利用液态氮及低温夹头系统冷却金刚石刀具，使其在 -140°C 下切削不锈钢零件，使加工过程中金刚石刀具和工件接触的加工区始终保持在金刚石发生石墨化反应的温度以下，但这种方法只考虑了温度因素对金刚石刀具磨损的影响，因此减小磨损的效果有限，而且成本过高。日本神户大学 Moriwaki 和 Shamoto[19]发明了振动加工技术，对金刚石刀具磨损的改善较为成功。他们最早尝试沿切削方向对刀具加入超声振动来切削不锈钢零件，之后又发明了加入椭圆振动来切削淬硬钢零件，均取得了很好的效果，明显降低了切削力，获得了较好的表面质量，刀具磨损也得到了改善[20, 21]。Kloke 等[8]将超声技术引入模具钢的车削加工中，获得表面粗糙度 Ra 为 5nm 的光滑模具表面（图 2.6），并将金刚石刀具的磨损程度降低了 99%以上。图 2.7 为采用超声椭圆加工技术获得的模具钢表面形貌和玻璃表面，可以看出加工的 V 形沟槽十分规整，加工后刀具没有明显的磨损。

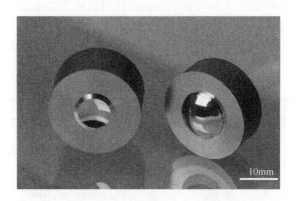

图 2.6　超声辅助车削加工出的球顶[8]

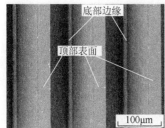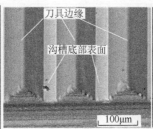

(a) 超声椭圆加工模具钢表面　　　(b) 超声椭圆加工玻璃V形沟槽　　　(c) 超声椭圆加工后刀具形貌

图 2.7　超声椭圆加工模具表面[22]

2.1.3　金刚石修整器

　　磨削是精密加工中不可缺少的工艺。砂轮在使用一段时间以后，其磨粒微刃变得不锋利且磨粒与磨粒之间的气孔被工件的磨屑填充，导致磨削效果变差，必须对砂轮表面进行修整。常用的砂轮有刚玉砂轮和 SiC 砂轮，它们的硬度都较高，刚玉的维氏硬度大约为 21000MPa，SiC 的维氏硬度大约为 26000MPa，必须用硬度更高的金刚石工具对其进行修整。

　　传统的修整笔采用天然金刚石，经镶嵌工艺制作而成。金刚石颗粒大小的选择十分重要，主要依据被修整砂轮的粒度、尺寸和材质而定。砂轮的粒度越小，需要的修整笔笔尖越尖，80#以上细粒度砂轮所使用的金刚石修整笔笔尖需要特殊的研磨才能满足修整要求。CVD 金刚石修整笔可进行 400mm 以下的粗磨或半精磨砂轮的修整，工艺稳定。

　　修整器采用多个金刚石颗粒或金刚石条，经粉末冶金工艺制作而成，主要用于大型砂轮的常规修整和砂轮的成型面夹角修整。金刚石的选料一般为天然金刚石颗粒、天然金刚石条及 CVD 金刚石条。使用过程中，多个金刚石颗粒（条）同时参与砂轮的修整，所以效率高、性能稳定。

　　表 2.1 为不同类型金刚石修整工具的主要优缺点及应用领域。

表 2.1　金刚石修整工具的主要优缺点及应用领域[23]

修整工具	优点	缺点	应用领域
修整笔（CVD 金刚石）	工艺稳定，价格低	不适合 80#及更细粒度砂轮精修	中小型砂轮普通修整
修整笔（天然金刚石）	硬度更高，可用于高精度修整	需要修磨、翻新，价格高	中小型砂轮普通修整
修整器（CVD 金刚石条）	性能稳定，寿命长，价格低，精度高	刃口耐磨性略低，不适合 120#以上的细粒度砂轮修整	大中型砂轮精密修整、成型修整
修整器（天然金刚石颗粒）	刃口耐磨性略高，适合 120#以上的细粒度砂轮修整	易脱落，性能不稳定	大中型砂轮精密修整、成型修整
修整器（天然金刚石条）	性能稳定，寿命长，精度高	价格昂贵	大中型砂轮精密修整、成型修整

2.1.4　金刚石膜在医疗器械领域的应用

　　金刚石具有硬度高、耐磨性好、稳定性好、生物相容性好等优异性能，一方面可以制成超锋利的刀片或以薄膜形式镀到手术刀上以延长刀具的寿命，另一方面可以作为涂层用于人体植入材料中以缓和排斥反应。

1. 金刚石手术刀

人眼等神经结构复杂多变，软组织有丰富的色素和血管，要求软组织切除的手术刀具有较好的硬度和耐磨性、较好的化学稳定性和生物相容性。金刚石强度高、硬度大、生物相容性很好，可以制作极其锋利的手术刀（图 2.8），在手术过程中对手术部位挤压、撕拉损伤小，伤口边缘整齐，容易愈合，因此，可以用于小切口白内障人工晶状体置入手术、玻璃体切割手术、角膜移植手术、青光眼手术等眼科手术，以及神经外科的血管手术、整形手术[24]。

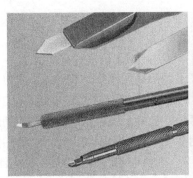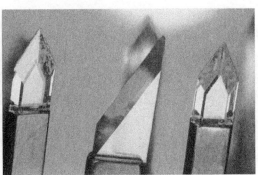

图 2.8　用于软组织手术的 CVD 金刚石手术刀

2. 金刚石生物涂层

由于疾病、创伤或者自然衰老等原因，人体组织器官可能遭到损伤或者缺失。为代替这部分组织器官，人们研究用其他材料做成植入物植入人体，其中，植入物的材料至关重要。为满足人体生理和力学环境，植入物材料要具有良好的耐磨性、抗腐蚀性、生物相容性，甚至再生性。

纳米金刚石具有良好的耐磨性和生物相容性，用于人工关节的涂层材料（图 2.9），可以避免部分患者使用钴、铬、镍等传统医疗植入物出现的金属过敏或排斥反应。金刚石还具有抗菌特性，可以抑制细菌的滋生。另外，与传统金属聚合体植入物相比，纳米金刚石涂层人工关节磨损轻微，基本不产生碎屑。

3. 金刚石心脏瓣膜

金刚石有较好的化学稳定性，能耐各种温度下的非氧化性酸。金刚石的成分是碳，无毒，对含有大量碳的人体不起排斥反应，加上它具有很好的惰性，与血液和其他流体不反应，因此，金刚石是理想的生物体植入材料，可以制作心脏瓣膜。

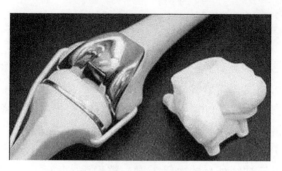

图 2.9　纳米金刚石应用于人工关节[25]

2.1.5　金刚石膜在其他机械领域的应用

金刚石具有众所周知的高强度、高硬度、高耐磨性、低摩擦系数等优良的力学性能，适合作为需要超高耐摩擦、磨损及长时间高速运行的零件材料（图 2.10）。例如，金刚石可以作为耐磨涂层，提高工件的耐磨性；金刚石膜可以通过激光切割的方式制作成高档手表的齿轮，几乎不磨损；采用金刚石制成的手表表蒙不会被划擦和磨损；表面涂有金刚石膜的领带不但不会被磨破，而且会长时间保持亮丽的光泽；金刚石摩擦系数低、散热快，可以制作航空航天领域高速旋转的特殊轴承。

(a) 金属表面的CVD金刚石片　　(b) 用于手表驱动的CVD金刚石齿轮　　(c) CVD金刚石表蒙

图 2.10　金刚石膜在其他机械领域的应用

2.2　金刚石膜在热学领域的应用

2.2.1　金刚石热沉片

金刚石热导率高、热容小，高温时散热效能更为明显，无法积累热量，是散热极好的热沉片材料。金刚石的热导率是铜的 4 倍，且不需要在表面镀剧毒的金属铍，是一种环境友好的热沉片材料，可作为大功率激光器件、微波器件、电子器件等理想的散热材料，也可应用于高功率 CO_2 激光窗口、高功率微波窗口等高功率窗口。

随着集成电路的快速发展，晶片的线宽已经降至 0.1μm 以下，未来将面临散热不及的瓶颈，因此如何使热量在微小的晶片内迅速散出成为未来摩尔定律成败的考验[26]。根据 1997 年 *National Technology Roadmap* 的预测，当晶片的线宽降到 0.1μm 以下时，晶片的功率密度会超过 130W/cm² [27]，如图 2.11 所示。由于能量过于集中，晶片的局部温度会急剧升高。当温度升高到 60℃ 以上时，晶片内部的介电层胀裂将使晶片失效；当温度接近 100℃ 时，半导体的导电性大增，晶片将不能使用。为了避免晶片失效，功率耗散必须超过 60W[28]，如图 2.12 所示。

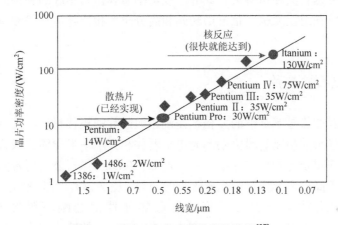

图 2.11　晶片功率密度随线宽的演进[27]

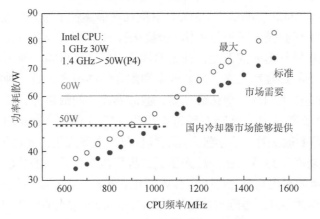

图 2.12　计算机 CPU 的散热需求[28]

CPU 指中央处理器（central processing unit）

金刚石具有最高的热传导性（为室温下铜的 4 倍、硅的 2 万倍），结合其低的热膨胀系数、很好的化学稳定性和极高的电阻率，金刚石取代硅成为制造新一代计算机的最佳材料[29, 30]，使同体积计算机的性能提高 2 万倍或体积明显缩小，同时抗酸碱、抗辐射、抗高温并能在恶劣环境下工作。日本每年投资 600 万美元用于开发新一代计算机芯片[31]。近年来，高导热金刚石膜制备技术的发展使金刚石热沉片在大功率激光器、微波器件和集成电路上的应用变成现实。

如今在光通信、激光二极管、功率晶体管、电子封装材料等方面，用作元件热沉片的金刚石膜材料已得到应用。例如，由 Norton 公司制备的金刚石膜已用于大功率微波电路热沉片，可明显降低 GaAs 功率放大器的工作温度（20～30℃），从而可大幅度延长其使用寿命。此外，以金刚石膜作为基底的各种高频、高功率场效应晶体管在卫星通信、信号中转站和高分辨率相控阵雷达等领域具有极好的应用前景。

2.2.2　金刚石散热片

金刚石膜的热导率是铜的 4 倍，是制作散热片的极佳材料，其性能远优于传统材料。热学级的金刚石膜大功率光电子器件和大功率半导体二极管激光器的热扩散元件已应用于光通信与军事工程。例如，Fraunhofer 公司制备的柔性金刚石散热片已用于高功率半导体激光器阵列的冷却（图 2.13）。目前激光二极管、大功率晶体管、大功率分立二极管等的散热元件由金刚石膜经激光切割成 25mm×25mm，并经抛光后形成厚度为 0.2～1.0mm 的薄片制成，具有很好的热扩散和热传导性。随着生产成本的降低，金刚石膜还可广泛应用于热敏器件、发光二极管（light emitting diode，LED）、射频功率晶体管及小型微波集成电路等。金刚石散热片的核心技术在于导体化（金属化），使金刚石与金属元件形成很好的接触，从而很快降低器件的温度，使它的性能更好、更可靠，使用寿命更长。金刚石膜在常温下的热导率比铜、硬质合金和陶瓷等高得多，是一种极好的散热材料，可以用来制作大功率半导体激光器、微波器件上的散热片。在日益追求速度和集成化的电子产品中，金刚石膜可以用作多芯片模块（multichip modules，MCMs）等产品的散热片。热学级金刚石膜目前的主要应用是光通信（光端机）和军事领域的高功率半导体二极管激光器或二极管激光器阵列的热沉片。高功率二极管激光器阵列的输出功率已经达到 1kW 以上，将来在激光加工等民用领域也会有广泛应用。半导体芯片的金刚石封装是一个市场潜力非常大的应用领域，相关技术已经实现突破，主要的问题是优化产品的性能价格比。CVD 金刚石膜用于封装普通的大规模集成电路芯片在经济上是不合算的，其主要的市场在高功率/高频率微波器件或抗辐射的特殊高价值半导体器件封装。

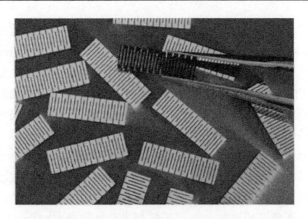

图 2.13　Fraunhofer 公司制备的用于高功率半导体激光器阵列冷却的柔性金刚石散热片

　　与传统的白炽灯相比，LED 具有驱动电压低、节能、稳定度高、响应时间短、不含有害的金属汞等优点。目前 LED 比较昂贵，并且 LED 的发光功率较低，通常每组信号灯由 300～500 只二极管构成。制备高功率的 LED 将有助于降低 LED 的成本并取代传统的白炽灯作为照明工具。点光源 LED 要求将温度控制在 20℃以下，且产品寿命须达到 60000h。因此，提高 LED 的散热能力成为关键。金刚石膜具有在室温下最高的热导率，且是良好的绝缘体，因此是 LED 理想的散热材料（图 2.14）。

图 2.14　用于 LED 散热的金刚石膜

2.2.3　金刚石场发射散热片

　　金刚石具有很好的刚度和电阻率，可以利用气场发射效应制备散热效果极好的场发射散热片。热量可以以辐射、对流及传导的方式散布。其中，辐射只有在温度较高（＞1000℃）时才能成为主要的散热方式；对流需要电流协助才能实现散热；把热量从固体导出可以靠电子移动或原子（晶格）振动，金属的热传导主要靠前者，而金刚石的热传导主要靠后者。图 2.15 为金刚石场发射散热片的示意图。金刚石的刚度很大，声子频率最高，散热最快。金刚石在高温下的散热速率比银或铜高 4 倍以上。要想实现金属热传导加速，必须加大电流，基于固有电阻，金属的散热速率无法超越金刚石。以金刚石场发射方式来传递电子，由于真空没有电阻，电流可以大幅度增加。也就是说，以金刚石电子枪方式散热时，它的散热速率可以提高数倍，甚至超过以声子散热的金刚石本身。因此，金刚石场发射散热片可以有效避免芯片过热，进一步提高半导体性能[28]。

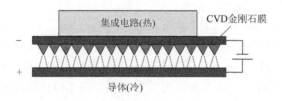

图 2.15　金刚石场发射散热片示意图

2.3　金刚石膜在光学领域的应用

金刚石在红外区域具有较好的光透过性，且具有较强的抗辐照损伤性、耐腐蚀性和耐磨损性，可用作在苛刻环境下服役的装甲车的 X 射线窗口材料和红外窗口材料等。更为重要的是，金刚石膜优良的抗震性使其能在高温下保持良好的光学性能，成为高速拦截导弹头罩材料、航空飞机窗口材料、战斗机机头探测窗口材料和红外阵列热成像引导窗口材料的不二选择。此外，金刚石膜具有极高的抗激光损伤阈值，将其沉积在各种红外窗口材料表面，可作为光电对抗的防护材料，能在很大程度上提高军事光学设备的抗激光干扰能力。

2.3.1　超声速飞行器红外或雷达光学窗口

常见的 ZnS 和 ZnSe 等红外窗口材料具有很高的红外线透过能力，但其物理特性比较脆弱，在飞行器遇到气动加热引起的热震、高速雨滴和砂粒引起的冲蚀、热辐射及气动加热高温引起的材料退化等恶劣条件下极容易受到损伤而失效，无法开展军事全天候打击所要求的恶劣条件下的工作。目前许多国家均在发展新一代高超声速拦截导弹及多种红外武器成像的光学窗口，使其能适应战场恶劣环境下的工作条件，提高整个红外武器战场的生存能力。例如，在现代化战争日益恶劣和复杂的环境下，导弹制导也由单一制导向复合制导发展，因此导引头罩的精密加工成为目前红外/毫米复合制导的关键技术之一，其性能直接决定了导弹的战斗性能和命中精度。导弹飞行时处于高速气动加热、加载及雨滴冲击等恶劣环境中，头罩必须保持完整的结构才能不失真地透过电磁辐射和某波长的红外线，因此头罩材料必须具有优良的介电性能——相对介电常数低。未来红外系统用头罩材料需要具有更好的耐用性和透明性，并在所用的红外波段内具有可以忽略不计的红外吸收、散射和双折射。

如表 2.2 所示，相较于其他红外窗口材料，金刚石不但从紫外到远红外整个波段都具有高的透射率，而且具有很高的热导率及较强的抗辐照损伤性、耐腐蚀性和耐磨损性，是大功率红外激光器和 X 射线探测器的理想窗口材料[32-35]，可以探测夜间飞行的导弹、飞机或其他物体，在核工业中可作为 α、β 和中子射线的探测器[36]；其折射率很高，可以作为太阳能电池的反射膜。金刚石膜综合了高透光性、耐冲击性，并对水和固体颗粒冲击及化学腐蚀具有高度的耐久性，是红外导弹飞行器头罩的理想材料[37]，可以解决目前 ZnS 和 ZnSe 等红外窗口材料因承受超声速飞行高速气流、雨滴和尘埃的冲蚀及温度的骤变等而产生的破坏问题。目前，瑞典 Element Six 公司、美国 Raython 公司和 Norton 公司、英国 DeBeers 公司、德国 Fraunhofer 公司已有能力制备大面积光学级金刚石窗口和球罩[38]。国内的光学级金刚石膜不仅可以满足超声速导弹（飞行器）红外窗口的应用要求，而且能为国内其他相关应用提供极端条件下抗热震、抗砂蚀和雨蚀红外窗口材料。

表 2.2　金刚石和其他红外窗口材料的性能对比[39]

参量	ZnS	ZnSe	Ge	Si	GaAs	金刚石
折射率（10μm）	2.20	2.41	4.00	3.41	3.28	2.38
硬度/(kg/mm^2)	250	120	850	1150	750	10000
抗弯强度/MPa	103	55	93	127	72	2940
弹性模量/GPa	75	67	103	193	85	1050
热膨胀系数/($\times 10^{-6} \text{K}^{-1}$)	7.8	7.6	6.1	2.3	5.7	1.1
热导率/[W/(cm·K)]	0.17	0.18	0.60	1.49	0.81	20
禁带宽度/eV	3.60	2.67	0.67	1.14	1.38	5.45
抗热震性优值	20	13	60	282	81	47000

另外，金刚石膜具有良好的抗辐射性能。以金刚石为基底的电子器件在高空

电离辐射、热辐射和宇宙射线的作用下仍能够保持良好的工作性能，在航天器中具有重要的应用。美国哈勃空间望远镜的镜头使用了表面沉积金刚石膜技术，以适应外太空的恶劣环境和提高成像质量。美国国家航空航天局（National Aeronautics and Space Administration，NASA）研制最早的先锋号金星探测器采用了直径为18.2mm、厚度为2.8mm的天然金刚石窗口。

此外，金刚石自支撑膜在民用红外光学应用领域也蓬勃发展。例如，Element Six公司专门研制了红外应用多晶金刚石膜IR-tran，可以用在高功率激光、红外成像系统、过程控制与分析等领域。图2.16为金刚石导弹天线罩。英国AIM-132导弹已采用该金刚石整流罩。傅里叶变换红外分析仪是一种研究工具，金刚石作为其窗口材料可防刮擦和满足生物性要求。当红外线穿透试样时，一部分红外辐射被试样吸收，另一部分红外辐射发生穿透。Element Six公司提供的金刚石窗口已经被应用到手提式傅里叶变换红外分析仪中，可用来分析环境污染物。

图 2.16　金刚石导弹整流罩[40]

2.3.2　高功率激光窗口和微波窗口

在远红外波段（10.6μm），CO_2激光器广泛应用于工业切割、加工和焊接领域。高功率CO_2激光窗口是金刚石膜极具应用潜力的发展方向。使用金刚石激光窗口，激光器的输出功率可以达到数千瓦，保证快速深入的切割或焊接。

金刚石膜的热导率非常高（是ZnSe热导率的100倍以上），在水冷条件下几乎不发生温升，避免了激光光束透过时因窗口温升造成的折射率改变的现象，因此金刚石激光窗口几乎没有热透镜效应。研究表明，光学级金刚石膜CO_2激光损伤阈值高达226kW/cm^2，即使用作上百千瓦功率的激光窗口也没有任何问题。加上金刚石膜的硬度和强度，光学级金刚石激光窗口实际上是一种"永不破坏"的窗口。图 2.17 为金刚石膜在该领域的部分应用，金刚石膜已经应用到高功率 CO_2 激光窗口、微波透射窗口、X 射线窗口等领域。

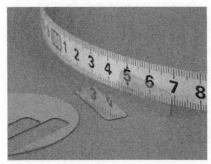

(a) 高功率CO_2激光器用金刚石窗口　　　　　(b) Element Six公司制备的高功率激光器CVD金刚石窗口组件

(c) 微波透射金刚石窗口　　(d) 带有金刚石透镜的2in CVD金刚石晶圆　　(e) 金刚石X射线窗口
(直径100mm，厚度1.8mm)

图 2.17　金刚石膜的光学应用[30, 41]

1in = 25.4mm

在核聚变反应过程中，氢原子与氘原子发生聚变会释放出巨大的能量。如果将其应用在核电站中，那么有朝一日其将有助于人类可持续和安全的能源供应。然而，氘和氚必须加热到近 10^8K 才能发生核聚变反应。能够实现如此高温度并完成可控核聚变的装置之一是托卡马克核聚变堆[图 2.18（a）]，也称超导托卡马克可控热核聚变堆，俗称"人造太阳"，其内部温度可高达 5 亿℃。为了达到所需温度，这就要求核聚变堆的窗体材料必须在直径不足 1cm 的范围内透过大约 1MW 的微波能量，而不产生任何损失。传统蓝宝石、BeO 等微波窗口材料的损耗高、热导率低，不能满足核聚变堆对微波窗口的性能要求。高品质金刚石膜具有极好的热传导性和透光性，无疑是最适合的窗口材料。Element Six 公司已经研制出能够轻松透过 2MW 微波能量的金刚石窗口[42, 43]。图 2.18（b）为卡尔斯鲁厄应用技术大学与 Diamond Materials 公司合作研制的直径为 180mm 的金刚石圆盘，用于核聚变堆和回旋管中。国内河北省激光研究所有限公司已经研制出 5in CVD 金刚石窗口，其产品厚度达到 1mm，成功应用于金刚石荧光靶探测器、刀片探测器，并正在进行 X 射线位置探测器、X 射线窗口、红外窗口的研发[44]。

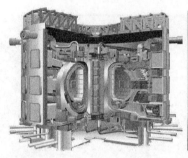

(a) 核聚变反应堆   (b) 用于核聚变反应堆的多晶CVD金刚石圆盘

图 2.18   核聚变堆示意图[45]

大型强子对撞器（large hadron collider，LHC）是一座位于瑞士日内瓦近郊欧洲核子研究组织的粒子加速器与对撞机，用于新粒子和微观量化粒子研究。基于高透光性和热传导性，金刚石可作为大型强子对撞机中的固态探测器，在高辐射环境中实现高速信号、低泄漏电流探测[46]。图 2.19 为金刚石探测像素模块原型。目前牛津大学已经研制出使用金刚石窗口的第三代粒子同步加速器，代替目前使用的 Be 窗口粒子同步加速器[41]。

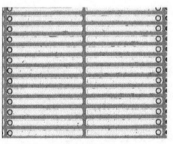

(a) 2cm×6cm金刚石传感器   (b) 400μm×50μm像素衬底

图 2.19   金刚石探测像素模块原型[46]

2.3.3   苛刻环境下服役的光学窗口

1. 极端恶劣环境中应用的耐极端摩擦磨损光学窗口

光学级金刚石膜具有最高的硬度、最高的热导率、极低的热膨胀系数、很高的机械强度和极佳的化学稳定性等优异特性，可用作在极端摩擦磨损、高温、辐射和强腐蚀环境中工作的光学窗口，除军事应用外，在冶金、化工、矿山、石化、核工业等民用领域都有很好的应用前景。

2. 高功率行波管关键散热元

国内外普遍采用 BeO 作为行波管慢波元件的支撑杆或支撑块，同时起着绝缘和导热的双重作用。但 BeO 的热导率有限，无法满足高功率和高频率行波管的要求，并且有剧毒。光学级金刚石膜的热导率非常高，同时具有非常低的微波介电损耗，因此可用作高功率电子器件的散热关键材料。

CVD 金刚石膜采用 CVD 法制造，双面抛光后，呈透明色，常规直径可达 120mm 以上，厚度为 1mm 时透射率可达 60%以上。金刚石作为典型的多功能材料，具有高热导率、高折射率、抗辐射、化学惰性、优异的电学及力学性能，特别适合用作 8～12μm 长波红外波段的光学窗口材料。

在所有的红外窗口材料中，CVD 金刚石膜是唯一结合透光性、热冲击性并对雨滴和固体粒子冲击及化学腐蚀具有高度耐久性的材料。更为重要的是，极低的热膨胀系数和高的热导率使金刚石具有优良的抗热震性能，在高温环境下保持良好的光学性能，成为苛刻环境下服役的最佳红外窗口材料。

2.3.4　金刚石膜在其他光学领域的应用

1. X 射线应用

在 X 射线应用领域，金刚石单色仪作为非常精确的滤波器，保证 X 射线仅有单一波长，从而保证被检测物体本征结构的精确度。金刚石单色仪要求金刚石具有非常完美的结晶度，每个原子处于其应当存在的位置，并且尽量减少缺陷。任何材料中的缺陷都会导致 X 射线束丧失一致性。制造金刚石单色仪具有极高的挑战性，Element Six 公司开发了先进工艺去处理金刚石，保证 X 射线通过金刚石单色仪时不发生畸变[47]。

在微机电系统加工时，需要利用同步辐射 X 射线进行深度光刻、电铸和注塑（lithographie, galvanoformung and abformung，LIGA）技术。制造适用的 X 射线掩模版是进行 X 射线曝光的关键一步。X 射线掩模版包括支撑层和吸收体两部分。支撑层一般由低原子序数的材料制成，如 Be、C、Si_3N_4、Ti 等；吸收体则由高原子序数的重金属材料制成，如 Pt、Pb、W、Au 等。在常用支撑层材料中，Be 具有最小的 X 射线吸收系数，但是它具有剧毒，不适合使用；Ti 的 X 射线吸收系数较高，也不经常使用；金刚石具有较小的 X 射线吸收系数（仅次于 Be），且具有高硬度、低化学毒性、高电阻率和高弹性模量等特点，因此，采用金刚石膜作为 X 射线掩模材料，可以极大地提高微机电系统的加工质量。

在同步加速器中，X 射线窗口由于吸收 X 射线能量，承受了很高的热负载，将热量进行及时疏散是确保 X 射线窗口稳定工作的关键。金刚石膜具有很高的 X 射线透射率和热导率，制作成 X 射线窗口可以很好地克服这一难题。通过合适的边缘冷却控制，金刚石膜窗口承受的功率甚至可以高于 Be 窗口，不但解决了 Be 的毒性问题，而且提高了工作功率，实现了高功率的工作环境。

2. 用于光学数据存储的新型透镜

基于对压缩盘、光盘（compact disk，CD）等存储盘的存储能力要求的不断提高，未来新一代光学媒介需要具有较高的存储能力。提高数据存储密度的关键是制造出能利用短波工作的小透镜。减小激光读出器的波长或增加聚集透镜的数字光栅等技术上的改进可以增加存储盘的存储容量。这就需要获得较高的数字光栅值，所用的材料需要有较高的折射率和透光性。Element Six 公司通过 CVD 法制造出的金刚石膜是符合这一需求的理想光学材料，能够存储大量的数据以满足商业化的需求。这是金刚石加工技术在微观领域的新进展，同时是金刚石多功能性的展示。

3. 热成像系统窗口

金刚石膜用于热成像系统已经有几十年了。热成像的原理是利用物体 0K 以上会发射红外辐射。物体的温度越高，红外辐射越强。物体的温度接近室温时，其峰值波长为远红外波段（8～12μm）。夜视仪和用于热搜索导弹的红外探测器都是典型的热成像系统。在 8～12μm 波段，金刚石非常适合高速飞行器在雷雨、灰尘冲击的恶劣环境下工作，并具有很好的红外透射能力。导弹飞行器通过此窗口探测和追踪目标。在军事和医药领域，由于窗口发光会模糊正在被扫描的视图，光的透射、发射及相关的反射、衍射和散射都很重要。另外，金刚石窗口也适合化学、制药、食品等行业的过程控制应用。金刚石是一种惰性材料，可以通过探测红外辐射来探测物体，而不造成化学污染。

2.4　金刚石膜在声学领域的应用

金刚石具有低密度和高弹性模量，声波传播速度最快，可作为高保真扬声器高音单元的振膜，是高档音响扬声器、超声换能器[48]和表面声波（surface acoustic wave，SAW）器件[49, 50]的优选材料。

2.4.1　高保真声学器件

金刚石具有很高的弹性模量和较低的质量密度，是声波传播速度最快的材料，纵波声速高达 18000m/s，是常用振膜材料 Al、Ti 的 3 倍多，是制作高保真声学器件的理想材料（图 2.20）。虽然 Be 的声波传播速度也不低，但 Be 的毒性使其应用受到很大限制。利用金刚石膜制备的直径为 26mm 的扬声器振膜分隔频率高达 70kHz，是 Al 的 2 倍多，比 Be 高出 40%。

(a) 金刚石高频扬声器瓣膜

(b) 安装在扬声器音圈上的金刚石球冠　　　(c) Thiel公司生产的ACCUTON D220-6金刚石扬声器

图 2.20　金刚石在高保真扬声器上的应用[51]

美国 NASA 于 1977 年发射的"旅行者 1 号"探测器已经抵达太阳系边缘。这个肩负追寻宇宙文明使命航天器的最特别之处在于它携带了一张铜质磁盘唱片，唱片厚 12in，镀金表面，内藏金刚石留声机针，这让它能够保存非常久的时间[52]。

2.4.2　SAW 器件

金刚石膜在声学中最耀眼的应用是金刚石多层膜结构 SAW 器件。近年来，通信市场发展迅猛，SAW 器件由于具有小型化、高可靠、多功能、一致性好等特点，在雷达、电子战、声呐、移动通信、光纤通信及广播电源系统中获得广泛的应用。为了满足高频宽带、第五代移动通信技术（5th generation mobile communication technology，5G）和光通信系统的要求，急需高频率或/和大功率的 SAW 器件，并且要求其小型化以获得大功率承受能力。金刚石能获得的声速（10000m/s）远高于 $LiNbO_3$、$LiTaO_3$ 和石英（2500～4500m/s），具有高频滤波、持久大功率、高稳定性和高截止电压等优点，非常适用于高频、大功率 SAW 器件。

常规 SAW 材料（如石英、$LiNbO_3$、$LiTaO_3$）的声速较低。频率为 2.5GHz 的 SAW 器件，其叉指换能器（interdigital transducer，IDT）指宽必须小于 0.4μm；频率为 5GHz 的 SAW 器件，其 IDT 指宽必须小于 0.2μm。这给光刻工艺带来挑战，导致成品率较低，成本略高，严重制约 SAW 器件频率的进一步提高。此外，发射端滤波器对大功率信号进行滤波，细指宽的电阻较大，会产生大量的耗散热。常规 SAW 材料导热性较差，难以承受大功率载荷。高弹性模量、低密度、高热导率材料成为新型 SAW 材料的首选。

金刚石具有最高的弹性模量、较低的密度，从而获得最高的声波传播速度。其 2.5GHz 对应指宽为 1μm，5GHz 对应指宽为 0.5μm，因此金刚石多层膜结构 SAW 器件可以在很高频率下工作。此外，金刚石多层膜结构 SAW 器件的指宽是同频率常规 SAW 器件的 2.5 倍，电阻只是其 2/5，产生的耗散热小得多，加上金刚石具有最高的热导率，因此金刚石多层膜结构 SAW 器件具有大功率通信能力。但是金刚石本身不是压电材料，不能激发 SAW，无法进行电磁波和声表面波的相互转换，因此，如图 2.21 所示，需要在金刚石表面沉积一层压电薄膜（如 ZnO、AlN、$LiNbO_3$），构成压电薄膜/金刚石结构的 SAW 器件，压电薄膜主要用来进行声-电转换或电-声转换。SAW 器件的性能由压电薄膜和金刚石共同决定。

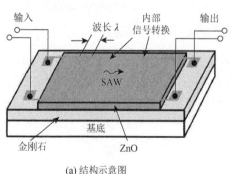

(a) 结构示意图

(b) 实物图

图 2.21　ZnO/金刚石 SAW 器件[53]

2.5　金刚石膜在电学领域的应用

2.5.1　紫外探测器、辐射探测器

金刚石的禁带宽度为 5.45eV，相当于截止波长为 225nm，具有太阳盲区特性[①]，紫外光/可见光分辨率高（可达 10^7），使器件无须配置滤光片或介质涂层就能在可见光背景下使用。因此，金刚石膜在紫外探测器上的应用是其最具前景的课题之一。

金刚石的熔点最高，能有效工作于高温环境下（高于 650℃）；热导率也最高，可以确保器件工作时将产生的热量及时散发出去；载流子迁移率高，和 Si、GaN 相比具有更快的电荷收集速度；击穿场强（10^7V/cm）及辐射硬度高、暗电流低，能在恶劣环境下高速响应，在探测中子、X 射线、宇宙射线、紫外线等高能粒子方面显示了优异的性能[54]。

固体探测器（特别是硅探测器）在粒子物理探测技术中得到了广泛应用。科技的发展对现有固体探测器提出了新的挑战。例如，固体探测器可以用于现代超大规模的强子对撞机和同步辐射加速器进行近距离、高辐射条件下的信号探测；也可用于惯性约束核聚变和反应堆的辐射探测、加速器校准和快中子谱的测量以及高能物理、重粒子物理、空间辐照和核工业等领域剂量大和要求精确的辐射测试等。常规硅探测器在高强度辐射条件下会产生漏电流明显增加和电荷收集效率明显降低等问题，辐射损伤严重限制了其应用。金刚石膜具有很多独特的优异性能，成为理想的能在高温下工作、高速响应、抗辐射能力强的探测器材料。

金刚石的热导率高，是室温下最好的热导体，可以保证在高能粒子探测过程中及时散发产生的热量。金刚石的相对介电常数为 5.5，比硅的相对介电常数（11.7）低得多，因此金刚石探测器的读出放大器具有较小的输入电容，噪声电流较小。研究表明，金刚石探测器的噪声电流为纳安量级，且在强辐照下不会变化；而硅探测器的噪声电流随辐照剂量的增加而增加。金刚石在常温下具有极高的电阻率（$>10^{13}\Omega\cdot cm$），本征载流子浓度非常低（$<10^3 cm^{-3}$），漏电率相当低（几乎可忽略），因而具有很高的能量分辨能力。金刚石的禁带宽度为 5.45eV，可见光不能激发载流子，故对可见光不敏感，同时大的禁带宽度保证了小的热噪声，

---

① 太阳盲区是指由于臭氧层的吸收，波长小于 291nm 的中紫外线基本上到不了地球近地表面，造成太阳光中紫外线在近地表面具有盲区。

因此金刚石探测器可在 650℃的高温环境下安全工作。金刚石具有高的电子迁移率（1600cm²/(V·s)）和空穴迁移率（2200cm²/(V·s)），载流子收集时间短，电荷收集速度比硅快 4 倍，因此金刚石探测器比硅探测器的探测速度快得多。金刚石具有较高的击穿场强（10⁷V/cm），对中子的蜕化截面约是硅的 1/25，有强的抗中子辐射能力。金刚石的化学键是最强的，因而其晶格结合牢固，具有很强的抗辐射能力，即使在大剂量高能粒子辐照下，其晶格失配也很小。金刚石具有低的原子序数（$Z=6$），降低了在高能物理实验中的高能级联过程和多重散射，因此具有低的辐照损伤。由于人体肌肉和软组织的等效原子数与金刚石的原子数最接近，金刚石对辐射的反应能最好地代表人体受到损害的程度，因此金刚石也是辐射医学领域最好的探测器材料[55]。

2.5.2　效应管、二极管

AlN、金刚石、Ga_2O_3、cBN、ZnO 等被称为第四代半导体材料，也称为超宽禁带半导体材料，在高频、高效率、大功率微电子器件和深紫外光电探测器件等领域有着极为重要的应用前景，是目前材料科学领域研究的热点和前沿。

金刚石作为超宽禁带半导体材料的一员（禁带宽度为 5.45eV），具有优异的物理和化学性质，如高载流子迁移率、高热导率、高击穿场强、高饱和电子漂移速率和低相对介电常数等。基于这些优异的性能参数，金刚石被认为是制备下一代高功率、高频、高温及低功率损耗电子器件最有希望的材料，被业界誉为"终极半导体材料"。金刚石既能作为有源器件材料（如场效应管、功率开关），也能作为无源器件材料（如肖特基二极管）。此外，金刚石具有极高的载流子迁移率及最高的热导率，金刚石器件能在高频、高功率、高电压等十分恶劣的环境中运行，对半导体器件的发展具有举足轻重的作用。此外，随着金刚石热学和电学性能的逐步开发，金刚石将使超大规模集成电路和超高速集成电路的发展进入新纪元。

金刚石具有较低的逸出功，电子较容易通过表面势垒而成为场发射的电子，这是作为场发射阴极最重要的条件。此外，金刚石膜具有一系列优异的性能，如硬度极高、导热性极佳、透光性好、化学性能稳定等，这些都是场发射阴极的有利条件。因此，金刚石膜用作场发射阴极成为研究热点之一。场发射显示器因综合当前各种显示器的优点而被认为是显示器的"明日之星"。但是高质量的金刚石几乎不导电，难以直接用作场发射阴极。目前，用作场发射阴极的是 DLC 膜或掺 N、H 等元素的金刚石膜。随着金刚石半导体技术的不断发展，未来必将突破 n 型掺杂技术、大尺寸高质量单晶制备技术，以及高平整度/高均匀性材料外延技术等瓶颈，制造更高性能的金刚石器件。金刚石芯片比硅芯片更薄，基于金刚石的电子产品很可能成为高能效电子产品的行业标杆，对超级计算机、先进雷达和电信系统、超高效混合动力汽车、极端环境中的电子设备及下一代航空航天电子设备等高新行业产生显著影响[52]。

2.5.3　金刚石膜在集成电路光刻领域的应用

在过去的几十年里，以集成电路为核心的微电子技术迅速发展，高密度、高速度和超高频率器件不断出现，促进了以计算机、网络、移动通信、多媒体传播为代表的信息技术的发展。尤其是近 10 年，按照摩尔定律，单位面积硅芯片上的晶体管集成度以每三年翻四番的速度增长。集成电路集成度的提高完全得益于微细加工技术的不断进步，特别是光刻技术的快速进步。光刻技术的分辨率决定了超大规模集成电路图形的最小线宽，因此提高光刻技术的分辨率成为提高超大规模集成电路集成度的关键技术。

为此，光刻机的波长逐渐缩短，沿着 436nm→365nm→248nm→193nm→157nm→13.5nm→下一代光刻技术（the next generation lithography，NGL）的路线发展。从 436nm、365nm 的近紫外（near ultraviolet，NUV）光刻技术，到 248nm、193nm、157nm 的深紫外（deep ultraviolet，DUV）光刻技术，再到 13.5nm 的极紫外（extreme ultraviolet，EUV）光刻技术及 XRL。光学曝光的极限分辨率与工作波长成反比，工作波长越短，极限分辨率越高，所能达到的极限线宽越小。因此，极紫外光刻技术和 XRL 是未来发展的重点。X 射线曝光过程与光学曝光过程类似，都是将掩模版上的图形转移到硅表面的光刻胶上。XRL 掩模是 XRL 成功应用的关键之一[56]。对 XRL 掩模基底材料的基本要求如下。

（1）基底透明层必须对 X 射线有很高的透明度，透射率＞50%，同时对可见光透明，透射率＞50%，便于对焦。

（2）基底透明层薄膜应力小、平整，有足够的强度、机械稳定性。

（3）耐辐射。

（4）缺陷密度低。

（5）吸收体图形精度高，侧壁陡直。

（6）掩模反差大，即掩模透明区与不透明区的透射系数大。

金刚石掩模在硬度、抗辐射性能等方面都明显优于其他掩模材料，高硬度保证了掩模在后续加工及使用过程中不易被损坏，优良的抗辐射性能则可以延长掩模的寿命。另外，金刚石具有优良的热学和光学性能，例如，具有最高的热导率，使 X 射线辐照过程中的热量很快散去，减小了热变形；X 射线透射率较高，透过波段宽。这些特征非常符合掩模材料要求，因此金刚石成为下一代 XRL 掩模材料的最佳候选者。

2.5.4　金刚石膜在其他电学领域的应用

1. 金刚石场发射显示器

场致电子发射又称为场发射，与其他电子发射有所不同。热电子发射、管电子发射等在发射电子时需要通过加热、光照等形式将能量传递给发射体，以获得充足的能量从表面逸出电子。场发射则不需要任何形式的附加能量，只需要在发射体外部加一个强电场，此电场有两个作用：一是抑制发射体表面的势垒，使势垒最高点降低；二是使势垒变窄。人们最早使用的阴极材料是 Mo、W 等难熔金属。随着半导体材料的发展，硅、GaAs、SiC 也被广泛用作阴极材料，但其电子亲和势比较大。此外，金属阴极材料容易被氧化，半导体阴极材料在大电流工作时也会因严重的散热问题及化学活性使发射体受到侵害，进而影响发射。金刚石作为阴极材料具有无可比拟的优越性：①金刚石具有低的电子亲和势，在较低的电场下即可获得较大的发射电流；②金刚石具有高的击穿场强、饱和电子漂移速率、载流子迁移率，可实现高密度发射；③金刚石禁带宽，可以使器件在高温核辐射环境下工作；④金刚石具有高的热导率，解决了普通半导体材料的散热问题；⑤金刚石具有良好的化学稳定性，可以使阴极在较低真空下可靠地工作而不被氧化。

目前，平面显示器以液晶显示器（liquid crystal display，LCD）为主，但 LCD 只能把白光反射投影，它的光线经过多重吸收（滤镜、偏光镜、液晶），强度只剩下约 1%。因此，LCD 十分耗电，而且亮度不高，在阳光下看不清楚，高速影像来不及显示。平面显示器最佳的设计就是使用金刚石冷极枪来发射电子，每个金刚石冷极枪制作成尖端形状以加强电子射出，如图 2.22 所示。可以把金刚石膜表面自然形成的微凸起制成冷极枪场发射阵列（field emission array，FEA），即金刚石 FEA（diamond FEA，DFEA）。金刚石场发射显示器具有色彩亮丽、视野宽广、真空度不高、用电节省、不易损坏等优点，且构造比 LCD 简单得多，将成为未来理想的大面积显示器。

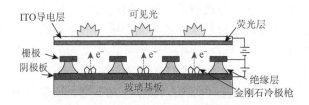

图 2.22　金刚石场发射显示器示意图

2. 金刚石太阳能电池

金刚石膜的粗糙表面会自然形成密集的纳米电子枪阵列，在微电场作用下可以放出大量电流。金刚石的功函数比较低，太阳光可以激发出电流，因此金刚石是理想的太阳能电池材料。使用多晶金刚石膜吸收太阳光时，放电更容易，不仅热电效率明显增加，而且放电温度可大幅度降低至 300～500℃，因此多晶金刚石膜的放电可以使用多重热源，除太阳光以外，金刚石膜也可成为火力发电厂或核电厂的发电机。尤为突出的是，金刚石膜的热电效应良好，金刚石太阳能电池可以不需要栅极来吸出电子。即使需要加入栅极，也不需要使用隔离的绝缘层，只需架设一层金属网即可，节省了制作成本[28]。图 2.23 是金刚石太阳能电池示意图。

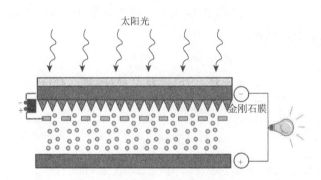

图 2.23　金刚石太阳能电池示意图

3. 基于金刚石晶体的量子计算

量子计算科学是近年来物理学领域最活跃的研究前沿之一，其开辟了与经典方式具有本质区别的全新的信息处理模式。量子计算研究的根本目标是开发基于量子力学基本原理的量子信息处理技术，创造能在许多复杂计算问题上明显超越经典方式计算性能的新型计算模式。量子计算需要良好的量子体系作为载体，基于自旋的量子体系因其实用的可操作性而成为量子计算载体的优秀候选者。自旋的所有量子性质表现在自旋的叠加态、自旋之间的纠缠和对自旋的量子测量上。基于系综的量子计算演示实验已经被多次实现，但是系综体系在可扩展性上有其缺陷。要突破可扩展的大规模室温固态量子信息处理和量子计算，实现单量子态的寻址和读出是最重要的前提。在已经提出的单自旋固态量子计算载体中，比较突出的一类是基于金刚石中氮-空位色心的单电子自旋体系。金刚石中氮-空位色心的单电子自旋量子态可以在室温下初始化、操控与读出，成为室温量子计算机载体的优良候选者[57]。

2.6　金刚石膜的应用要求

无论金刚石的性能如何优越，如果表面质量过差，其卓越的性质在工业应用中就无法体现出来，甚至无法实现工业应用。如表 2.3 所示，几乎所有的应用领域都对金刚石膜的表面质量有严格的要求。金刚石膜作为窗口材料时要求其两个表面非常光整，不容任何瑕疵。任何表面微小缺陷都可能使激光改变光线方向甚至不能通过，粗糙的表面会使经过窗口的图像扭曲或模糊。金刚石膜作为集成电路元件的散热片时要求其具有极高的面型精度和极低的表面粗糙度，以保证后续处理的质量，增大接触面积，提高散热效率。直径为 4in 的金刚石膜作为表面滤波器使用时要求其具有 3nm 以下的表面粗糙度 Ra 和亚微米级的面型精度。金刚石作为超精密加工切削刀具使用时要求其表面粗糙度 Ra 达到 2nm，刃圆半径为几十纳米甚至更小，亚表面没有损伤。

表 2.3　CVD 金刚石应用要求[58]

领域	应用举例	抛光要求
刀具	手术刀片，锯片	光洁的金刚石抛光表面形成最终产品
耐磨损	轴承，喷嘴，计算机磁盘覆层，电子接触零件，医用植入物材料，模具	光洁的金刚石抛光表面
声学	扬声器振膜	光洁的金刚石抛光表面
抗腐蚀	工业瓷器，离子通道，光纤涂层，反应容器	光洁的金刚石抛光表面
光学	X 射线窗口，紫外和红外窗口，大功率透射窗口，光学金刚石涂层和保护层，射线探测器，开关	高质量金刚石抛光表面
热传导	集成电路和激光器的热传导元件	光洁的金刚石抛光表面
半导体	晶体管，微波传感器，紫外线传感器	光洁的金刚石抛光表面
电子元件	场发射显示器，压力表	光洁的金刚石抛光表面

绝大多数高速飞行器红外光学窗口的尺寸很大或形状复杂（如球罩），其制备和加工都极其困难。目前国外飞行器用金刚石光学窗口达到的性能水平如下：平板窗口尺寸为 $\phi150\text{mm} \times 2\text{mm}$，球罩窗口尺寸为 $\phi100\text{mm} \times 2\text{mm}$；$8\sim12\mu\text{m}$ 的吸收系数 $\leqslant0.05\text{cm}^{-1}$；热导率 $\geqslant20\text{W}/(\text{cm}\cdot\text{K})$；介质损耗因数 $\tan\delta\leqslant10^{-4}$；断裂强度为 $400\sim600\text{MPa}$；平板窗口的表面粗糙度 $Ra\leqslant2\text{nm}$，不平行度小于 1 个干涉条纹，不平面度小于 $\lambda/20$；球罩窗口的成像质量在衍射极限误差之内。

虽然目前大尺寸金刚石膜的制备技术逐渐成熟，但是基于金刚石膜的生长机理，其仍具有较大的表面粗糙度，表层残留一定量的石墨层，不能直接使用。尽管材料制备工作者努力精确控制金刚石膜的沉积生长条件或采用纳米金刚石膜工艺等以获得高质量的表面，但这些工艺沉积速率低、设备成本高、技术难度大，目前尚不完全成熟。因此，金刚石膜的后续加工技术（包括研磨、抛光、平整化等）占据了越来越重要的地位[59]。

2.7　金刚石膜的市场前景

金刚石从其被发现就披上了神秘的外衣。几个世纪以来钻石（宝石级金刚石）一直被视为财富、权力和地位的象征，早期人工合成金刚石又被赋予"点石成金"的神秘色彩，因此早期人工合成金刚石技术无论对学术界还是对产业界，甚至对普通民众都充满了吸引力。金刚石的综合物理化学特性使其在机械、电子、光学及声学等领域有广阔的应用前景。特别是在极端恶劣的环境下，金刚石具有其他材料无法比拟的优势，如高温半导体、高马赫数飞行的导弹头罩、强辐射环境下高能粒子探测器件、核聚变中面向等离子体的第一壁、高压物理研究用压钻等。限于金刚石的稀缺和昂贵，以及高温高压金刚石尺寸和纯度的限制，金刚石的优异性能无法充分发挥，限制了其应用范围。CVD 金刚石可以在相对较低的成本下实现大尺寸金刚石膜二维和三维制备，这提供了充分利用金刚石各种物理化学性能以实现一系列高技术领域应用的机会。CVD 金刚石的这一特点促进了各国从国家计划层面上给予其研究的支持，美国"星球大战计划"、欧洲"尤里卡计划"、日本"碳前沿计划"以及中国"国家高技术研究发展计划"都曾把 CVD 金刚石膜的研究列为重要课题。巨大的开发投入促使 CVD 金刚石快速发展，其光学性能、热导率、微波介电性能均达到或超过天然 II a 型金刚石单晶，CVD 金刚石切削刀具、热沉片等进入市场应用。基于 CVD 金刚石的快速发展和潜在的市场前景，20 世纪 90 年代人们预测了"金刚石时代"的到来。

美国、日本、欧洲等是 CVD 金刚石研究起步最早的国家和地区。其中，美国侧重工业化沉积技术和工具等领域；日本侧重电子行业；欧洲侧重工业化沉积技术、精密工具、传感器等领域。全球 CVD 金刚石生产企业也主要分布在美国、日本和欧洲等国家和地区，代表性企业有 Element Six 公司、赛欧金刚石技术公司（Scio Diamond Technology Corporation）等[60]。

我国于 1986 年将 CVD 金刚石膜研究列入"国家高技术研究发展计划"，建立专项资金支持 CVD 金刚石膜的研究开发，并在"八五"和"九五"期间均设立了专门的重大项目，旨在推进 CVD 金刚石膜的产业化进程。北京科技大学、北京大学、吉林大学和浙江大学等许多高校都在研究与 CVD 金刚石膜相关的项目。北京天地东方超硬材料股份有限公司和河北省激光研究所有限公司都实现了大面积 CVD 金刚石膜的产业化生产，能够生产出直径大于 150mm、厚度达 2mm、热导率最高达 18W/(cm·K)的光学级 CVD 金刚石膜；Element Six 公司在苏州建设的金刚石厂已经投产，河南黄河旋风股份有限公司和洛阳美克金刚石有限公司也投入巨资涉足 CVD 金刚石膜的生产。

目前，中国工业级 CVD 金刚石领域已经出现了数十家生产企业，能够进行工业级 CVD 金刚石生产的企业有洛阳誉芯金刚石有限公司、河北普莱斯曼金刚石科技有限公司、无锡远稳烯科技有限公司、天津市宝利欣超硬材料有限公司、河北省激光研究所有限公司、上海交友钻石涂层有限公司、宁波晶钻科技股份有限公司等。工业级 CVD 金刚石企业零星分布在河南、河北、江苏、北京等地，产品种类比较丰富，应用领域以切削刀具和半导体为主；在大颗粒珠宝级 CVD 金刚石领域，客户对透明度等指标有较为特殊的需求，对企业的生产技术要求更高。表 2.4 为国内外主要 CVD 金刚石生产企业。

表 2.4　国内外主要 CVD 金刚石生产企业

序号	国内或国外	企业名称
1	国外	日本朝日金刚石工业公司
2		Element Six 公司
3		赛欧金刚石技术公司
4		沃特世科技有限公司
5		新加坡 IIa 技术公司
6		瑞士 Neocoat 公司
7		美国 SP3 金刚石技术公司
8		美国 Crystallume 公司
9		兰姆达科技有限公司
10	国内	洛阳誉芯金刚石有限公司
11		河北普莱斯曼金刚石科技有限公司
12		无锡远稳烯科技有限公司
13		天津市宝利欣超硬材料有限公司
14		河北省激光研究所有限公司
15		上海交友钻石涂层有限公司
16		宁波晶钻科技股份有限公司

随着 CVD 金刚石的制备技术不断成熟，其应用领域不断拓展，市场规模也快速增长。2019 年，全球 CVD 金刚石市场规模约 9285.4 万美元，如图 2.24 所示。2019 年，我国 CVD 金刚石市场规模为 9750 万元，比 2018 年的 7850 万元增长了 24.20%，如图 2.25 所示。

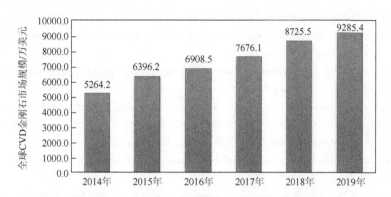

图 2.24　2014～2019 年全球 CVD 金刚石市场规模

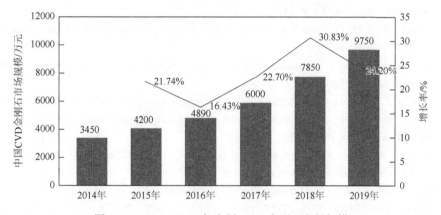

图 2.25　2014～2019 年中国 CVD 金刚石市场规模

参 考 文 献

[1]　袁哲峻，王先逵. 精密和超精密加工技术[M]. 北京：机械工业出版社，1990.

[2]　谈耀麟. 单晶 CVD 金刚石作为功能材料的应用[J]. 超硬材料工程，2008，20（3）：34-39.

[3]　蒋六翔. 金刚石薄膜研究进展[M]. 北京：化学工业出版社，1991.

[4]　董长顺，玄真武，石岩，等. 化学气相沉积（CVD）金刚石技术及产业分析[J]. 新材料产业，2008（8）：49-54.

[5]　苑泽伟，温泉，于慎波，等. 金刚石刀具光催化辅助刃磨方法及装置：中国，ZL201510105126.X[P]. 2017-08-04.

[6]　戴达煌，周克崧. 金刚石薄膜沉积制备工艺与应用[M]. 北京：冶金工业出版社，2001.

[7]　Fukuyama R，Taniguchi J. Ion beam sharpening of a single-crystal diamond knife without facet and ripple formations by swinging motion of knife[J]. Microelectronic Engineering，2015，141：245-249.

[8]   Kloke F，Dambon O，Bulla B. Diamond turning of aspheric steel molds for optics application[J]. Proceeding of SPIE，2010，7590：B1-B10.

[9]   Fang F Z，Wu H，Liu X D，et al. Tool geometry study in micro machining[J]. Journal of Micromechanics and Microengineering，2003，13：726-731.

[10]   Zong W J，Cheng K，Li D，et al. The ultimate sharpness of single-crystal diamond cutting tools—Part I：Theoretical analyses and predictions[J]. International Journal of Machine Tools and Manufacture，2007，47：852-863.

[11]   Zong W J，Sun T，Li D，et al. Design criterion for crystal orientation of diamond cutting tool[J]. Diamond and Related Material，2009，18：642-650.

[12]   Lucca D A，Seo Y W，Komanduri R. Effect of tool edge geometry on energy dissipation in ultraprecision machining[J]. CIRP Annals-Manufacturing Technology，1993，42（1）：83-86.

[13]   Klocke F，Krieg T. Coated tools for metal cutting-features and applications[J]. Annals of the CIRP，1999，48（2）：1-11.

[14]   Furushiro N，Tanaka H，Higuchi M，et al. Suppression mechanism of tool wear by phosphorous addition in diamond turning of electroless nickel deposits[J]. CIRP Annals-Manufacturing Technology，2010，59：105-108.

[15]   Brinksmeier E，Gläbe R，Osmer J. Ultra-precision diamond cutting of steel molds[J]. Annals of the CIRP，2006，55（1）：17-21.

[16]   Casstevens J M. Diamond turning of steel in a carbon-saturated atmosphere[J]. Precision Engineering，1983，5（1）：9-15.

[17]   Weule H，Hüntrup V，Tritschler H. Micro-cutting of steel to meet new requirements in miniaturization[J]. Annals of the CIRP，2001，50（1）：61-64.

[18]   Evans C，Bryan J B. Cryogenic diamond turning of stainless steel[J]. CIRP Annals-Manufacturing Technology，1991，40（1）：571-575.

[19]   Moriwaki T，Shamoto E. Ultraprecision diamond turning of stainless steel by applying ultrasonic vibration[J]. Annals of the CIRP，1991，40（1）：559-562.

[20]   Moriwaki T，Shamoto E. Ultrasonic elliptical vibration cutting[J]. Annals of the CIRP，1995，44（1）：31-34.

[21]   Shamoto E，Moriwaki T. Ultraprecision diamond cutting of hardened steel by applying elliptical vibration cutting[J]. Annals of the CIRP，1999，48（1）：441-444.

[22]   Suzuki N，Haritani M，Yang J，et al. Elliptical vibration cutting of tungsten alloy molds for optical glass parts[J]. CIRP Annals-Manufacturing Technology，2007，56（1）：127-130.

[23]   王文龙，郑艳彬，李光，等. CVD 金刚石在机械工程领域的研究进展[J]. 现代制造工程，2012，10：14-17.

[24]   罗珊，胡小月，王成勇，等. 金刚石在医疗领域的应用[J]. 金刚石磨具磨料工程，2018，38（224）：1-5.

[25]   Catledge S A，Thomas V，Vohra Y K. Nanostructured diamond coatings for orthopaedic applications[J]. Woodhead Publishing Series Biomaterials，2013：105-150.

[26]   Björkman H，Ericson C，Hjertén S，et al. Diamond microchips for fast chromatography of proteins[J]. Sensors and Actuators B：Chemical，2001，79（1）：71-77.

[27]   Bahram J. Teaching silicon new tricks[J]. Nature Photonics，2007，1：193-195.

[28]   宋健民. 钻石的热生电及电吸热效应：尖端奈米科技的奇迹[J]. 物理双月刊，2002，24（4）：579-599.

[29]   Lee S T，Lifshitz Y. Materials science：The road to diamond wafers[J]. Nature，2003，424：500-501.

[30]   Windischmann H. CVD diamond wafers for thermal management application in electronic packaging[C]. Reston：1998 International Conference on Multichip Modules and High Density Packaging，1998：224-228.

[31]   May P W. The new diamond age？[J]. Science，2008，319（5869）：1490-1491.

[32]   Mollart T P，Wort C J H，Pickles C S J，et al. CVD diamond optical components，multispectral properties and performance at elevated temperatures[J]. Proceedings of SPIE，2001，4375：180-198.

[33]　Harris D C. Frontiers in infrared window and dome materials[J]. Proceedings of SPIE，1995，2552：325-335.

[34]　Dore P，Nucara A，Cannavò D，et al. Infrared properties of chemical-vapor deposition polycrystalline diamond windows[J]. Applied Optics，1998，37（24）：5731-5736.

[35]　Thomas M E，Tropf W J. Optical properties of diamond[J]. Proceedings of SPIE，1994，2286：144-151.

[36]　Filloy C，Bogue R. Diamond sensors：The dawn of a new era？[J]. Sensor Review，2007，27（4）：288-290.

[37]　Harris D C. Properties of diamond for window and dome applications[J]. Proceedings of SPIE，1994，2286：218-228.

[38]　韩荣耀. CVD 金刚石膜钝头体飞行温度与压力的仿真研究[D]. 南京：南京航空航天大学，2007.

[39]　纪世华. 军用光电设备红外窗口技术及发展[J]. 应用化学，1996，17（2）：8-14.

[40]　Don P. DERA displays diamond-based missile dome[EB/OL].（2000-07-21）[2022-12-20]. https://www.aerospaceonline. com/doc/farnborough-dera-displays-diamond-based-missi-0001.

[41]　Blumer H，Zelenika S，Ulrich J，et al. CVD diamond vacuum window for synchrotron radiation beamlines[C]. Egret Himeji：Proceedings of MEDSI，2006：1-7.

[42]　Element Six. CVD diamond film[EB/OL].（2003-12-03）[2022-04-02]. http://www. e6cvd. com/cvd.

[43]　Gorelov Y A，Lohr J，Borchard P，et al. Characteristics of diamond windows on the 1MW，110GHz Gyrotron Systems on the DIII-D Tokamak[C]. San Diego：Twenty Seventh International Conference on Infrared and Millimeter Waves，2002：161-162.

[44]　河北省激光研究所. CVD 金刚石制备技术再上新台阶[J]. 超硬材料工程，2019，31（5）：36.

[45]　Karlsruhe Institute of Technology. Diamond-An indispensable material in fusion technology[EB/OL].（2018-07-31）[2022-04-02]. https://phys.org/news/2018-07-diamond-indispensable-material-fusion-technology.html.

[46]　McClarence E. Diamond helps unlock the secrets of the big bang[J]. Industrial Diamond Review，2007（4）：14-17.

[47]　McClarence E. Optical applications of diamond：An overview of current application[J]. Industrial Diamond Review，2007（3）：41-43.

[48]　Wörner E，Wild C，Müller-Sebert W，et al. Diamond loudspeaker cones for high-end audio components[J]. Advances in Science and Technology，2006，48：142-150.

[49]　Nakahata H，Fujii S，Higaki K，et al. Diamond-based surface acoustic wave devices[J]. Semiconductor Science and Technology，2003，18（3）：96-104.

[50]　Fujii S，Seki Y，Yoshida K，et al. Daimond wafer for SAW application[J]. IEEE Ultrasonic Symposium，1997（1）：183-186.

[51]　Davidson J，Kang W，Holmes K，et al. CVD diamond for components and emitters[J]. Diamond and Related Materials，2001，10（9-10）：1736-1742.

[52]　王光祖，卫凤午. 说说金刚石在功能应用方面的那些事[J]. 超硬材料工程，2013，25（6）：31-36.

[53]　Song J H，Sung J C，Chang H K，et al. SAW filter with AlN on diamond [C]. Zhengzhou：International Superhard Materials and Related Products Conference，2008：109-114.

[54]　楼燕燕，王林军，张明龙，等. CVD 金刚石紫外探测器[J]. 功能材料，2004，35：442-446.

[55]　李建国，刘实，李依依，等. 金刚石膜辐射探测器的研究进展[J]. 材料导报，19（3）：7-9.

[56]　吕反修. 金刚石膜制备与应用（下卷）[M]. 北京：科学出版社，2014.

[57]　王鹏飞，石发展，杜江峰. 基于金刚石体系的固态量子计算[J]. 中国科学技术大学学报，2014，44（5）：362-269.

[58]　Hird J R，Field J E. Diamond polishing[J]. Royal Society of London Proceedings Series A，2004，460：3547-3568.

[59]　周文成. CVD 钻石膜复合抛光及微加工之加工机制与加工表明性状研究[D]. 新北：淡江大学，2007.

[60]　BBC Research. Diamond，Diamond-like and CBN Films and Coating Products [J]. Industrial Ceramics，2007，27（3）：254-255.

第3章 金刚石膜的制备技术

3.1 概　述

金刚石和金刚石膜优异的性能促使人们致力于人工生长金刚石的研究。从热力学角度来看，在室温常压下，石墨是碳的稳定相，金刚石是碳的不稳定相，而且金刚石与石墨之间存在巨大的能量势垒，要将石墨转化为金刚石，必须克服这个能量势垒。由碳的温度-压强相图（图 3.1）可知，天然金刚石只有在极高压力条件下才能处于热力学稳定态，因此，19 世纪 50 年代人们采用高温高压方法成功地将石墨转变为金刚石。但高温高压生产金刚石成本高、周期长、工艺过程难控制，一般只能合成小颗粒金刚石。

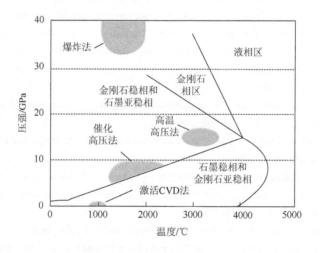

图 3.1　碳的温度-压强相图

20 世纪 60 年代，人们认识到在碳氢化合物热解过程中产生的氢原子能够促进金刚石的生成[1]；20 世纪 70 年代中期，苏联科学家观察到氢原子能促进金刚石的生成和阻止石墨的共生。1982 年，日本科学家 Matsumoto 等[2]使用 CVD 法在 0.001～0.010MPa 的低压下用 CH_4 和 H_2 的混合气体首次成功地合成了金刚石膜。实验表明，实现 CVD 金刚石膜的制备必须要有活性含碳基团及对碳的非金刚石相起刻蚀作用的氢原子[3,4]。据此，从 20 世纪 80 年代初开始，人们对金刚石成核机理、生长条件和影响因素进行了大量的研究工作，开发出了十余种气相沉积金刚石膜的方法，这些方法可分为 PVD 法和 CVD 法两大类。PVD 法利用高温下物质蒸发或电子、离子、光子等粒子能量造成靶物质溅射在衬底上而形成薄膜。典型的 PVD 法有真空蒸发法、双离子溅射法和磁控溅射法。CVD 法目前应用最为广泛。它一般以甲烷（或其他含碳化合物）和氢气作气源，含碳气体体积分数常控制在 1%～5%，经裂解产生活性含碳基团和足够数量的氢原子；气相化学反应和表面化学反应后，在合适的衬底条件和过饱和氢的作用下，含碳基团形成 sp^3 结构的金刚石沉积下来，而 sp^2 结构的石墨被氢选择刻蚀掉。典型的 CVD 法有热丝 CVD 法、微波等离子 CVD 法、直流电弧等离子喷射 CVD 法、燃烧火焰 CVD 法等。表 3.1 对比了 CVD 制备金刚石主要方法的优缺点。

表 3.1　CVD 制备金刚石的主要方法对比

方法	优点	缺点
微波等离子 CVD 法	质量非常高，沉积参数稳定，沉积面积大	设备昂贵，沉积速率较低，在复杂形状衬底上沉积困难
直流电弧等离子喷射 CVD 法	质量高，沉积面积较大，沉积速率高	电力和气体消耗量大，电极污染
热丝 CVD 法	装置简单，成本低，沉积面积较大	沉积速率低，有污染，形貌不稳定
燃烧火焰 CVD 法	装置简单，设备成本低，沉积速率高	沉积面积小，形貌不稳定，均匀性差，容易发生回火、熄火现象

3.2　金刚石膜的 CVD 生长机理

　　CVD 制备金刚石膜主要是通过在化学动力学上控制金刚石膜的沉积生长而实现的。按照该制备路径，使用少量的碳源（一般质量分数小于 5%）和过量的氢气就可以实现多晶金刚石膜的制备。氢气在 1800℃ 及以上温度时会分解形成大量游离态的氢原子[5]。

　　从金刚石膜的 CVD 原理图（图 3.2）可以看出，气态反应物（一般为质量分数为 1% 的 CH_4 和 H_2 按一定比例混合）进入反应室后，在热能（如热丝）、等离子体（如微波、射频或直流）或燃烧火焰（如氧乙炔焰）的作用下，反应室内的反应物气体分子被激活，生成活性含碳基团和氢原子。它们通过强制流动、扩散及对流等形式传输至衬底表面，并在衬底表面某些部位发生一系列物理化学反应，包括吸附、界面化学反应、解吸附、表面扩散等，直到找到适宜的活性点。在这些活性点上，各气态物质反应生成活性碳原子，当这些活性碳原子达到一定浓度时便开始形核。通过控制工艺参数等手段可以对碳的非金刚石相进行刻蚀,使反应朝着有利于金刚石的生长方向进行,最终实现金刚石膜的生长[6]。

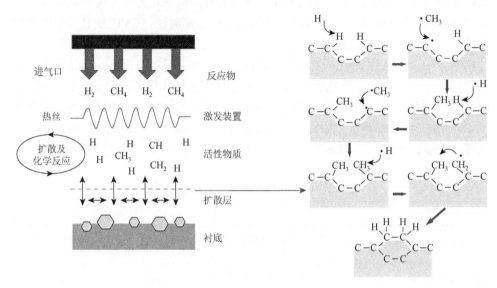

图 3.2　金刚石膜的 CVD 原理图[6]

CVD 制备金刚石是一个较为复杂的多步骤连续反应的过程。在这个过程中,初始化学反应主要是 H_2 分子分解成氢原子[6]。H_2 分子通过热丝高温加热的作用或者微波电离的作用形成氢原子,这在活化各气相反应及稳定薄膜表面能的过程中都起着非常重要的作用。氢原子具有很高的活性,其和碳氢化合物反应形成 CH_x($x = 1 \sim 4$)和 C_2H_y($y = 2 \sim 6$)基团[7, 8]。但在反应过程中,生成 C_2H_y 基团的速率要比生成 CH_x 基团的速率慢得多。CH_x 基团是 CVD 制备金刚石膜最主要的前驱体[9]。

热丝、直流电弧、等离子体等作为气相沉积反应的激发装置,它们与衬底表面之间都有一定的工作距离。各气态物质以强制流动、扩散、对流等传输方式经过激发区域后诱发化学反应的产生。对于热丝 CVD,各气态物质以扩散方式进行物质传输,在衬底表面的热梯度与浓度梯度的驱动下,气态反应物定向传送至衬底表面[10-13]。

在金刚石膜沉积于衬底表面的过程中,氢原子仍然起着至关重要的作用。虽然金刚石晶体内部是完全的 sp^3 键合,但是其表面存在悬键,为了防止悬键横向交联使表面再构而形成石墨,需要以某种方式来终止悬键。氢原子不但可以终止悬键,而且能够保持 sp^3 金刚石晶格的稳定性[14, 15]。在金刚石膜的生长过程中,悬键上的某些氢原子要不断地移开并被含 C 的组元所替换,始终保持金刚石生长所需的理想界面，以防止表面的石墨化[16]。此外，氢原子刻蚀石墨 sp^2 键合 C 的速度比刻蚀金刚石 sp^3 键合 C 的速度要高得多。这样，如果在表面有石墨相生成，氢原子便会将石墨团簇移回到气相中，从而使表面只有金刚石团簇，其结果保持了金刚石结构的"组键"连续性。衬底表面的吉布斯自由能需要达到一定值并形成活性吸附点，碳氢化合物才能够吸附在其表面。氢原子与吸附在衬底表面的碳氢化合物碰撞并反应形成 H_2 和一个空位点或活性点，如反应（3.1）所示。所形成的活性点或空位点也有可能会被气氛中其他氢原子填补并形成碳氢化合物，如反应（3.2）所示。反应（3.2）和反应（3.3）的速率决定了最终在金刚石表面能够形成空位点的数量[17, 18]。另外，自由基（—CH₃）或不饱和烃（C_2H_2）分子也可以填充空位点并生成活性碳原子，并最终形成金刚石膜。

$$C_D + 2H^* \longleftrightarrow C_D^* + H_2 \tag{3.1}$$

$$C_D^* + H^* \longrightarrow C_DH \tag{3.2}$$

$$C_D^* + C_xH_y \longleftrightarrow C_D\text{-}C_xH_y \tag{3.3}$$

在金刚石的生长过程中，氢原子可以起到降低金刚石临界形核尺寸的作用。当反应气氛中没有氢原子时，金刚石只能在金刚石衬底上进行沉积生长，可见金刚石形核的困难程度及金刚石的临界形核尺寸之大。当反应气氛中有氢原子时，金刚石就可以大量形核。氢原子吸附在金刚石小晶核上并与之反应，极大地降低了其表面能，促进了金刚石的形核。所降低的表面能将被用于减小金刚石的临界形核尺寸，将其控制在原子尺寸量级。

3.3　热丝 CVD 法

热丝 CVD 法是最早成功制备金刚石膜的方法。与其他方法相比，热丝 CVD 法具有设备简单、成膜速率快、操作方便、成本低等优点[19]，是当前国内外制备金刚石膜刀具涂层的主要方法。但是热丝 CVD 法存在以下缺点：薄膜均匀性较差；热丝寿命较短，不适合长时间沉积金刚石厚膜；热丝是金属材料，会污染金刚石膜。

3.3.1　热丝 CVD 法的基本原理

热丝 CVD 装置示意如图 3.3 所示，制备金刚石膜时将衬底放入反应腔体内，使用真空泵将反应腔体制成真空腔体，在真空腔体内充入含碳气体和 H_2 的混合气体，将金属热丝加热至 2200℃左右，混合气体分解，在碳氢化合物和氢原子作用下在衬底表面沉积成膜。

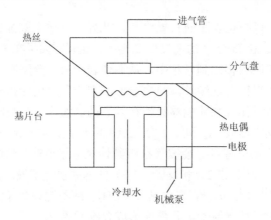

图 3.3　热丝 CVD 装置示意图

热丝 CVD 法的基本原理如图 3.4 所示。金属热丝将真空腔体内含碳气体和 H_2 的混合气体加热，H_2 被热分解，生成氢原子，与含碳气体在反应过程中激发产生 CH_x 基团，促成碳氢化合物的热分解，形成 sp^3 杂化轨道。将衬底放在距离热丝几毫米的位置，由于热丝的热辐射，衬底温度可以达到 850℃左右，金刚石在衬底上沉积、生长，进而形成金刚石膜。金刚石膜沉积过程中常用的气源气体是 H_2 和 CH_4，其中 CH_4 体积分数为 0.5%～2%[20]。

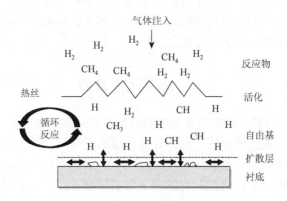

图 3.4　热丝 CVD 法基本原理图

3.3.2　热丝 CVD 过程中的化学反应

1. 氢原子的主要作用

氢原子在 CVD 金刚石的沉积过程中起着举足轻重的作用，目前较为一致的观点主要有如下四点[21]。

（1）氢原子与石墨的反应速率比与金刚石的反应速率快 20～30 倍，因而能够迅速地将低压 CVD 中与金刚石同时生成的石墨成分刻蚀掉，而只保留金刚石成分，从而保证较纯净的金刚石膜的连续生长。

（2）维持金刚石表面碳原子的 sp^3 杂化结构。如果没有氢原子与金刚石表面的碳原子成键，金刚石表面的碳原子悬键将在碳原子之间相互结合而形成 sp^2 杂化结构。

（3）产生各种碳氢基团。氢原子萃取碳氢化合物分子中的氢原子，使其成为带悬键的具有反应活性的碳氢基团。

（4）氢原子萃取吸附到金刚石表面的碳氢化合物分子中的氢原子并产生表面悬键，有利于 CH_3 和 C_2H_2 等碳氢基团直接进入表面。

2. 氢原子的湮灭和复合

氢原子的湮灭和复合在金刚石生长过程中是不可避免的，并可通过多种途径和反应来进行。热丝表面至衬底表面的空间中氢原子以超平衡状态存在，仍然会发生各种碰撞。这一过程中主要发生氢原子的湮灭和复合，即反应（3.4）和反应（3.5）：一种方式是两个氢原子相互结合形成一个氢分子；另一种方式是在气相空间中氢原子和碳氢化合物（如甲烷）形成氢分子和含碳基团。

$$H + H \longrightarrow H_2 \tag{3.4}$$

$$H + CH_4 \longrightarrow H_2 + CH_3 \tag{3.5}$$

在氢原子参与的吸附和解吸附过程中，存在金刚石前驱体基团的生成、石墨碳或非金刚石碳的刻蚀以及稳定金刚石的生成等各种表面化学反应（在这一过程中也会有极少量的氢原子相互复合形成氢分子）。最终，氢原子以氢分子或碳氢化合物分子的气体方式回到气相空间中。氢原子的湮灭和复合完成了在金刚石生长全过程反应的全部任务。气源中氢气的量在生长过程中并不发生很大的变化（消耗），它仅起到催化剂的作用[22]。

3.3.3　热丝的选择与碳化

用热丝 CVD 法制备金刚石膜时，常用的热丝材料是钨丝、钽丝、钼丝或者铼丝。热丝的选取原则如下：①熔点高，耐高温；②便宜且容易获得；③碳化后稳定；④使用寿命较长；⑤具有较高分解氢的能力和金刚石生长速率；⑥热丝所含金属杂质对金刚石膜质量影响较小。表 3.2 为常用热丝材料的物理性质。

表 3.2　常用热丝材料的物理性质

性质	钨	钼	钽	铼
熔点/℃	3680	2622	2993	3180
沸点/℃	5828	5560	5400	5627
密度/($\times 10^3$kg/m^3)	19.3	10.2	16.6	21.0

　　钨丝虽然经济方便,但只能用于 2200℃以下,金刚石膜的生长速率为 3～5μm/h;钽丝可在 2600℃以下使用,金刚石膜的生长速率较高,可达 10～15μm/h[23]。

　　金刚石膜沉积系统中所用的热丝材料是钽丝。在金刚石膜沉积过程中由于存在含碳气体,钽丝表面会发生碳化,且碳化层随时间延长逐渐向内部扩展。在不同的热丝温度下,热丝碳化时间各不相同,一般需数小时[24]。

　　如图 3.5 所示,碳化后的钽丝表面形成大量密集的鳞片状凸起和凹坑,增大了热丝的表面积和有效激活面积,同时在局部区域出现表面微裂纹,使热电子更容易逸出表面,产生更多参与反应的热电子,提高反应气体的离化率[25]。

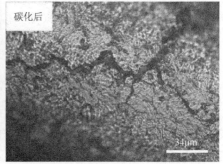

图 3.5　钽丝碳化前后表面形貌对比图[25]

3.3.4　电子辅助热丝 CVD

　　与普通热丝 CVD 法不同,电子辅助热丝 CVD 法是在金刚石膜成核阶段,在热丝和衬底之间加直流正偏压,使热丝电势高于衬底,以利于金刚石成核[26]。电子辅助热丝 CVD 系统示意图如图 3.6 所示。沉积金刚石的衬底放在做左右摆动的水冷工作台上,热丝的温度在 2200℃以上,衬底的温度可达 500～900℃。流量、种类及比例都可调的反应气体混合后进入具有一定真空度的反应室,在反应室内被加热后产生活性粒子,活性粒子向衬底表面扩散并发生化学反应,生成金刚石膜[27]。

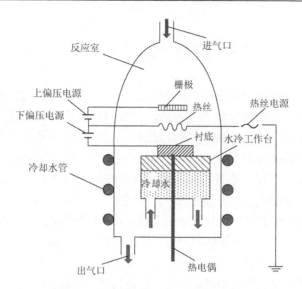

图 3.6　电子辅助热丝 CVD 系统示意图

3.3.5　热丝 CVD 法的基本工艺参数

热丝 CVD 金刚石膜沉积过程中主要的工艺参数包括沉积气压、衬底温度、气源气体、热丝材料等，这些参数会在不同程度上对金刚石膜的沉积效果有所影响。

（1）沉积气压。热丝 CVD 金刚石膜的沉积气压主要由真空系统与工艺气体系统控制，一般为低压沉积。

（2）衬底温度。热丝 CVD 金刚石膜沉积过程中衬底温度对金刚石膜的沉积过程有着很大的影响。金刚石膜的生长速率通常随着衬底温度的升高而增大。此外，衬底温度升高有助于氢原子对非金刚石相的刻蚀，对金刚石膜的生长有利。但是衬底温度不得超过临界值（600℃）。

（3）气源气体。选择具有类金刚石结构的气体作为碳源气体，更加有利于金刚石膜的沉积，其中甲烷（CH_4）和丙酮（CH_3COCH_3）是应用最普遍的两种碳源气体。

（4）热丝材料。在热丝 CVD 金刚石膜沉积过程中，热丝材料高温挥发，热丝金属元素渗入金刚石膜中，可能导致金刚石膜的纯度下降。此外，热丝如果持续处于高温状态，变形量过大，会改变热丝与衬底之间的距离，导致衬底表面受热不均，影响生长出的金刚石膜的均匀性。因此，在选用热丝材料时，不仅要考虑材料的价格、来源及使用寿命，还要考虑材料的耐高温能力、分解能力及其杂质对金刚石膜的影响等[28]。

3.4　微波等离子 CVD 法

在目前多种可用于制备金刚石膜的方法中，微波等离子 CVD 法由于产生的等离子体密度高，金刚石膜沉积过程的洁净性和可控性好，一直是制备高品质金刚石膜的首选方法。微波等离子 CVD 法最早是在 1988 年由日本科学家 Kurihara 等[29]报道的，其基本原理是：微波从微波发生器中产生并经隔离器进入反应器，使含碳气源与氢气电离，形成各种形式的含碳基团及电子；在微波能的作用下，电子发生振荡并与反应腔中的各种微粒发生碰撞，活化反应基团并形成高密度等离子体，最终通过活性基团的相互反应形成金刚石。在制备过程中，碳原子与衬底表面形成吸附层，并与生长表面的氢复合，活化生长表面，因此保持衬底附近合适的氢原子浓度是获得高质量金刚石膜的关键，如图 3.7 所示。与此同时，金刚石膜的沉积主要分为形核和生长两个过程，进一步分为四个阶段：①氢气和含碳气源在微波能的作用下分解成游离的活性含碳基团和氢原子，二者相互结合，形成碳化物过渡层；②活性含碳基团在碳化物过渡层上沉积，形成晶核；③金刚石晶核逐渐长大成微晶，进而形成金刚石膜；④氢原子定向刻蚀石墨相及无定形碳。此外，微波等离子 CVD 具有运行气压范围宽、等离子体密度及能量转化率高、无内部电极等优点，是目前能够稳定沉积出均匀、高纯金刚石膜的技术之一[30, 31]。

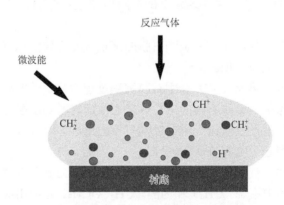

图 3.7　微波等离子 CVD 法制备金刚石膜反应机理

3.4.1　常见微波等离子 CVD 装置

在常温常压条件下，金刚石处于亚稳定状态。因此，金刚石膜的各种沉积技术都要借助氢等离子体。在 20 世纪 80 年代初发展起来的各种金刚石膜沉积技术中，用微波作为激发等离子体手段的微波等离子 CVD 装置最早出现于 1983 年。

下面介绍常见的微波等离子 CVD 装置。

石英管式微波等离子 CVD 装置以波导中传输的微波直接激励石英管内的氢气以形成等离子体，其结构极为简单，但其可输入的微波功率受石英管的限制，只能达到百瓦量级，金刚石膜的沉积面积太小，目前已较少使用。图 3.8 是石英管式微波等离子 CVD 装置示意图[31]。

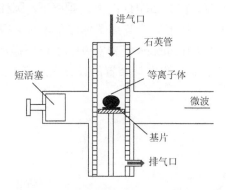

图 3.8 石英管式微波等离子 CVD 装置示意图

为提高微波等离子 CVD 装置的功率和增大金刚石膜的沉积面积，20 世纪 80 年代末出现了石英钟罩式微波等离子 CVD 装置。该装置使用模式转换器和同轴天线作为激励手段将微波耦合进谐振腔后，在圆柱形谐振腔内的石英钟罩中产生等离子体。这一设计使微波等离子 CVD 装置可输入的微波功率有了一定程度的提高，但由于石英钟罩的尺寸较小，该装置可输入的微波功率也不能太高，否则氢等离子体会对石英钟罩造成刻蚀。因此，石英钟罩式微波等离子 CVD 装置可输入的微波功率一般为 2～3kW。图 3.9 是石英钟罩式微波等离子 CVD 装置示意图。

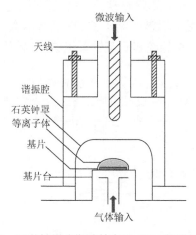

图 3.9 石英钟罩式微波等离子 CVD 装置示意图

图 3.10 是圆柱形多模微波等离子 CVD 装置示意图。频率为 915MHz 或 2.45GHz 的微波通过波导管和谐振腔进入沉积室的底部,谐振腔传输部分与基片台相连接,既可作为同轴天线部分向谐振腔内传输微波,又可作为基片台用以沉积金刚石膜。微波场由中心进入并沿径向向外发射,石英窗口置于接近样品台的下方边缘处以防止被等离子体击穿,同时石英窗口起着真空密封作用。基片台温度通过控制微波功率和冷却水进行调节。在 2.45GHz 的微波频率下,圆柱形多模谐振腔可输入的微波功率可达到 10kW,所形成的等离子体比单模时大得多。目前关于该装置的研究较少,日本大阪大学 Tachibana 等曾对 915MHz 下微波功率为 60kW 的该装置做过一些实验研究,Yamada 也对该装置的设计做过简单的介绍。国内对该装置的研制处于起步阶段[32]。

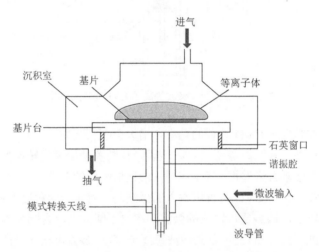

图 3.10   圆柱形多模微波等离子 CVD 装置示意图

图 3.11 为椭球谐振腔式微波等离子 CVD 装置示意图。椭球谐振腔式微波等离子 CVD 装置也由金属谐振腔和石英钟罩组成,也使用天线作为微波的激励手

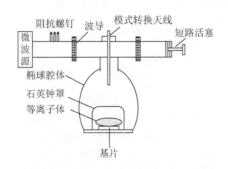

图 3.11   椭球谐振腔式微波等离子 CVD 装置示意图

段。该装置巧妙地利用椭球的上、下焦点可使微波会聚的原理，让微波从处于椭球上焦点的天线发出，而让金刚石膜的沉积位置处于椭球的下焦点处。椭球谐振腔式微波等离子 CVD 装置的谐振腔尺寸较大，因而它可以使用较大尺寸的石英钟罩，这使得在一般微波功率水平下，其产生的等离子体与石英钟罩之间有较大的距离，降低了因石英钟罩被刻蚀而造成金刚石膜被污染的危险。2.45GHz 下椭球谐振腔式微波等离子 CVD 装置的微波功率可达到 6kW。

3.4.2　其他类型的微波等离子 CVD 装置

微波等离子体谐振腔在结构设计上虽千变万化，但整个微波等离子 CVD 装置总是由微波功率和总控制系统、微波传输和激励系统、微波反应器及附属系统和多参数测控系统几部分组成。圆柱形单模及圆柱形多模微波等离子 CVD 装置具有相同的电磁波激励方式，微波均采用模式转换天线耦合到谐振腔中。环形狭缝圆柱形微波等离子 CVD 装置采用微波耦合的另一种方式——狭缝天线阵——来完成微波能量的耦合。图 3.12 为环形狭缝圆柱形微波等离子 CVD 装置示意图。频率为 2.45GHz 的电磁波经调配器传输到环形波导中。在环形波导的内壁开有狭缝天线阵，使得波导内的微波能量有效地耦合到圆柱形谐振腔中，并在腔内产生需要的微波模式，达到激发等离子体的目的。

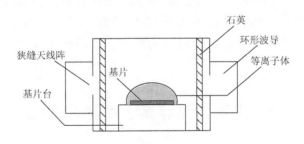

图 3.12　环形狭缝圆柱形微波等离子 CVD 装置示意图

与常用的微波等离子谐振腔相比，环形狭缝圆柱形微波等离子谐振腔具有三个方面显著的优势：第一，谐振腔内激发的等离子体具有较高的能量密度，因此微波能在真空至标准大气压范围内有效激发气体；第二，在此气压范围内激发的等离子体具有非常好的稳定性和均匀性，这是高质量金刚石膜的沉积工艺中必不可少的条件；第三，为满足不同的应用需求，能在一定范围内合理地增大微波等离子谐振腔的直径。因此，环形狭缝圆柱形微波等离子 CVD 装置能在真空至标准大气压范围内有效激发等离子体的状态下持续稳定运行。

磁微波等离子 CVD 是微波等离子 CVD 的最新进展。其原理是当电子以一定速度在磁场中做圆周运动时，如果磁通密度为 875Gs（$1Gs = 10^{-4}T$），那么电子做圆周运动的频率为 2.45GHz，此时若外加频率为 2.45GHz 的微波，就引起电子的回旋共振，从而产生高密度的等离子体。该装置能够制备较大尺寸的金刚石膜，既可减轻因高强度离子轰击造成的衬底损伤，又可在比直流辉光放电和射频等离子体更低的温度下工作，从而进一步减轻热敏感衬底在沉积过程中的破坏变质[33]。但该装置须在低压下工作，设备昂贵，且较难控制。

3.4.3　微波等离子 CVD 法的应用与展望

微波等离子 CVD 法特别适合用于金刚石单晶的生长。目前微波等离子 CVD 金刚石膜沉积技术已发展到较高的水平。金刚石作为一种性能优异的实用材料，已具备应用于各高技术领域的可能性。

在微波等离子 CVD 制备金刚石膜领域，金刚石膜的性质与合成工艺研究已取得长足的进步，然而离工业化生产还有很大的距离。金刚石异质外延、低温沉积金刚石薄膜、制备光学级金刚石厚膜、择优取向金刚石厚膜等都是进一步开发金刚石膜工业化应用所需解决的问题。要实现金刚石膜的大面积、快速沉积，必须获得大体积、均匀、能量密度高的等离子体，最终则体现在微波等离子 CVD 装置的设计和开发方面。因此，研制具有高品质因数谐振腔且能激发均匀微波等离子体的微波等离子 CVD 装置，是进一步开发金刚石膜工业化应用所需解决的主要问题，同时成为衡量一个国家工业化发展水平的重要标志。

3.5　直流电弧等离子喷射 CVD 法

3.5.1　直流电弧等离子喷射 CVD 的原理

直流电弧等离子喷射 CVD 法是借助工业反应用的等离子体切割、喷涂方法发展起来的[34]。它利用直流电弧放电所产生的高温等离子体使得沉积气体离解（图 3.13）。在制备过程中，等离子体的能量密度与其所伴随的化学反应产生的氢原子、CH_x 基团及其他被激活的原子团密度均很高，因此直流电弧等离子喷射 CVD 制备金刚石膜的速率非常高，可达数十微米每小时至数百微米每小时。虽然该方法可以获得很高的金刚石膜生长速率，但设备投资大、成本过高、工艺难以控制，而且沉积的金刚石膜面积小、膜厚不均匀、对衬底的热损伤严重。

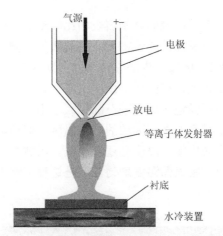

图 3.13　直流电弧等离子喷射 CVD 的原理图

3.5.2　直流电弧等离子喷射 CVD 电弧特性及其影响

在工作状态下，直流电弧等离子体中的电弧等离子体在阴极和阳极之间以点对点弧光放电的形式维持。为了减少高温电弧等离子体对电极的烧蚀及实现大尺寸金刚石膜的均匀生长，在外加磁场和旋转气流的影响下，电弧等离子体在阴极尖端、阳极内壁之间时刻处于高速旋转状态[35]。

由于阳极内壁尺寸远大于阴极尺寸，电弧等离子体在工作状态时形成了如图 3.14 所示的 W 形，这也是电弧最直观的表现形式。然而，电弧形态对金刚石膜（尤其是大尺寸金刚石膜）的生长状态影响显著，且其与制备过程中的诸多工艺参数均有紧密且复杂的联系。由于电弧等离子体时刻处于高速旋转状态，人眼不容易分辨，一般使用高速相机观测其形状。

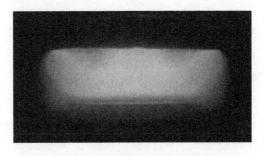

图 3.14　高速旋转形成的 W 形电弧

图 3.15 为直流电弧等离子喷射电弧区域划分及不同区域沉积的金刚石形貌[36, 37]。从图中可以看出，当与弧心距离增加时，(111)晶面变得越来越明显。与弧心、弧

干区域的金刚石相比，弧边区域的金刚石表面比较粗糙。此外，可以通过表面单位面积内的晶粒数量得出表面的晶粒密度，进而评价不同区域的晶粒尺寸。计算得知，在区域 1、区域 2、区域 3 内的晶粒密度分别为 $18cm^{-2}$、$41cm^{-2}$、$29cm^{-2}$，表明晶粒尺寸在区域 1 最大、在区域 2 最小，即在弧心区域金刚石晶粒较大、弧干区域金刚石晶粒较小；弧边区域金刚石晶粒大小不一，且起伏程度较高。尽管由于电弧效应不能得知衬底上不同区域的准确温度，但理论模拟表明，弧心温度最高，随着与弧心距离的增加，温度会逐渐降低。虽然在衬底中心区域采用轴向导热方法以尽可能使得衬底表面温度均匀，但是这种影响仍然存在，这可能是区域 1 晶粒较大的主要原因。

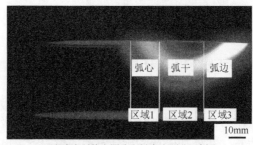

(a) 直流电弧静态图片和衬底表面分区划分

(b) 弧心　　　　　　　(c) 弧干　　　　　　　(d) 弧边

图 3.15　直流电弧等离子喷射电弧区域划分及不同区域沉积的金刚石形貌[36, 37]

3.5.3　磁场对直流电弧等离子喷射 CVD 的影响

Huang 等[38]通过直流电弧等离子喷射 CVD 和多级磁场制备了直径约 7in、平均厚度为 1.54mm 的独立式金刚石膜。如图 3.16 和图 3.17 所示，其通过在独立式金刚石膜的沉积过程中添加磁场来确保厚度均匀性，并研究了金刚石膜的形貌、结构和热导率。结果表明，由于增加了底部磁场，直流电弧等离子体的扩展区域在接近衬底表面时增加。结构表征表明，受直流电弧等离子体形状的影响，弧干的金刚石膜晶粒较粗，而弧心和弧边的金刚石膜晶粒较细。金刚石膜多晶结构的主要取向为(220)晶面。金刚石膜在不同区域的拉曼峰向更高的波数移动，表明金刚石膜内部存在压应力。电弧区主要为粗柱状晶和少量晶界。弧干区域金刚石膜的热导率为(1728.9±4.9)W/(m·K)，同时弧心和弧边区域金刚石膜的热导率低于弧干区域金刚石膜的热导率。

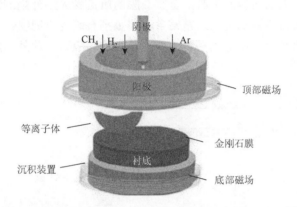

图 3.16　磁场辅助直流电弧等离子喷射 CVD 装置示意图[38]

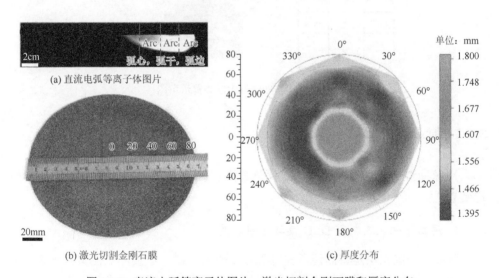

(a) 直流电弧等离子体图片

(b) 激光切割金刚石膜

(c) 厚度分布

图 3.17　直流电弧等离子体图片、激光切割金刚石膜和厚度分布

3.6　其他金刚石膜制备技术

3.6.1　燃烧火焰 CVD

燃烧火焰 CVD 法（图 3.18）的原理是在碳氢化合物气体中预混部分氧气，

再进行扩散燃烧，所用的碳源气体是乙炔，助燃气体是氧气，乙炔和氧气发生燃烧时产生的等离子体气流在衬底表面沉积形成金刚石膜[39]。该方法的优点是设备简单、投资少，能在大气开放条件下合成金刚石膜，而且金刚石膜的质量高、沉积速率较快（100～180μm/h），有利于大面积成膜及在复杂型面上成膜；缺点是金刚石膜的面积受火焰内焰的限制，金刚石膜的质量受火焰外焰的影响，沉积的金刚石膜具有不均匀的微观结构，常常含有非金刚石碳等不纯物，且火焰的热梯度使薄的衬底弯曲变形，在金刚石膜中产生较大的热应力。此外，此方法气体消耗大、成本较高[40]。

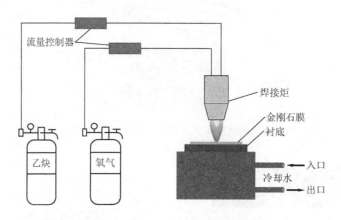

图 3.18　燃烧火焰 CVD 装置示意图

3.6.2　脉冲激光沉积

用脉冲激光沉积法制备 DLC 膜及金刚石膜，一般采用固体靶装置和液体靶装置[41]。

1. 用固体靶装置制备 DLC 膜与金刚石膜

脉冲激光沉积法是将高能激光打到石墨靶上，在一定条件下使碳原子或离子离开靶材，在衬底上形成 sp^3 键的四配位结构。因此，脉冲激光沉积法是一种高能沉积法，其装置示意图如图 3.19 所示。

脉冲激光沉积过程可以分成三个阶段。

（1）激光照射在靶材上，产生等离子羽辉。激光束照射在材料表面上，基于特有的性质，激光可在很短的时间内产生足够的高温，使靶材气化，大量的分子、原子和带电粒子等从靶材表面挣脱，在一定的区域内形成高温高密度等离子体，并伴随着明亮的等离子羽辉。

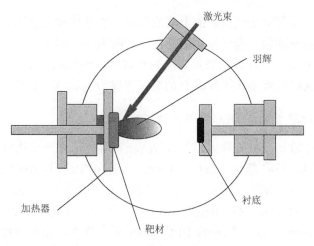

图 3.19　脉冲激光沉积装置示意图

（2）等离子体向衬底方向移动。由于激光作用在靶材上形成高温高压，在垂直于靶材的方向上迅速产生很大的温度和压力梯度。在这种压力梯度下，等离子体沿着靶材法线方向向外做等温膨化，整个过程耗时纳秒量级，瞬间形成一个沿着靶材法线方向上明亮的等离子羽辉。

（3）等离子体在衬底上沉积。高速移动的等离子体撞击衬底表面，并在表面形成一层膜。此阶段各参数的控制是这层膜质量的决定因素。

为了进一步有效地提高膜的质量，在标准脉冲激光沉积装置（图 3.19）的基础上还可加一些辅助装置。实验表明，在超高真空环境下离子量越多，在高的激光通量下制成的膜越均匀、光学性质越优良，沉积速率近 $20\mu m/h$。Krishnaswamy 等[42]将激光与等离子体相结合，在 Si(100)面上生长出了 DLC 膜，其装置示意图如图 3.20 所示。与标准脉冲激光沉积装置相比，该装置加了一个带电容的环形电

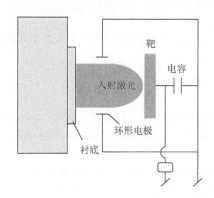

图 3.20　等离子体辅助脉冲激光沉积装置示意图

极。电容放电可显著改变靶材表面上的蒸汽羽，使它从蒸发处加快向衬底扩散，从而使沉积的膜更均匀、光学性质更优良、硬度更高。例如，25℃时，标准脉冲激光沉积装置生长的样品 A 的禁带宽度为 0.47eV，硬度约为 13.6GPa；等离子体辅助脉冲激光沉积装置生长的样品 B 的禁带宽度为 1.27eV，硬度约为 18.1GPa。

2. 用液体靶装置制备 DLC 膜与金刚石膜

液体靶脉冲激光沉积装置如图 3.21 所示。液体靶放在一个用水冷却的不锈钢杯子里，其特点是黏稠、蒸气压低（室温下约 $2.6×10^{-8}$Pa）、以 ArF（波长为 193nm，脉宽为 23ns，重复频率为 10Hz）作为激光源时光吸收率高。沉积 DLC 膜的条件如下：以 Si(100)为衬底，衬底温度为 600℃，反应气体为 O_2，反应室压强为 20Pa，沉积速率为 0.01nm/pulse。沉积的 DLC 膜 sp^3 键含量大，是光学性质优良的氢化非晶碳膜。生长金刚石膜的条件如下：衬底温度为 630℃，反应气体为 H_2O_2 与 O_2 的混合气体。混合气体注入真空室后，在激光产生的含碳羽辉中迅速分解为 O 和 OH^-，O 刻蚀石墨碳，从而使 sp^3 键稳定。

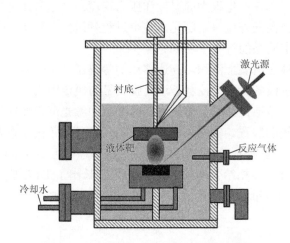

图 3.21　液体靶脉冲激光沉积装置示意图

参 考 文 献

[1] 宋亚林，程敏. 热丝化学气相沉积（HFCVD）制备金刚石薄膜涂层刀具[J]. 鄂州大学学报，2013（3）：78-80.

[2] Matsumoto S，Sato Y，Tsutsumi M，et al. Growth of diamond particles from methane-hydrogen gas[J]. Journal of materials Science，1982，17（11）：3106-3112.

[3] Martineau P M，Lawson S C，Taylor A J，et al. Identification of synthetic diamond grown using chemical vapor deposition（CVD）[J]. Gems and Gemology，2014，40（1）：2-25.

[4] Nazim E M，Izman S，Ourdjini A，et al. Adhesion strength of HFCVD diamond coating on WC substrate seeded

with diamond and different ratios of SiC powders[J]. Advanced Materials Research，2013，845：467-471.

[5] Fuentes-Fernandez E M A，Alcantar-Pena J J，Lee G，et al. Synthesis and characterization of microcrystalline diamond to ultrananocrystalline diamond films via hot filament chemical vapor deposition for scaling to large area applications[J]. Thin Solid Films，2016，603：62-68.

[6] Butler J E，Woodin R L. Thin Film Diamond Growth Mechanisms[M]//Lettington A H. Thin Film Diamond. Dordrecht：Springer，1994：15-30.

[7] Harris S J，Weiner A M，Perry T A. Measurement of stable species present during filament-assisted diamond growth[J]. Applied Physics Letters，1988，53（17）：1605-1607.

[8] Smith J A，Cameron E，Ashfold M N R，et al. On the mechanism of CH_3 radical formation in hot filament activated CH_4/H_2 and C_2H_2/H_2 gas mixtures[J]. Diamond and Related Materials，2001，10（3-7）：358-363.

[9] Vadali V S. Deposition and characterization of nanocrystalline diamond/β-SiC composite film system[D]. Aachen：University of Siegen，2008.

[10] Anthony T R. Metastable synthesis of diamond[J]. Vacuum，1990，41（4-6）：1356-1359.

[11] Blamire M G，Macmanus-Driscoll J L，Mathur N D，et al. The materials science of functional oxide thin films[J]. Advanced Materials，2009，21（38-39）：3827-3839.

[12] 王陶，蒋春磊，唐永炳. 施加偏压对采用等离子体辅助热丝化学气相沉积法在硬质合金上沉积金刚石/碳化硅/硅化钴复合薄膜的影响[J]. 集成技术，2017，6（1）：24-38.

[13] Wang T，Zhuang H，Jiang X. One step deposition of highly adhesive diamond films on cemented carbide substrates via diamond/β-SiC composite interlayers[J]. Applied Surface Science，2015，359：790-796.

[14] Liu K，Dai B，Ralchenko V，et al. Single crystal diamond UV detector with a groove-shaped electrode structure and enhanced sensitivity[J]. Sensors and Actuators：A-Physical，2017，259：121-126.

[15] Pate B B. The diamond surface：Atomic and electronic structure[J]. Surface Science Letters，1986，165（1）：83-142.

[16] Balmer R S，Brandon J R，Clewes S L，et al. Chemical vapour deposition synthetic diamond：Materials，technology and applications[J]. Journal of Physics-Condensed Matter，2009，21（36）：364221.

[17] Liu H，Dandy D S. Diamond chemical vapor deposition：Nucleation and early growth stages[J]. Noyes Publications，1995，54（13）：134104.

[18] Su Q F，Shi W M，Li D M，et al. Effects of carbon concentration on properties of nano-diamond films[J]. Applied Surface Science，2012，258（10）：4645-4648.

[19] 陈琦. 热丝化学气相沉积制备大面积金刚石薄膜工艺的研究[D]. 天津：天津理工大学，2008.

[20] 张婷. HFCVD 法制备金刚石膜以及工艺参数对薄膜的影响[D]. 郑州：河南工业大学，2016.

[21] 孙心瑗. 热丝化学气相沉积金刚石膜的研究[D]. 长沙：湖南大学，2004.

[22] 刘鲁生. 多功能热丝化学气相沉积金刚石涂层制备设备的设计与实验研究[D]. 沈阳：沈阳建筑大学，2018.

[23] 张金旭，任志东，毕道广，等. 金刚石厚膜的制备方法及应用展望[J]. 河南科技，2015（4）：30-33.

[24] 孙宝茹. 大面积金刚石厚膜的制备[D]. 长春：吉林大学，2005.

[25] 代凯. 气相化学对热丝 CVD 金刚石薄膜影响的研究[D]. 武汉：武汉工程大学，2018.

[26] 吴海兵. EACVD 金刚石成膜设备与技术的研究[D]. 南京：南京航空航天大学，2002.

[27] 王鸿翔，何时剑，金永福，等. 电子辅助热丝化学气相沉积一体化系统的研究[J]. 现代制造工程，2012（12）：84-88.

[28] 周琦. 热丝化学气相沉积（HFCVD）金刚石涂层设备整体方案设计[D]. 武汉：华中科技大学，2017.

[29] Kurihara K，Sasaki K，Kawarada M，et al. High rate synthesis of diamond by DC plasma jet chemical vapor deposition[J]. Applied Physics Letters，1988，52（6）：437-438.

[30] 江彩义. 微波等离子体技术制备金刚石膜的工艺研究[D]. 昆明：昆明理工大学，2017.

[31] 唐伟忠，于盛旺，范朋伟，等. 高品质金刚石膜微波等离子体 CVD 技术的发展现状[J]. 中国材料进展，2012，31（8）：33-39.

[32] 李义锋，唐伟忠，姜龙，等. 915MHz 高功率 MPCVD 装置制备大面积高品质金刚石膜[J]. 人工晶体学报，2019，48（7）：1262-1267.

[33] 刘繁，翁俊，汪建华，等. MPCVD 金刚石膜装置的研究进展[J]. 真空与低温，2016，22（3）：132-137.

[34] 朱国明. 直流等离子喷射化学气相沉积法制备金刚石薄膜[D]. 天津：天津理工大学，2009.

[35] 李成明，陈良贤，刘金龙，等. 直流电弧等离子体喷射法制备金刚石自支撑膜研究新进展[J]. 金刚石与磨料磨具工程，2018，38（1）：16-27.

[36] Guo J C，Li C M，Liu J L，et al. Structural evolution of Ti destroyable interlayer in large-size diamond film deposition by DC are plasma jet[J]. Applied Surface Science，2016，370：237-242.

[37] Li C M，Zhou R H，Liu J L，et al. Effect of arc characteristics on the properties of large size diamond wafer prepared by DC are plasma jet CVD[J]. Diamond and Related Materials，2013，39：47-52.

[38] Huang Y B，Chen L X，Shao S W. The 7-in. freestanding diamond thermal conductive film fabricated by DC arc Plasma Jet CVD with multi-stage magnetic fields[J]. Diamond and Related Materials，2022，122：108812.

[39] 李博. MPCVD 法制备光学级多晶金刚石膜及同质外延金刚石单晶[D]. 长春：吉林大学，2008.

[40] 王丽军. 金刚石薄膜 CVD 制备方法及其评述[J]. 真空与低温，2000（2）：18-23.

[41] 刘秋香，王金斌，杨国伟. 用脉冲激光沉积法制备类金刚石膜及金刚石薄膜[J]. 半导体光电，1998，19（4）：4.

[42] Krishnaswamy J，Rengan A，Narayan J，et al. Thin-film deposition by a new laser ablation and plasma hybrid technique[J]. Applied Physics Letters，1989，54（24）：2455-2457.

第 4 章　金刚石膜的去除机理与抛光理论

金刚石的优越性质就像一把双刃剑，既给其应用带来了无比的优越性，也给其平坦化加工造成了极大的困难。金刚石最大的硬度和稳定的化学性质使传统且常用的切削和磨削加工几乎丧失了作用；金刚石极低的摩擦系数和热膨胀系数给抛光带来了困难；金刚石较薄且属于硬脆材料，在抛光中极容易破碎；随着工业应用对金刚石膜的尺寸、表面精度和表面质量要求的不断提高，人们对金刚石膜抛光技术也提出了更高的要求。

4.1　概　　述

目前实现 CVD 金刚石表面抛光的方法主要有机械抛光（mechanical polishing，MP）法、热化学抛光（thermal chemical polishing，TCP）法、动摩擦抛光（dynamic polishing，DP）法、化学机械抛光（chemical mechanical polishing，CMP）法、电火花加工（electrical discharge machining，EDM）法、离子束抛光（ion beam polishing，IBP）法、激光抛光（laser polishing，LP）法、反应离子刻蚀（reactive ion etching，RIE）法等。

机械抛光法[1, 2]是最早用来加工单晶金刚石的方法。采用直径为 300～400mm 的铸铁抛光盘，在盘面涂敷含 1～50μm 金刚石磨粒的研磨膏后，对其进行预研使金刚石磨粒嵌入盘面的微孔，并以常用转速 3000r/min 对金刚石进行抛光。首先采用相对较粗的金刚石粉对工件表面进行研磨，直到工件表面粗糙度达到该粒径的金刚石粉所能达到的最小值；然后逐级减小金刚石粉尺寸，不断对金刚石表面进行研磨，直到达到所要求的抛光程度。金刚石粉尺寸越大，材料去除率越高；金刚石粉尺寸减小，材料去除率急剧降低。机械抛光法可在室温条件下进行，工件尺寸不受限制，具有设备简单、价格低廉等优点，但是由于金刚石膜很薄，抛光时极容易发生破碎，且有沿不同晶向择优抛光倾向。

热化学抛光法[3-6]是利用金刚石表面的碳原子在高温下（750～950℃）能够扩散到铁、镍、铈等溶碳金属的特性，将金刚石以一定的压力顶在抛光盘上，在金属的催化作用下金刚石转化为石墨或扩散到抛光盘中，以达到去除金刚石的目的。利用热化学抛光法加工一定时间后，抛光盘很容易达到碳饱和状态，影响抛光的持续进行。因此，一般在含有氢气的密闭容器中进行抛光，高温氢气使扩散到抛光盘表面的碳原子转化成甲烷气体排出，以使抛光盘中碳浓度保持在较低的水平，保持抛光的连续性。目前用于热化学抛光的金属一般分为两类：一类是铁、钴、镍、锰、铬、钼等具有溶碳性质的金属；另一类是铈、镧、钛、钨等与金刚石具有较好亲和性的金属，容易与金刚石发生反应并生成碳化物。

金刚石的化学机械抛光由 Thornton 和 Wilks[7]于 1974 年提出，并由 Malshe 等[8]在 1995 年进行了改善。化学机械抛光法利用硝酸钾、硝酸钠和氢氧化钾在高温下对金刚石具有较强的腐蚀特性，将 Al_2O_3 陶瓷盘或铸铁盘加热至 350℃左右，使硝酸钾（或硝酸钠）和氢氧化钾熔融，氧化刻蚀金刚石表面，并在机械摩擦作用下实现金刚石表面材料的去除。经化学机械抛光的单晶金刚石可以实现 50nm 的表面粗糙度 Ra。抛光时加入硬度较大的磨料或者提高抛光压力都可以提高材料去除率。由于温度较高，熔融的硝酸钾（或硝酸钠）和氢氧化钾极容易挥发，对人体和设备造成较大的危害。金刚石表面也会因熔融盐的强腐蚀作用而残留一些腐蚀产物。

最早的电火花加工是在铂铱合金电极上施加高电压对拉模进行打孔[9]，之后发展到切削导电材料和 PCD 材料[10-12]。电火花加工法通过工件和电极之间脉冲放电产生的高热能实现工件材料的去除。单个脉冲会在很小的放电通道内产生很高的能量密度和极高的温度（高达 10000℃），瞬间可使工件表面微区材料熔化、升华或溅射去除。近年来，王成勇、郭钟宁等[13-16]将电火花加工技术引入 CVD 金刚石的抛光。为使 CVD 金刚石适用于电火花加工，一般在金刚石表面沉积一层金属材料。加工时金刚石的石墨化保证了电火花加工的持续性。金刚石材料的去除是多种效应综合作用的结果[17]，包括金刚石的石墨化、放电脉冲的溅射、碳元素的气化或氧化、结合面的碳化反应等。电火花加工金刚石去除率较高，但参数控制复杂，加工表面粗糙度仅在微米和亚微米量级，需要结合其他方法进一步加工。

激光抛光法[18, 19]是一种非接触式抛光方式，不需要在金刚石工件上施加一定的压力，避免了金刚石膜在外力作用下的破碎。它利用高能量密度的激光束照射金刚石表面使金刚石石墨化或气化实现表面材料的去除。激光抛光只作用于很小的局部区域，通过工件的运动可以实现曲面和平面的抛光，材料去除率依赖金刚石晶粒尺寸、激光光斑尺寸和激光器扫描能力。加工时容易在金刚石表面出现周期性波纹，影响表面质量，表面粗糙度为亚微米量级。激光束热作用容易使金刚石残留热应力或产生翘曲和裂纹。此外，激光抛光设备要比机械抛光设备昂贵得多。

离子束抛光法是利用离子源喷射出来的 Ar、N_2O 和 O_2 等高能离子束进行的非接触式抛光。当使用 Ar 或 N_2O 等惰性离子抛光时，金刚石表面受到离子束一定角度的冲击，以物理的方式将碳原子去除，从而达到抛光的目的。使用

O_2 离子束时，既能利用离子束的高能量轰击金刚石表面以去除材料，又能利用 O_2 与金刚石的反应轰击表面凸起部分，从而降低表面粗糙度。Hireta 等[20]将金刚石试样加热至 700℃，以 O_2 和 Ar 离子束进行轰击。当入射角为 0°时，刻蚀速率最快，此时单位面积所受能量最大；当入射角为 80°时，所得到的表面最光滑。Kiyohara 等[21]认为由于 O_2 的化学作用，O_2 的刻蚀速率是 Ar 的 10 倍左右。采用 O_2 和 Ar 离子束长时间抛光后，金刚石表面粗糙度可分别降至 100nm 和 60nm[22]。但是离子束抛光须在低压下进行，因此真空设备为必要装置，使其成本增加，且工件尺寸受限于型腔，不易加工大尺寸工件，但可以对曲面进行加工。

　　反应离子刻蚀法[23-26]的原理类似离子束抛光法，但略有差别。反应离子刻蚀法使用的气体为 O_2 和 H_2，金刚石的去除以化学作用为主。刻蚀速率一般与射频功率、O_2 流量、腔内压力和刻蚀温度有关，当刻蚀温度为 400～600℃时金刚石的刻蚀速率约为 1μm/min。反应离子刻蚀法可以选择性去除金刚石表面局部材料，具体方法是采用金膜作为高温掩模材料将金刚石表面覆盖，去除需要刻蚀区域的金膜，则露出的区域将被刻蚀。该过程是集成电路制造中关键过程之一。虽然反应离子刻蚀法为非接触式抛光且刻蚀速率较离子束抛光法高出 2 倍，但其具有表面抛光效果较差、表面易受污染、成本较高等缺点。

　　上述抛光技术为目前常用的抛光金刚石的方法，其特点比较如表 4.1 所示。图 4.1 是不同的抛光技术抛光后金刚石表面典型形貌。可以看出，目前大多抛光技术无法实现金刚石表面纳米级抛光，实现低损伤或无损伤的技术更少。

表 4.1　主要金刚石抛光技术特点比较

特点	接触式			非接触式		
	机械抛光	热化学抛光	化学机械抛光	反应离子刻蚀	电火花加工	激光抛光
过程温度	室温	750～950℃	350℃	700℃	室温	室温
去除机理	微裂	石墨化、扩散	氧化	溅射、刻蚀	石墨化、升华	刻蚀、石墨化、升华
形状限制	平面	平面	平面	非平面	非平面	非平面
抛光面积	不限制	不限制	不限制	不限制	电极大小	光束大小
特殊设备	无	气体保护	无	高真空	电路控制	气体控制
设备费用	低	低	低	中	高	高
加工时间	数天	数十分钟	数小时	数小时	由面积决定	由面积决定
表面粗糙度	10nm	100nm	50～165nm	50nm	200nm	97nm
操作方法	依赖经验	简单	简单	中	复杂	复杂
加工费用	低	低	低	中	高	高

(a) 机械抛光[25]　　　　　　(b) 热化学抛光[27]　　　　　　(c) 化学机械抛光[28]

(d) 电火花加工[17]　　　　　　(e) 激光抛光[29]　　　　　　(f) 反应离子刻蚀[25]

图 4.1　不同抛光技术抛光后金刚石表面典型形貌

　　超精密平坦化技术的发展越来越追求操作的简单高效和工件表面的超精密、低损伤。单一的机械作用或化学作用已经很难满足工业对工件表面的要求。例如，激光抛光、离子束抛光和电火花加工等非接触式平坦化技术虽然可以实现平面或曲面加工，但加工表面存在一定的加工波纹，加工表面粗糙度较大，而且会残留一定污染物，必须通过机械抛光加以去除。纯化学抛光由于反应温度较高，容易在金刚石表面产生腐蚀坑或残留污染物。机械抛光虽然可以通过逐级减小磨料粒径实现金刚石的纳米级表面，但抛光后阶段使用粒径为 1μm 以下的磨料，材料去除十分缓慢，而且会在 CVD 金刚石表面残留微划痕和裂纹等损伤。机械做功和化学反应的联合使用不但会给化学带来革命性变化，而且必将给机械工程带来深刻的变化，引领机械工程向更高端的方向发展。如图 4.2 所示，机械作用和化学作用联合形成催化反应辅助抛光是一个发展趋势。该方法减少甚至避免了磨料的使用，减少由机械作用过强而产生的划痕，借助热化学作用或催化作用加快材料的去除，实现 CVD 金刚石表面的凸点抛光。

　　目前，借助机械和化学复合作用去除金刚石材料的抛光技术主要有摩擦化学抛光技术和化学机械抛光技术。摩擦化学抛光技术去除率较高，但是表面残留一定的石墨层，表面粗糙度只能达到百纳米量级；化学机械抛光技术去除率较低，但抛光后表面质量较好，几乎没有损失层。因此，摩擦化学抛光技术和化学机械抛光技术的结合使用可使 CVD 金刚石表面粗糙度从十几微米快速降至几纳米，获得超光滑、低损伤的金刚石表面。

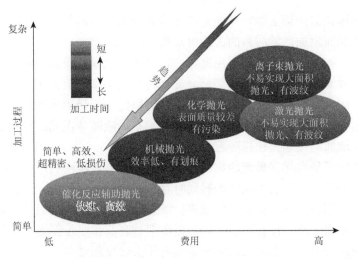

图 4.2　金刚石抛光技术的发展趋势

4.2　金刚石抛光的材料去除机理

金刚石的高硬度和良好的化学稳定性造成金刚石的抛光技术多种多样，根据去除机理大致可以分为五类[29]：①微破碎去除；②金刚石的石墨化；③蒸发去除；④溅蚀去除；⑤化学反应去除。以下将分别介绍这五种去除机理。

1. 微破碎去除

如图 4.3 所示，当两个物体表面相互接触移动时，在两个接触表面就会产生摩擦。一旦摩擦力大于材料原子之间的结合力，材料表层的原子就会难以克服摩擦力，从表层变形或碎裂去除（根据材料本身的脆性）。表面突出部分受到的压力

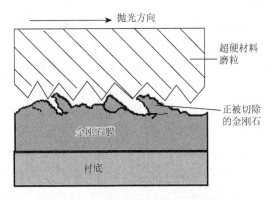

图 4.3　金刚石破碎去除原理图

大，更容易因微破碎而去除，从而形成光洁的表面。材料的去除率随着接触面积和压力的增加而增加，软材料的去除率要高于硬材料。

如果在微破碎去除过程中采用磨料，材料的去除率和最后的表面质量就与所用磨粒的尺寸有关。虽然采用粗磨料会提高材料去除率，但会在工件表面产生较深的划痕。因此，粗磨料用于研磨过程，细磨料则用于最后的抛光。在抛光过程中，接触面积逐渐增大。为了维持一定的去除率，应随着抛光的延续，逐渐增加接触力，与增加的接触面积相适应[30]。

因为金刚石是自然界最硬的物质，所以采用磨料对金刚石进行微破碎去除才是最有效的办法。金刚石表面和磨料同时存在微破碎去除现象。因为金刚石是脆性的，所以金刚石是通过在微小区域进行断裂而去除的。经过抛光的金刚石表面尽管看起来特别光洁、没有裂纹，但是在金刚石表面和亚表面确实存在裂纹。

在赫兹试验中，当金刚石表面被金刚石压头过度压载时，金刚石可能出现裂纹。所有裂纹都在接触区域的外围，并且平行于金刚石(111)面，其微观解理是指金刚石(111)面的解理。在金刚石抛光过程中，由于(111)面的解理，金刚石表面发生磨损。经过抛光的金刚石沿(111)面会产生许多抛光线和解理线，且解理线的方向不随抛光方向的改变而改变。解理面(111)面与抛光面之间的夹角对抛光速率有显著影响。金刚石的耐磨性是抛光表面关于抛光方向的函数。在金刚石的晶胞中，{100}面上的每个金刚石单元沿<100>方向有两个原子，而沿<110>方向有三个原子，因此，沿<100>方向的去除率高于沿<110>方向；{110}面上的每个金刚石单元沿<110>方向有三个原子，而沿<100>方向有两个原子，因此，沿<100>方向的去除率高于沿<110>方向；{111}面上的每个金刚石单元沿等边三角形三个边方向都有三个原子，因此，在{111}面附近取向的金刚石最耐抛光，选择合适的抛光方向有利于实现金刚石的有效抛光。

2. 金刚石的石墨化

碳原子可以形成四种晶格结构：石墨、无定形碳、金刚石和六方金刚石。碳材料的物理化学性能与碳的晶格结构有关。例如，在四种晶格结构中，石墨具有最低的硬度，它由碳原子堆积成层状结构，相互之间由最弱的结合力——范德瓦耳斯力来键合。

从热力学角度，石墨在气体环境中是最稳定的，其他结构处于亚稳定状态。如果给予其相位转化所需的能量，金刚石很容易转化为石墨。金刚石一旦转化为石墨，就很容易实现机械抛光。

接触材料（如铁、钴、镍）可以降低金刚石向石墨转化所需的能量[31]，于750℃即可实现转化。因此，金刚石膜表面突出的部分与接触材料接触并转化为石墨，然后被机械抛光去除。重复这一过程直至金刚石表面被抛光（图4.4）。

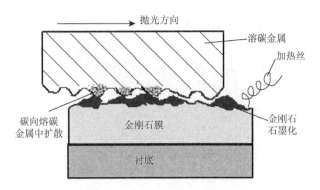

图 4.4　金刚石的石墨转化原理图

碳原子也可以很容易扩散到高溶碳金属（如铁、锰、镧和铈）中。如果金刚石与高溶碳金属在高于 1000℃ 的温度接触，碳原子就会扩散到这些金属中直至饱和。单一碳源在金属中浓度为

$$C(x) = C_1 \left[\mathrm{erfc} \left(\frac{x}{2\sqrt{Dt}} \right) \right] \tag{4.1}$$

式中，C_1 为作用系数；erfc( ) 为误差函数；x 为与接触面的距离；D 为扩散系数；t 为时间。

碳的浓度取决于与接触面的距离、扩散系数和时间。随着扩散系数和溶碳金属溶碳能力的增加，抛光速率也会增加。厚金属盘比薄金属盘的溶碳能力大。随着碳原子的扩散，溶碳金属内的碳原子会不断增加。即使开始金属表面比较光滑，随着抛光的进行，溶碳金属表面也会形成不平的边界，并且将其复制到金刚石表面。

薄金属盘的扩散速度非常快，但是碳原子容易扩散到背面，需要利用扩散原理对金刚石进行多面抛光。例如，将镍盘放在金刚石上，在氢气中加热到 1000℃，碳原子通过衬底扩散到镍盘的另一面并与氢气接触生成甲烷被带走[32]。也就是说，薄金属盘抛光金刚石膜不会产生饱和，可以进行连续抛光。

3. 蒸发去除

如果给材料表面加以足够的热量，表面就会熔化或气化。应用这一原理，CVD 金刚石表面凸起部分可以通过蒸发去除形成光洁的表面。电火花、激光可以用来加热金刚石表面。相应的抛光技术为电火花加工、激光抛光。其中，激光抛光的优点是激光束容易控制，而且能量集中，局部温度可以升至几千摄氏度；缺点是不能形成连续的激光脉冲，很难抛光整个平面，激光束也难以应用到蒸发材料。

如图 4.5 所示，根据材料表面调整入射角，被照亮的区域就会获得更高的能量。在特定角度上，凸起的部分会得到更多的能量而被去除，最后得到较为平坦的表面[33]。

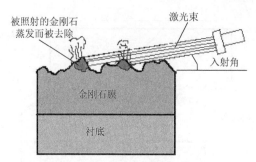

图 4.5　金刚石蒸发去除示意图

4. 溅蚀去除

如图 4.6 所示，当一束高速的离子束或原子束撞击金刚石膜表面时，金刚石结构被破坏，碳原子被撞离表面，这一刻蚀过程是纯物理过程。溅蚀速率可通过控制离子束电流密度及溅射强度来改变，金刚石的品质也会影响溅蚀速率[34]。品质差的金刚石含有较多的石墨相，石墨的 C—C 键键能较低，所以溅蚀速率较高。金刚石膜晶界处含有少量的石墨，所以晶界的溅蚀速率较晶粒内部大，导致溅蚀速率不均匀，加工表面粗糙度较大。

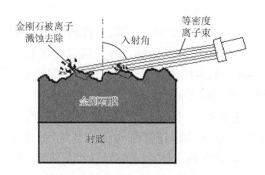

图 4.6　金刚石溅蚀去除示意图

溅蚀速率为

$$R = 62.3 \frac{JSM_a}{\rho} \tag{4.2}$$

式中，J 为离子束电流密度；S 为溅射强度；M_a 为原子质量；ρ 为密度。由此可以看出，溅蚀速率既取决于溅射强度，又取决于材料本身。

CVD 金刚石的品质取决于金刚石的沉积条件，溅蚀速率取决于金刚石中的石墨含量。因为溅蚀石墨速率高于溅蚀金刚石速率，所以金刚石中石墨含量越大，溅蚀速率就越快。在金刚石品质与溅蚀速率之间存在一个平衡[35]。

5. 化学反应去除

金刚石参与的化学反应一般是氧化反应。氧化剂既可以用液体或气体，也可以用固体（图 4.7）。液体作为氧化剂，反应较为集中，但存在潜在的污染。文献[34]分别用 O_2、CF_4/O_2、CHF_3/O_2、O_2/Ar 气体抛光金刚石膜表面，因此抛光速率由离子密度决定，离子密度越大，抛光速率越快。当然，由于 CVD 金刚石表面的化学性质不一致，有可能得不到抛光效果。金刚石可以与 KOH、KNO_3 或 $KMnO_4$ 等强氧化物进行反应，所以也可以把金刚石放在氧化剂熔融液体中进行抛光[34, 36]。加热加压可以促使液体分解为氧和其他物质，并与金刚石反应生成 CO 或 CO_2。抛光速率可以通过液体中氧含量进行调整。此外，也可以用高能量的氧等离子。金刚石表面的碳原子与氧等离子反应，很快转变为 CO_2，难以污染表面。

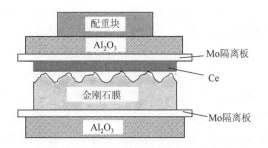

图 4.7　金刚石化学反应去除原理图

除此之外，在高温高压条件下，金刚石与一些金属（如钛、铁、钒、锰和铬）反应生成碳化物。例如，在热化学抛光或摩擦化学抛光过程中，Fe 会被氧化成 Fe_2O_3，然后与碳或氢发生还原反应。在这些反应中，Fe_2O_3 会降低金属盘中的碳含量，并转化为游离 Fe。人们认为，抛光是金刚石转化的碳蒸发成 CO 或 CO_2 的过程。随着碳以 CO 或 CO_2 的形式蒸发，非金刚石碳扩散到上述反应形成的游离 Fe 中。热化学抛光、摩擦化学抛光、化学机械抛光等反应性接触抛光技术均涉及这些反应。

4.3　金刚石摩擦化学抛光理论

石墨化和氧化是金刚石参与化学反应的主要形式。热化学抛光技术和摩擦化学抛光技术的主要机理是利用金刚石的石墨化反应，而化学机械抛光技术的主要机理是利用金刚石的氧化反应。以下针对金刚石石墨化和氧化加工原理，阐述热化学抛光技术、摩擦化学抛光技术和化学机械抛光技术的一些基本理论。

　　基于金刚石石墨化的抛光技术主要是热化学抛光技术和摩擦化学抛光技术。热化学抛光技术主要通过外部加热的形式使金刚石达到石墨化温度，而摩擦化学抛光技术主要通过摩擦生热使抛光区域局部达到石墨化温度，不需要加热装置和气体保护，但需要严格控制抛光工艺参数及抛光盘材料性能。以下以摩擦化学抛光技术为例，阐述金刚石石墨化去除的基本理论。

　　摩擦化学抛光 CVD 金刚石的主要化学作用过程是金刚石向石墨转变[37]。从化学热力学和化学动力学角度研究金刚石石墨化反应的方向和进度及快慢程度有助于分析提高摩擦化学抛光效率的措施，为摩擦化学抛光工艺提供理论基础。

4.3.1　金刚石石墨化的化学热力学分析

　　摩擦化学抛光能否可行主要依赖于金刚石石墨化反应可行与否。在化学热力学中，常用吉布斯自由能变（Gibbs free energy change）判断一个化学反应是否可行。吉布斯自由能变就好比水位差，水从高水位流向低水位可以自发进行，不需要外力做功；相反，水从低水位流向高水位必须借助水泵做功才能实现，其自身很难自发进行。因此，分析金刚石化学去除过程中化学反应的吉布斯自由能变有助于优化抛光工艺和揭示去除机理。如图 4.8 所示，金刚石势能高于石墨势能，因此，相比于金刚石，石墨更稳定。金刚石与石墨之间的势能差就是金刚石转化为石墨时的吉布斯自由能变。吉布斯自由能变越大，金刚石转化为石墨时释放的热量越多，石墨化反应越容易进行。

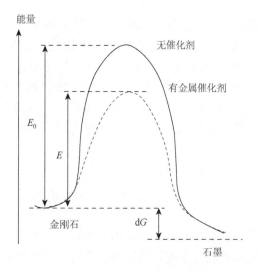

图 4.8　金刚石与石墨的势能图

在等温等压的封闭体系内，不做非体积功，化学反应的吉布斯自由能变可表示为[38]

$$\Delta_r G_m = \Delta_r H_m - T\Delta_r S_m \tag{4.3}$$

式中，$\Delta_r G_m$、$\Delta_r H_m$、$\Delta_r S_m$ 分别为化学反应的吉布斯自由能变、焓变和熵变。当 $\Delta_r G_m < 0$ 时，自发过程，反应正向进行；当 $\Delta_r G_m = 0$ 时，反应处于平衡状态；当 $\Delta_r G_m > 0$ 时，非自发过程，反应逆向进行。

1. 标准压强和温度下金刚石石墨化的吉布斯自由能变

金刚石转化为石墨的反应可表示为

$$C(dia) \longrightarrow C(gra) \tag{4.4}$$

根据化学热力学的数据表，已知金刚石和石墨在标准温度（298.15K）、标准压强（1 个大气压，$p = 101.325$kPa）下的生成热分别为 0 和 1.8962kJ/mol；金刚石和石墨在标准温度、标准压强下的熵分别是 5.6940J/(K·mol) 和 2.4389J/(K·mol)[38]，计算得到

$$\Delta H_{298}^{\ominus} = 0 - 1.8962 = -1.8962(kJ/mol) \tag{4.5}$$

$$\Delta S_{298}^{\ominus} = 5.6940 - 2.4389 = 3.2551[J/(K·mol)] \tag{4.6}$$

$$\Delta G_{298}^{\ominus} = \Delta H_{298}^{\ominus} - T\Delta S_{298}^{\ominus} = -1.8962 - 298 \times 0.0032551 = -2.866(kJ/mol) \tag{4.7}$$

化学反应标准平衡常数为 $K^{\ominus}$，可得

$$\lg K^{\ominus} = \frac{-\Delta G_{298}^{\ominus}}{2.303RT} = \frac{2.866 \times 10^3}{2.303 \times 8.314 \times 298} = 0.5 \qquad K^{\ominus} = 3.16 \tag{4.8}$$

结合图 4.8，金刚石转化为石墨的吉布斯自由能变为负值，反应在化学热力学上可以自发进行。由于化学反应标准平衡常数 $K^{\ominus}$ 为 3.16，远小于 10^7，金刚石转化为石墨的反应程度很小（一般认为，$K^{\ominus} > 10^7$ 或 $\Delta G_{298}^{\ominus} < -40$kJ/mol 时，反应已经进行得很彻底）。

2. 温度和压强对吉布斯自由能变的影响

标准温度和标准压强下，金刚石和石墨的密度分别为 3.513×10^3kg/m³ 和 2.260×10^3kg/m³，由化学热力学基础可知：

$$\left(\frac{\partial G}{\partial p}\right)_T = V \tag{4.9}$$

化简后，得到非标准压强下化学反应的吉布斯自由能变：

$$\Delta G_m = \Delta G_m^{\ominus} + \int_{p_0}^{p} \Delta V_m \mathrm{d}p \tag{4.10}$$

假定金刚石和石墨的密度不随压强的变化而变化，则

$$\Delta G_{\mathrm{m}} = \Delta G_{\mathrm{m}}^{\ominus} + \Delta V_{\mathrm{m}}(p - p_0) \tag{4.11}$$

不同温度下化学反应的吉布斯自由能变可近似为

$$\Delta G_T^{\ominus} = \Delta H_{298}^{\ominus} - T\Delta S_{298}^{\ominus} \tag{4.12}$$

将式（4.12）代入式（4.11）可以简单得到不同温度、压强下的吉布斯自由能变：

$$\Delta G(p, T) = \Delta H_{298}^{\ominus} - T\Delta S_{298}^{\ominus} + \Delta V_{\mathrm{m}}(p - p_0) \tag{4.13}$$

将熵变、焓变及金刚石和石墨的密度代入式（4.13），可得

$$\Delta G(p, T) = -1.8962 - T \times 3.2551 \times 10^{-3} \\ + \left[\left(\frac{12.011}{2.260} - \frac{12.011}{3.513} \right) \times 10^{-6} \right] \times (p - 101.325)$$

化简得

$$\Delta G(p, T) = -1.8962 - 0.0032551T + 1.89559 \times 10^{-6} \times (p - 101.325) \tag{4.14}$$

根据式（4.14）可以计算出不同温度和压强下金刚石石墨化的吉布斯自由能变，如表 4.2 所示。可以看出，在压强低于 1GPa，温度为 298～2273K 时，吉布斯自由能变均小于零，温度越高，金刚石越容易转化成石墨。在压强高于 2GPa时，吉布斯自由能变为正值，金刚石很难转化为石墨，而石墨能够转化为金刚石。压强越高，金刚石越稳定；温度越高，金刚石越不稳定，越容易转化为石墨。从化学热力学理论上说，室温下金刚石转化为石墨是可以自发进行的。如果抛光过程金刚石以石墨形式去除，则升高温度有利于材料的去除。

表 4.2　不同温度和压强下金刚石石墨化的吉布斯自由能变　　（单位：kJ/mol）

压强	温度						
	298K	773K	1023K	1273K	1773K	1973K	2273K
101.325kPa	−2.8662	−4.4123	−5.2261	−6.0398	−7.6673	−8.3183	−9.2948
10000kPa	−2.8474	−4.3936	−5.2073	−6.0211	−7.6486	−8.2996	−9.2761
100000kPa	−2.6768	−4.2229	−5.0367	−5.8504	−7.4779	−8.1289	−9.1054
1000000kPa	−0.9708	−2.5169	−3.3307	−4.1444	−5.7719	−6.4229	−7.3994
2000000kPa	0.9248	−0.6213	−1.4351	−2.2488	−3.8763	−4.5273	−5.5038
4000000kPa	4.7160	3.1699	2.3561	1.5424	−0.0851	−0.7361	−1.7126
6000000kPa	8.5072	6.9610	6.1473	5.3335	3.7060	3.0550	2.0785

4.3.2　金刚石石墨化的化学动力学分析

从化学热力学上讲，金刚石是亚稳定结构，石墨是稳定结构。为什么金刚石不会自发地转化成石墨呢？如图 4.8 所示，金刚石要转化成石墨必须爬越很高的能量势垒。能量势垒的顶端是转化态。位于能量势垒顶端的物质很不稳定，容易反应生成其他化合物。金刚石表面有 4 个 C—C σ 键，金刚石要转化成为石墨，必须把部分 C—C 键断开，然后原子重排形成平面结构的石墨。由于处于过渡状态的 C—C 键弱于石墨中的 C—C 键，金刚石转化为石墨的势能要高于金刚石和石墨的势能，该势能称为反应活化能（简称活化能）。活化能表示原子吸收足够能量爬过反应势垒的概率。活化能越高，反应速率越慢；活化能越低，反应速率越快。因为金刚石转化成为石墨的活化能较高，需要很高的温度以提供足够的能量才能使金刚石转化成为石墨。

对于大多数化学反应来说，温度升高，反应速率增大，只有极少数反应例外。在化学动力学上，常用阿伦尼乌斯（Arrhenius）方程描述温度和反应速率常数之间的定量关系[39]：

$$k = Ae^{-E_a/(RT)} \tag{4.15}$$

式中，k 为反应速率常数；E_a 为活化能，单位为 kJ/mol；A 为前参量，又称为前置因子；R 为摩尔气体常数。从阿伦尼乌斯方程可以看出：活化能 E_a 处于式（4.15）的指数项中，体现出它对反应速率常数 k 的显著影响。例如，在室温下，E_a 每增加 4kJ/mol，将使 k 降低约 80%；对于同一反应，温度升高，k 增大，一般温度每升高 10℃，k 将增大 2～10 倍。

对于一个化学反应，如果不考虑温度和反应物浓度的影响，活化能 E_a 决定了该化学反应的反应速率。为了研究金刚石石墨化机理，国内外许多学者测量了不同条件下金刚石石墨化时的活化能。Butenko 等[40]采用伽马射线衰减法测量 1370～1870K 温度和 10^{-3}Pa 压强条件下金刚石表面石墨的含量，计算得到金刚石石墨化的活化能为(189±17)kJ/mol，此值远小于 Davies 和 Evans[41]所测量天然金刚石(111)和(110)面石墨化的活化能[分别为(1059±75)kJ/mol 和(728±50)kJ/mol]。金刚石的键能约为 367kJ/mol，Butenko 等所测量的活化能数值具有一定的合理性。他们认为在金刚石石墨化过程中，并非所有的碳原子脱离金刚石表面，而是金刚石外部平面变形转化成为石墨结构，因此金刚石石墨化的活化能应小于金刚石的键能。Andreev[42]通过对金刚石加热研究金刚石石墨化的活化能，得出当温度＜2000K 时活化能为(336±21)kJ/mol，当温度＞2000K 时活化能为(42±8)kJ/mol 的结论。Qian 等[43]将不同粒径的金刚石粉加热至 1073～1673K，计算得到粒径为

35μm 金刚石粉石墨化的活化能为 365kJ/mol。此数值十分接近金刚石 C—C 键的键能（367kJ/mol）。除此之外，Shimada 等[44]通过实验计算了在金属催化下金刚石石墨化的活化能，他们分别用 Fe 线和不锈钢线在 873K 和 1173K 下刻蚀金刚石表面，通过测量刻蚀深度计算出金刚石在这两种材料催化下石墨化的活化能分别为 100kJ/mol 和 130kJ/mol。

根据式（4.15），假设金刚石石墨化的活化能为 365kJ/mol，则室温（298K）下，12g 金刚石完全转化成石墨需要 5.93×10^{39} 年！2000K 下，12g 金刚石完全转化成石墨只需要 1h。由此说明，在金属催化和升高温度的作用下，金刚石向石墨转化的速率会明显提高，寻找合适的催化剂将使金刚石向石墨转化的速率达到抛光所要求的范围。

4.3.3　加快金刚石石墨化反应的措施

根据上述理论分析，金刚石的石墨化反应在化学热力学上是不稳定的，在化学动力学上具有一定的稳定性。化学动力学上的稳定性可以通过反应条件加以改变。因此，可以通过改变外部反应条件加快摩擦化学抛光的去除率。如图 4.9 所示，降低金刚石在化学动力学上的稳定性、加快化学反应速率最有效的措施如下。

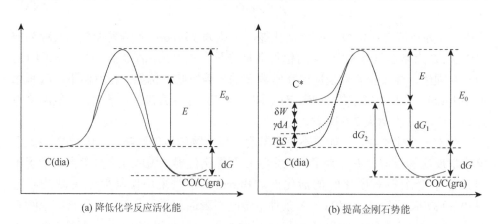

(a) 降低化学反应活化能　　　　　　　(b) 提高金刚石势能

图 4.9　加快化学反应速率的措施

（1）降低反应物和反应产物之间的能量势垒，即降低化学反应的活化能。对于金刚石的石墨化，由于反应物和反应产物都已确定，只能通过采用催化剂降低石墨化的活化能。催化剂不同，金刚石石墨化的温度不同。摩擦化学抛光时我们希望抛光盘具有较强的催化能力以降低抛光温度。

图 4.10 是金刚石在不同介质中的石墨化温度。由于金刚石与石墨之间有较高的能量势垒，金刚石表现出十分稳定的化学性质。在高真空条件下，加热至 1700℃

时金刚石表面才有石墨生成。生成石墨的量随温度升高而急剧增加，加热至1900℃时金刚石在短时间内就可以完全转化成石墨[45, 46]。在惰性气体中，加热至1500℃时金刚石表面出现石墨化现象；在空气中，加热至 800～1000℃时金刚石表面出现石墨；在纯氧中，金刚石石墨化的温度更低，只需达到 700～800℃。Paul等[47]认为，在氧的催化下金刚石与石墨之间的能量势垒降低，所以在较低的温度下金刚石就能转化为石墨。除此之外，Fe、Ce、Ni 等过渡元素对金刚石也有很好的催化效果，在 Fe 的催化下，600℃时金刚石就有明显的石墨化现象。因此，在过渡元素中寻求合适的元素制作成抛光盘成为降低摩擦化学抛光金刚石温度的发展方向。

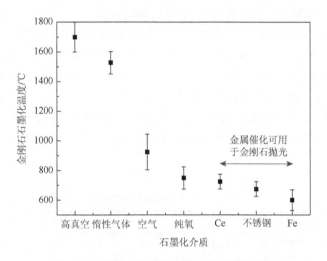

图 4.10　金刚石在不同介质中的石墨化温度

（2）提高金刚石的势能，间接降低化学反应的活化能。从图 4.9 可以看出，增加金刚石表面材料势能的措施有外力做功、增加表面能和升高温度等。根据阿伦尼乌斯方程，提高抛光温度能使化学反应速率呈指数增加。因此，在摩擦化学抛光过程中应通过工件与抛光盘之间的摩擦热使金刚石达到石墨化温度。但是应优先选择催化性较强的催化金属作为抛光盘材料，尽量降低抛光温度，以避免由温度过高给金刚石表面造成的严重损伤。相对于温度和催化剂，外力做功和表面能对提高金刚石势能的作用不明显，所以在摩擦化学抛光中没有考虑这两种因素。

4.3.4　摩擦化学抛光技术的催化机制及对抛光盘的要求

影响摩擦化学抛光金刚石材料去除的主要因素有机械摩擦热、石墨化反应及金属催化作用。机械摩擦热为摩擦化学反应提供条件，而石墨化反应为固定反应，因此金属催化作用对摩擦化学抛光的影响极其重要，它可以有效地降低金刚石石墨化的活化能。目前，常采用 Fe[48]、不锈钢[44]、Ce[49]、Ni[9]、Mn[50]、Ti[51]和 Cu[52]等金属抛光金刚石。这些金属抛光金刚石时材料去除率有所不同。为了揭示摩擦化学抛光金刚石的去除机理，学者先后提出了许多理论，包括金属催化理论[44]、破碎磨损机理[53]、能量耗散机理[54]、压力引起的相转化机理[55]、热磨损机理、扩散机理和氧化机理[56,57]。在这些理论中，金属催化理论能够较好地解释采用 Fe、Co、Mn、Ce、Ni 抛光金刚石能够取得较高材料去除率的原因。这也说明金属催化在金刚石摩擦化学抛光中起着十分重要的作用。因此，选取合适的催化金属是摩擦化学抛光金刚石的关键。

Paul 等[47]试图通过分析金属的电子结构来揭示催化金属和金刚石刀具磨损之间的关系。他们认为金刚石刀具磨损与金属原子的未配对电子数有一定的关系。未配对电子越多，刀具磨损越快；相反，未配对电子越少，刀具磨损越慢。如表 4.3 所示，Ce、La、Mn、Ni、Co、Fe、Ti、Cr、V、Mo、W、Pt 原子结构中含有未配对电子，在切削加工时，金刚石刀具磨损较快；相反，Zn、Mg、Al、Ag、Au 等原子结构中不含有未配对电子，不会造成金刚石刀具的磨损，这些材料也不能用于加工金刚石。因此，过渡元素中未配对电子可能是金刚石石墨化和去除金刚石的动力。

表 4.3　金属元素电子结构性质

不含未配对电子			含未配对电子		
元素	价层电子构型	未配对电子数	元素	价层电子构型	未配对电子数
Zn	$3d^{10}4s^2$	0	Ce	$4f^15d^16s^2$	1
Mg	$3s^2$	0	La	$5d^16s^2$	1
Al	$3s^23p^1$	0	Mn	$3d^54s^2$	5
Ge	$4s^24p^2$	0	Ni	$3d^84s^2$	2
Ag	$4d^{10}5s^1$	0	Co	$3d^74s^2$	3
Au	$5d^{10}6s^1$	0	Fe	$3d^64s^2$	4
Cu	$3d^{10}4s^1$	0	Ti	$3d^24s^2$	2
Si	$3s^23p^2$	0	Cr	$3d^54s^1$	5
			V	$3d^34s^2$	3
			Mo	$4d^55s^1$	5
			W	$5d^46s^2$	4
			Pt	$5d^96s^1$	1

那么金属的未配对电子是如何作用于金刚石表面的呢？金刚石表面的突然截

止使金刚石表面存在许多空位键，这些空位键与过渡元素的未配对电子容易化学成键。这些化学键力将驱动金刚石表面碳原子移动，促使金刚石结构转化为石墨结构。一个金属原子与金刚石表面成键不足以促使金刚石转化为石墨。如果多个金属原子同时作用于金刚石表面相邻原子，作用力集中，就容易促使金刚石转化为石墨。因此，在摩擦化学抛光金刚石时，不仅要求抛光盘材料中含有未配对电子，而且要求金属原子能够与金刚石表面原子垂直成键，即要求金属晶格中原子间距与金刚石或石墨的原子间距相匹配。例如，Ni 是面心立方结构，其(111)面上相邻三个原子中心构成的正三角形的边长为 2.49Å，与金刚石三个原子形成的正三角形的边长（2.51Å）十分接近。因此，Ni 晶格中原子能够与金刚石表面原子垂直对准。如图 4.11 所示，Ni(111)面上三个原子 a、b、c 分别与金刚石表面原子 1′、2′、3′垂直对准，而且由于 Ni 原子缺 2 个 d 电子，这样，a、b、c 三个 Ni 原子同时作用于金刚石表面上三个碳原子，作用力比较集中，能够牵引金刚石原子形成石墨的六角网格结构（其内接三角形的边长为 2.46Å）。

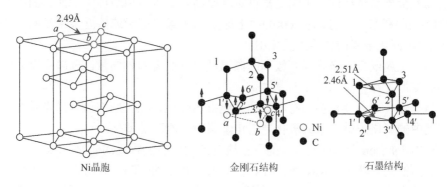

Ni晶胞　　　　金刚石结构　　　　石墨结构

图 4.11　金属催化下金刚石结构转化

同样，当金属结构为金刚石型结构、面心立方结构和密排六方结构时，若它们(111)面或(0001)面上的原子间距等于或接近 2.51Å，则能够较好地与金刚石碳原子对准，符合垂直对准原则[58]。根据这一原则，Fe 有四个未配对电子，Cr 有五个未配对电子。它们在高温下可以转化为面心立方结构。Fe 和 Cr 表面三个原子组成的等边三角形的边长分别为 2.52Å 和 2.56Å。类似 Ni、Fe 和 Cr 作用于金刚石表面的化学力比较集中，可以用于抛光金刚石。Co 有三个未配对电子，其密排六方晶格的(0001)面上原子间距为 2.50Å，相比于 Ni 和 Cr，其原子间距更接近 2.51Å。因此，理论上 Co 更适合用于抛光金刚石。类似地，可以用来抛光金刚石的还有 Pt、Mn、Pd、Ce、Mo、W、La、Ti 等金属，以及 NiCr、NiFe、NiCo、NiMn、CoCr、NiFeMn、NiCrFe 等合金。

实际上，这些金属或合金正是合成金刚石的催化剂。当 NiCrFe、MnCu、Co、

MnCo、Ni、Fe 和 Mn 作为催化剂时，合成金刚石的压强和温度较低。特别是 NiCrFe 作为催化剂时，合成金刚石的压强和温度最低，分别为 45kbar 和 1150℃。在这些金属的催化作用下，亚稳定结构的金刚石更容易转化为石墨。石墨与金刚石之间的能量势垒明显降低，在较低的温度下就可以实现金刚石的快速石墨化。

在摩擦化学抛光中，由金刚石和抛光盘之间摩擦生成的局部高温（600～750℃）会促使化学反应快速进行。但是，在高温下，常用的催化金属（如不锈钢、高速钢和镍合金）容易磨损并黏结到金刚石表面，严重影响抛光效率和加工精度。另外，如果抛光盘的抗氧化性能较差，抛光过程中抛光盘表面会生成氧化层，这层氧化层阻止了抛光盘金属催化金刚石石墨化。如果抛光盘材料硬度较小，很难达到局部高温，化学反应速率明显降低。这些都会影响抛光效率。因此，抛光盘材料必须具备如下特性。

（1）金属中必须含有一个或多个未配对电子，以起到催化金刚石石墨化的作用。

（2）金属晶格结构必须满足垂直对准原则。金刚石型结构(111)面、面心立方结构(111)面和密排六方结构(0001)面上原子间距最好等于或接近金刚石原子间距（2.51Å），催化金属的作用力更集中。

（3）金属或合金必须具有较高的高温硬度和高温弹性模量，以减少抛光盘的磨损和变形，提高局部抛光温度。

（4）金属或合金需要具有较好的高温抗氧化性，减少摩擦化学抛光时抛光盘在空气中的氧化，避免金属氧化层阻止金属对金刚石的催化。

根据 Johnson[59] 对过渡金属的悬空轨道方向和占据程度的研究，Mo、W 有垂直于表面的空 d 轨道；Rh、Ir、Ru、Os、Tc、Re、Ni 和 Cr 有与表面成 36°～45°的空 d 轨道；Fe、Co、Ni、Pd、Pt 有与表面成 30°～36°的部分占据轨道。悬空轨道与表面所成角度越大，越容易与外来原子形成 σ 键；悬空轨道与表面所成角度越小，越容易与外来原子形成 π 键。σ 键比 π 键具有更大的键能，对外来原子的吸附力更强。如果催化金属能够与金刚石表面形成 σ 键，那么更容易促使金刚石结构转化。结合未配对电子规则，MoW 合金可以用来抛光金刚石，但是昂贵。Fe、Co、Ni、Cr 便宜，而且具有一定的悬空轨道，可以用于制备抛光盘。NiCrFe 合金在催化合成金刚石时具有很好的效果，而且满足以上所有的条件。

4.4　金刚石化学机械抛光理论

化学机械抛光 CVD 金刚石的主要化学作用过程是金刚石氧化[60, 61]。从化学热力学和化学动力学角度研究金刚石氧化反应的方向和进度及快慢程度有助于分析提高化学机械抛光效率的措施，为化学机械抛光工艺提供理论基础。

4.4.1 金刚石氧化的化学热力学分析

金刚石的氧化反应要比金刚石的石墨化复杂得多。在金刚石的石墨化过程中反应物和反应产物是唯一的,反应是基元反应;而在金刚石的氧化过程中随氧化剂不同,反应产物也有所不同,反应可以是基元反应,也可以是非基元反应。一般来说,金刚石的氧化产物均是 CO 和 CO_2。以下仅以氧化剂为 O_2 和 $KMnO_4$ 为例分析金刚石的氧化,然后推延到其他物质。

碳(包括金刚石和石墨)在空气或氧气中加热时会被氧化成 CO 和 CO_2,反应为

$$C(s) + O_2(g) \longrightarrow CO_2(g) \tag{4.16}$$

$$C(s) + 1/2O_2(g) \longrightarrow CO(g) \tag{4.17}$$

金刚石粉在酸性的高锰酸钾($KMnO_4$)溶液中也会缓慢地氧化,反应为

$$5C(s,dia) + 4MnO_4^-(ao) + 12H^+(aq) \longrightarrow 5CO_2(g) + 4Mn^{2+}(ao) + 6H_2O(l) \tag{4.18}$$

式中,s 为固体;g 为气体;ao 为水溶液,非电离物质;aq 为水溶液;l 为液体。

和金刚石的石墨化一样,判断反应是否能够进行一般采用吉布斯自由能变。在标准温度和压强条件下,金刚石及相关物质的热力学参数如表 4.4 所示。根据表 4.4 所列的热力学数据,可以计算出反应(4.16)~反应(4.18)的吉布斯自由能变分别为–397.225kJ/mol、–140.034kJ/mol 和–463.7kJ/mol。可见,标准状态下,三个化学反应的吉布斯自由能变均小于–40kJ/mol。从化学热力学角度上说,标准温度和压强下三个反应均能自发地进行。但是由于金刚石晶格内强大 σ 键的束缚,金刚石在氧气或 $KMnO_4$ 溶液中的氧化反应极其缓慢。

表 4.4 一些物质的热力学参数

物质化学式	状态	$\Delta H_{298}^{\ominus}$ /(kJ/mol)	$\Delta G_{298}^{\ominus}$ /(kJ/mol)	$\Delta S_{298}^{\ominus}$ /(J/mol)
C(dia)	cr	1.8962	2.866	2.4389
C(gra)	cr	0	0	5.6940
O_2	g	0	0	205.138
CO_2	g	–393.509	–394.359	213.74
CO	g	–110.525	–137.168	197.674
MnO_4^-	ao	–653	–500.7	59
H^+	aq	0	0	0
Mn^{2+}	ao	–220.75	–228.1	–73.6

物质化学式	状态	$\Delta H_{298}^{\ominus}$ /(kJ/mol)	$\Delta G_{298}^{\ominus}$ /(kJ/mol)	$\Delta S_{298}^{\ominus}$ /(J/mol)
FeO_4^{2-}	ao	−493.7	−322.2	37.7
Fe^{2+}	ao	−89.1	−78.90	−137.7
Fe^{3+}	ao	−48.5	−4.7	−315.9
$Fe(OH)_3$	cr	−823.0	−696.5	106.7
H_2O	l	−285.830	−237.129	69.91

注：cr 为结晶固体。

如果将金刚石在氧气中加热到 600℃，那么根据式（4.14）可计算出反应（4.16）的吉布斯自由能变为−400.94kJ/mol。同理，得到 90℃下反应（4.18）吉布斯自由能变为−502.6kJ/mol。可见，升高温度时，金刚石在氧气中或在 $KMnO_4$ 溶液中的氧化都会更容易进行，并且升高温度对反应（4.18）更容易一些。

综上分析，金刚石的氧化反应在化学热力学上是可以自发进行的，而且温度的升高有助于反应的进行。

4.4.2　金刚石氧化的化学动力学分析

金刚石的氧化反应受到氧化剂种类的影响，氧化剂不同，则反应产物不同，反应的活化能也大不相同。为了便于分析，本节以金刚石在空气中氧化为例进行分析研究。根据化学动力学理论，反应可分为基元反应和非基元反应。基元反应是一步完成的反应；非基元反应是分若干步完成的反应。在一定温度下，若反应 $aA + bB \longrightarrow gG + dD$ 为基元反应，则反应速率与反应物浓度之间存在如下关系：

$$v = k\{c(A)\}^a\{c(B)\}^b \tag{4.19}$$

式中，k 为该温度下反应速率常数；a 为反应物 A 的反应级数；b 为反应物 B 的反应级数；$a + b$ 为此反应的总级数，式（4.19）称为质量作用定律。

根据质量作用定律，金刚石完全氧化的化学反应速率可以表示为

$$R_c = k\left(P_{O_2}\right)^n C^n \tag{4.20}$$

式中，R_c 为金刚石消耗速率（kg/s）；P_{O_2} 为氧气的分压；C 为碳的浓度；n 和 k 为化学反应级数和化学反应速率常数。因为金刚石是固体，所以碳的浓度可以看作常数。因此，金刚石在空气中氧化的化学反应速率可以表示为

$$R_c = k\left(P_{O_2}\right)^n \tag{4.21}$$

式中，k 为反应速率常数，可用式（4.15）计算。

根据式（4.20）和式（4.21），升高温度或增加氧气分压可以加快金刚石的氧

化速率。另外，降低活化能 E_a 也可以有效地加快氧化速率。对式（4.15）两边取对数，则

$$\ln k = \ln A - \frac{E_a}{RT} \qquad (4.22)$$

从式（4.22）中可以看出，反应速率常数的对数与热力学温度的倒数呈线性关系。如果测得不同温度下的反应速率常数并画在横坐标为 $1/T$、纵坐标为 $\ln k$ 的关系图上，就可以拟合出金刚石氧化的活化能。Lee 等[62]、John 等[63]采用不同的方法拟合出金刚石氧化时的活化能，如表 4.5 所示。这些金刚石氧化活化能存在较大的差异，主要是因为试验使用的金刚石结构和氧化条件不同。金刚石的表面结构、微晶尺寸、杂质含量及缺陷数量等都会对活化能造成较大的影响。

表 4.5　金刚石氧化的活化能[62, 63]

试样类别	试样特征	测试方法与条件	E_a/(kJ/mol)
CVD 金刚石	(100)	干涉量度分析法 热失重分析法	222±16 223±2
天然金刚石	(111)		260
天然金刚石	(100)		199
CVD 金刚石	多晶		229
CVD 金刚石	—	973～1073℃	213
单晶金刚石	(100)		186
单晶金刚石	(100)	O_2	183±15
单晶金刚石	(100)	H_2O	270±5
单晶金刚石	(100)	KNO_3	52±15
天然金刚石	(100)	—	230
单晶金刚石	(100)		172
HF-CVD 金刚石	多晶	—	232
CO 吸附的金刚石	(100)	试验值	188
CO 吸附的金刚石	(100)	理论值	161

如果取金刚石氧化活化能为 222kJ/mol，前置因子为 $(2.0\pm0.3)\times10^7 \text{nm/(s·Pa)}$[63]，空气中的氧气分压为 0.21×10^5Pa，那么在室温（298K）下金刚石的氧化速率约为 2.822×10^{-19}nm/s，氧化 1μm 厚的金刚石需要 1.12×10^{15} 年。因此，金刚石在化学热力学上是不稳定的，在化学动力学上是稳定的，其氧化速率极其缓慢，缓慢得让人们觉察不到。如果在空气中将金刚石加热到 800℃，金刚石的氧化速率约为 3.07×10^3nm/s，氧化 1μm 厚的金刚石仅需 0.33s。

因此，和金刚石的石墨化反应一样，金刚石的氧化反应在化学热力学上可以自发进行，而在化学动力学上表现出极其缓慢的反应过程。

4.4.3　加快金刚石氧化反应的措施

可以通过改变反应条件使反应加速。结合图4.9，加快金刚石氧化反应的措施如下。

（1）选择合理的反应介质以降低化学反应活化能。在化学机械抛光中，反应是在抛光液中进行的，因此选择强氧化剂作为抛光液的主要成分并添加合理的催化剂有助于降低金刚石氧化活化能，提高化学机械抛光的材料去除率。

图4.12显示了金刚石在不同介质中的氧化温度。从图中可以看出，在不同的介质中金刚石的氧化温度有较大差别。金刚石在空气中加热至850～1000℃时可燃烧，在纯氧中加热至700～780℃时就可燃烧。由于纳米颗粒金刚石具有较大的表面能和较多的晶格缺陷，其在纯氧中的氧化温度稍低（500℃左右）。Ollison等[61]采用KNO_3和KOH熔融混合物在360℃下实现金刚石膜的抛光。Wang等[28]采用KNO_3和$LiNO_3$混合熔融盐将抛光温度降至130℃，但抛光后的表面质量不够理想。Tokuda等[64]用HNO_3和H_2SO_4混合溶液在290℃下刻蚀金刚石(111)面2h以实现对金刚石表面粗化，认为金刚石与溶液发生如下反应：

$$C(dia) + SO_3 \longrightarrow CO + SO_2 \tag{4.23}$$

$$C(dia) + 2SO_3 \longrightarrow CO_2 + 2SO_2 \tag{4.24}$$

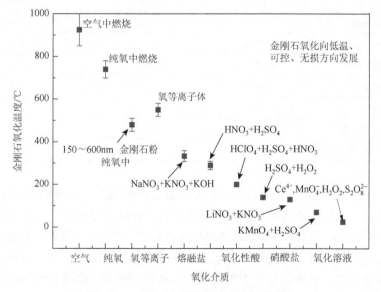

图 4.12　金刚石在不同介质中的氧化温度

Tokuda 等[65]又采用 H_2SO_4 和 H_2O_2 混合溶液在 140℃下氧化金刚石(111)面，氧化后的金刚石表面更平坦，表面粗糙度 RMS 和峰值（peak value，PV）分别为 0.05nm 和 0.39nm[采用原子力显微镜（atomic force microscope，AFM）测量]。他们认为在氧化过程中发生如下反应：

$$C(dia) + 2HO^* \longrightarrow CO + H_2O \tag{4.25}$$

$$C(dia) + 4HO^* \longrightarrow CO_2 + 2H_2O \tag{4.26}$$

为了获得氧终止的金刚石表面，Charrier 等[66]采用 Ce^{4+}、MnO_4^-、H_2O_2 和 $S_2O_8^{2-}$ 溶液在室温下氧化金刚石表面，研究表明 Ce^{4+}、MnO_4^- 效果较明显，氧化后的金刚石表面形成大量 C—OH 或 C—O—C 等 C—O 官能团。Hocheng 和 Chen[67]则采用 $K_2S_2O_8$ 和 $KMnO_4$ 混合溶液并添加金刚石粉配制成抛光液对 CVD 金刚石膜进行抛光，获得了较光滑的表面。

因此，对于金刚石的氧化，选取 Ce^{4+}、MnO_4^-、H_2O_2 和 $S_2O_8^{2-}$ 等强氧化剂配制成抛光液，有利于抛光的进行。

（2）提高金刚石的势能，间接降低化学反应活化能。除了降低化学反应的活化能，还可以通过外力做功、增加表面能和升高温度等增加金刚石的势能（图 4.9）。抛光液的主要成分是氧化剂和水，过高的抛光温度会加重抛光液蒸发和氧化剂分解，因此，在化学机械抛光中只能适当地提高抛光温度并通过外力做功和增加表面能来实现加速反应的目的。

4.4.4　化学机械抛光动力学模型的建立

金刚石的氧化在化学热力学上是不稳定的，在化学动力学上具有稳定性。化学动力学上的稳定性主要是由于金刚石与其氧化物之间存在很高的反应活化能，阻碍了金刚石氧化。为了加快金刚石的氧化速率，一方面可以选取较强的氧化剂和合理的催化剂，降低金刚石氧化活化能；另一方面可以通过提高反应温度、增加表面能和外力做功使金刚石表面材料势能提高。如图 4.13 所示，在化学机械抛光过程中，磨料作用于金刚石表面，使金刚石表层原子错乱，并引入一些位错、

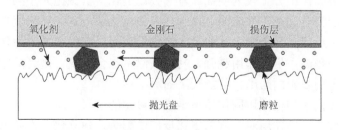

图 4.13　化学机械抛光表面作用过程示意图

晶格畸变、微裂纹。在磨料的作用下，金刚石表层碳原子能量升高（包含表面能和振动能），形成活化碳原子 C^*。磨料的硬度越大，抛光压力越大，机械作用越强，活化碳原子 C^* 势能越高，越容易与抛光液中的氧化剂反应。

因此，金刚石化学机械抛光可以采用如下思路：如图 4.14 所示，在抛光盘（B_4C、Al_2O_3 或玻璃盘）上滴加与金刚石具有较强作用的抛光液，抛光液中含有硬度较高的磨料，一般为 B_4C、金刚石、SiC、Al_2O_3 等硬度较大的磨料。贴在抛光头下部的金刚石片与抛光盘和磨料之间发生摩擦和冲击等机械作用。这些机械作用在金刚石表面引入晶格畸变和振动，表层原子的势能提高，在外加温度下与抛光液中的氧化剂反应。金刚石的化学性质十分稳定，所以抛光液中必须含有氧化性较强的氧化剂，这些氧化剂溶解度较高，容易配制成溶液。抛光头中安装加热装置以提高反应温度，提高抛光效率。

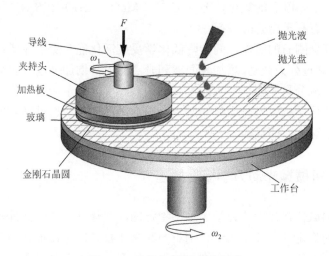

图 4.14　化学机械抛光示意图

传统的化学机械抛光时，工件与抛光液中的主要成分接触反应生成一层反应膜。这层反应膜的硬度通常低于工件的硬度，在后续磨料的划擦过程中被去除。磨料和抛光液的作用分工较为明显。本书提出的化学机械抛光不同于传统的化学机械抛光，磨料首先在工件表面划擦形成表面活化层，这层活化层再与抛光液中的氧化剂发生反应实现金刚石的去除。金刚石表面粗糙度越大，活化原子越多，材料去除率会越高；机械作用越强，材料去除率也会越高。抛光液中氧化剂优先选择性氧化金刚石表面凸出、势能较高的原子。

为了研究化学和机械协同作用下金刚石氧化的速率，本节分别分析金刚石表面结构、磨粒的机械作用对金刚石氧化反应的影响，建立化学机械抛光的动力学模型。

1. 金刚石表面结构对氧化反应的影响

任何凝聚态物质都具有表面和界面，由于表面所需要的活化能最低，化学反应总是从表面上开始，而且在表面上的反应速率比在体相内快几个数量级。金刚石与氧化剂溶液的反应也是从金刚石表面开始的。由于金刚石 C—C 键键能较大，对碳原子的束缚很强，表面的化学反应极其缓慢。研究金刚石表面结构有利于揭示金刚石表面化学反应机理，加快金刚石的氧化去除。

通常所说的表面是指大块晶体的三维周期结构与真空之间的过渡区，它包括所有不具有体内三维周期的原子层，一般是一个到几个原子层，厚度为 0.5~2nm。表面结构就是表面上 0.5~2nm 原子的排列。

与体相材料比较，固体的表面材料有以下特点。

1）能量高

固体表面粒子的受力情况与内部粒子不同。在固体内部，每个粒子前/后/左/右/上/下挤满了其他粒子，平均来说，每个粒子受到周围粒子的作用力是对称、均匀的。处在表面的粒子前/后/左/右的作用力虽是对称的，但上/下的作用力不同。处于表面的粒子有一边的力场没有得到满足，所以在固体内部存在把表面粒子拉向内部的力。此外，固体内部的粒子不像液体那样易于移动，所以处在表面粒子的能量高于内部粒子的能量。这种垂直于单位表面积上的力称为表面张力。表面张力有表面缩小的趋势。要想增大表面积，必须外界做功克服表面张力。在恒温、恒容和平衡条件下固体形成表面时吸收的能量（最大可逆表面功）称为固体表面自由能，简称表面能，用 γ 表示，单位为 J/m^2。单位表面积的表面吉布斯自由能称为比表面吉布斯自由能（specific surface Gibbs free energy），简称比表面能，可表示为

$$G_\gamma = \gamma \mathrm{d}A \qquad (4.27)$$

金刚石的原子相对固定在晶格内，因此可以根据金刚石 C—C 键键能估计金刚石的表面能。0K 时的表面能是将单位表面积上所有的键断开所需能量的一半[68]，即

$$\gamma = \frac{1}{2} E_{键} \qquad (4.28)$$

式中，$E_{键}$ 为单位表面积上所有键能之和。

以金刚石(111)面为解理面，边长为 0.2517nm，可以计算出 $1cm^2$ 面积上有 1.83×10^{15} 个键，设键能为 376.6kJ/mol，则

$$E_{键} = \frac{376.6 \times 1000 \times 1.83 \times 10^{15}}{6.023 \times 10^{23}} \times 10^4 = 11.4(J/m^2)$$

$$\gamma^0 = \frac{1}{2} \times 11.4 = 5.7(J/m^2)$$

表面能与温度的关系为

$$\gamma = \gamma^0 \left(1 - \frac{T}{T_c} \right)$$ （4.29）

式中，γ^0 为 0K 时的表面能；γ 为温度 T 时的表面能；T_c 为临界温度。由于金刚石的 $T_c = 6700K$，当温度 T 不很高时，$\gamma = \gamma^0$。室温下可以认为金刚石(111)面的表面能为 5.7J/m²。同理，可以计算出金刚石(100)面的表面能为 9.85J/m²。

2）表面的不均匀性

固体的表面是不均匀的，即使是经过细心磨光的表面，在高倍显微镜下，仍可以看到许多晶格畸变，这些晶格畸变以平台、台阶、位错、平台空位、增原子等形式存在，如图 4.15 所示。因此，表面粒子的能量并不均一，粒子越凸出，其力场越没有满足，表面能就越高。

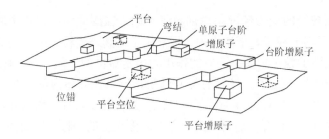

图 4.15　晶体表面上各种表面结构示意图

晶体表面的凸凹一般用表面粗糙度来表征。表面粗糙度会引起表面力场的变化，进而影响其表面性质。如图 4.16 所示，在凸起处和凹陷处的表面能是不同的，处于凸起部位的分子 A 的"分子作用球"主要包括气相；处于凹陷部位的分子 B 的"分子作用球"大部分在固相，显然 A 处的表面能与表面张力比 B 处大。处于 A 处的原子更容易与外界原子发生化学反应。

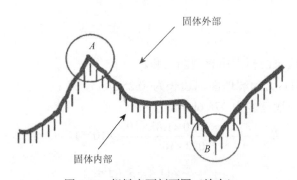

图 4.16　粗糙表面剖面图（放大）

　　表面粗糙度还直接影响固体的比表面积、内外表面积比值，以及与之相关的特性，如强度、密度、润湿性、孔隙率和孔隙结构、透气性、透湿性等。

　　另外，表面微裂纹和位错同样会强烈地影响表面性质，对脆性材料的强度影响尤为显著。表面微裂纹和位错是由晶体缺陷和外力作用而产生的。脆性材料的理论强度为实际强度的几百倍，正是存在于固体表面的微裂纹起着应力倍增器的作用，使位于裂缝尖端的实际应力远大于所施加的应力。

　　对于金刚石表面，一方面，金刚石具有强大的 C—C 键，使金刚石具有很大的比表面能。由于固体表面几乎是定域的，为了降低金刚石表面巨大的表面能，金刚石表面相邻的碳原子会"自由"化合连接形成 C≡C 键，这些原子的价态变为 sp^2 态，有效地降低了表面能[69]。因此，金刚石的表面能实际值也比理论值小，大约为 $3.7J/m^2$[70]。另一方面，金刚石表面具有大量的晶格畸变（图 4.17）。处于这些位置的金刚石碳原子具有很强的化学活性，容易与外来原子成键。因此，晶体表面具有一定的缺陷和粗糙度是稳定的。CVD 金刚石均具有一定的粗糙度。经过超光滑抛光后，金刚石表面会重新具有较大的比表面能，极容易吸附外来原子并形成不同的官能覆盖层，这在金刚石抛光后的清洗过程中充分地体现出来。

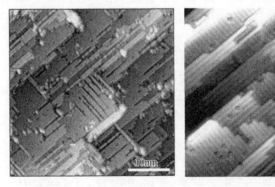

图 4.17　金刚石表面扫描隧道显微镜照片（表面粗糙度 Ra 约为 0.5nm）[71]

　　如果将金刚石表面看作许多金刚石颗粒，表面越粗糙，缺陷越多，金刚石的表面能越大，相当于金刚石颗粒的粒径越小。如果能够计算出不同颗粒粒径的金刚石粉的表面能，则可以估计粗糙金刚石的表面能。以金刚石(111)面为解理面为例，边长为 0.2517nm。假设金刚石粉的颗粒为正方体，边长为 a，单位为 m，则 1mol 金刚石粉的表面能为

$$E_{s\gamma} = \frac{M_A}{a^3 \rho} 6a^2 \gamma \tag{4.30}$$

式中，M_A 为金刚石的摩尔质量；ρ 为金刚石的密度；γ 为金刚石的表面能，取

$3.7J/m^2$。代入数值得

$$E_{s\gamma} = \frac{12}{a^3 \times 3.513 \times 10^6} \times 6a^2\gamma = \frac{7.58 \times 10^{-5}}{a}(J/mol) \qquad (4.31)$$

除了表面能，棱边上还有边缘能。如果在正方体棱边上的金刚石碳原子都以 (111)面原子间距排列，且棱边上每个碳原子有两个空位键，取原子间距 $0.2517 \times 10^{-9}m$，金刚石 C—C 键键能取 $376.6 \times 10^3 J/mol$，则边缘能可以简单地表示为

$$E_{e\gamma} = \frac{12}{a^3 \times 3.513 \times 10^6} \times \frac{12a}{0.2517 \times 10^{-9}} \times \frac{2 \times 376.6 \times 10^3}{6.023 \times 10^{23}} = \frac{2.04 \times 10^{-13}}{a^2}(J/mol) \quad (4.32)$$

总的表面能可以表示为

$$E_\gamma = \frac{7.58 \times 10^{-5}}{a} + \frac{2.04 \times 10^{-13}}{a^2}(J/mol) \qquad (4.33)$$

根据式（4.33）计算得到不同粒径金刚石粉的表面能，如表 4.6 所示。可以看出，随着简单立方堆积边长的减小，金刚石的表面能急剧增加。当简单立方堆积边长为 1nm 时，金刚石的表面能达到 279.8kJ/mol，大于金刚石在空气中氧化的活化能，此时金刚石不需加热在空气中就可以迅速氧化。分散度是表面原子数与总原子数的比值，可以反映表面熵的大小，间接地反映表面能大小。随着简单立方堆积边长的减小，分散度增加。

表 4.6　1mol 不同粒径金刚石粉的表面能

颗粒边长	总表面积/cm²	总边长/cm	表面能 /(kJ/mol)	边缘能 /(kJ/mol)	总表面能 /(kJ/mol)	分散度
50μm	4.10×10^3	1.64×10^6	0.001516	8.16×10^{-8}	0.001516	3.02×10^{-5}
35μm	5.85×10^3	3.35×10^6	0.002166	1.66×10^{-7}	0.002166	4.31×10^{-5}
1μm	2.05×10^5	4.10×10^9	0.0758	0.000204	0.076004	1.51×10^{-3}
250nm	8.20×10^5	6.56×10^{10}	0.3032	0.003264	0.306464	6.03×10^{-3}
50nm	4.10×10^6	1.64×10^{12}	1.516	0.0816	1.5976	2.99×10^{-2}
5nm	4.10×10^7	1.64×10^{14}	15.16	8.16	23.32	0.273
2nm	1.02×10^8	1.02×10^{15}	37.9	51	88.9	0.581
1nm	2.05×10^8	4.1×10^{15}	75.8	204	279.8	0.877

2. 机械摩擦对氧化反应的影响

金刚石具有最大的硬度和很好的化学稳定性，要实现金刚石高效超精密抛光，借助机械能促进化学反应显得格外重要。除了热量、光能、电能，机械能也可以

使化学反应发生并加速。在机械加工过程中，机械能可以通过机械冲击或机械摩擦的形式注入工件表面，降低化学反应的活化能，提高化学反应速率。Ostwald最早提出"机械化学"的概念，并将机械化学定义为研究各种聚集态的物质在机械能作用下发生的化学和物理化学变化的化学分支[72]。机械化学研究领域不仅包含固体之间的相互作用，也包含液体的空化作用和气体的振动波反应等。当体系中至少有一种组分是固态，机械能的注入主要通过研磨、摩擦、润滑和磨蚀等时，就属于摩擦化学研究范畴。

目前，无论是机械化学还是摩擦化学，在化学领域或机械领域都有待研究。需要机械、化学、力学、物理领域的学者密切合作，开发新的科学方法和技术手段，推进该领域的科学技术发展。

早期的研究采用热点模型来解释机械能对化学反应的促进机理。在物体相互摩擦时机械功能够转化为热量使接触表面温度升高。试验表明，在 10^{-4}s 的时间内，有些摩擦副局部温升可达到 $600\sim1000$K。在这一温度下，许多氧化反应都可以加速。但是，正如前面所说，在摩擦作用下，许多在化学热力学上不能进行的化学反应也发生了，许多反应产物也与热化学反应有所不同。这就表明，除了热作用，还有其他非平衡热力学机理。机械处理后工件表面结构的变化是摩擦化学反应的驱动力[73]。经过机械处理后，工件表面规则、周期性的结构变为无规则、畸变的结构。一方面，大量晶格畸变、裂纹等被引入工件表面，工件表面的熵增加，这些晶格缺陷的弛豫时间远长于化学反应的弛豫时间，可以用可逆反应热力学来分析；另一方面，由于机械激励，固体表面晶格产生热振动，表面原子的动能增加，使表面焓增加。固体表面晶格振动的弛豫时间很短，一般小于 10^{-7}s。不能用平衡热力学分析。如图 4.18 所示，研磨后的晶体表面存在大量的晶格畸变和裂纹，越接近表层，晶粒越细，特别是接近表层几纳米厚度时，已成为非晶乃至特别微细的晶群结构。这些结构具有很大的表面能和化学活性，有利于摩擦化学反应的进行。

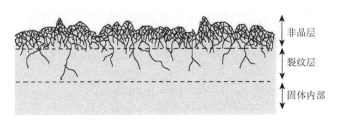

图 4.18　研磨表层结构示意图

如果机械的激励过程与化学过程分离，固体表面的激发状态就会逐渐消退，化学反应也随之难以进行。因此，摩擦化学反应进程既取决于化学反应的类型，也取决于所应用机械能的类型和密度，这些因素决定了固体表面激发颗粒的产生。

1）机械处理的频度和密度对摩擦化学反应速率的影响

通常情况下，机械能作用于工件表面是一个不平衡的耗散过程，这一过程依赖于所加机械能的种类、工件表面的特性及外部的边界条件。因此，通过简单的基元过程定量分析机械能对化学反应速率的影响极其困难。不过，如果外部作用于工件表层内部的机械能已知，就可以定性分析摩擦化学反应过程。在化学机械抛光过程中，磨料和抛光盘以冲击和摩擦的形式作用于工件。记摩擦系数为f，相对速度为v，时间为t，则机械摩擦作用于工件表面的能量为

$$E_f \propto f \cdot v \cdot t \tag{4.34}$$

可以看出，摩擦系数越大，相对速度越快，机械作用工件表面的功就越多，越有利于摩擦化学反应的进行。不考虑机械去除材料的作用，机械作用工件表面的频度和密度对化学反应有较大的影响。一般地，参与摩擦的区域越多，相对速度越快，机械功激励工件表面的效果就越明显，化学反应速率也就越大。在化学机械抛光体系中，磨料参与冲击和划擦工件表面，磨料的粒径分布越窄、粒径越细、冲击力越强，越有利于使工件表面活化。磨料冲击工件表面的时间间隔应短于工件表面晶格振动或畸变的弛豫时间，这样的冲击为有效冲击。

2）机械处理程度对化学反应速率的影响

持续的常应力作用能影响化学反应进程。因为受到机械划擦作用产生的弹性应力引起原子间的键力常数发生变化，所以原子间距和键角都会变化，从而影响化学反应的活化能。弹性应力降低化学反应的活化能。外加应力f_u作用下断键的活化能表示为[72]

$$\frac{E_a}{E_0} = \sqrt{1-\frac{f_u}{F_0}} - \frac{f_u}{2F_0}\ln\frac{1+\sqrt{1-\frac{f_u}{F_0}}}{1-\sqrt{1-\frac{f_u}{F_0}}} \tag{4.35}$$

式中，E_a为活化能；E_0为结合能；F_0为键的极限应力；f_u为外加应力。

定义机械活化系数k_f为

$$k_f = \sqrt{1-\frac{f_u}{F_0}} - \frac{f_u}{2F_0}\ln\frac{1+\sqrt{1-\frac{f_u}{F_0}}}{1-\sqrt{1-\frac{f_u}{F_0}}} \tag{4.36}$$

则活化能可以写为

$$E_a = k_f E_0 \tag{4.37}$$

式（4.35）中活化能与外加应力之间的关系可用图4.19表示。从图中可以看出，随着f_u/F_0增加，E_a/E_0持续降低，即E_a减少。由于超硬材料的强度极限

很难精确测量，这里用显微硬度代替极限强度。如果 F_0 为金刚石的显微硬度 10000MPa，E_0 为金刚石的结合能 376kJ/mol，f_u 分别取 B$_4$C、SiC、Al$_2$O$_3$ 的显微硬度 3200MPa、2800MPa 和 2600MPa，则经过这些材料的机械处理，金刚石表面的活化能分别是其结合能的 45%、49%和 52%，即 169.2kJ/mol、184.2kJ/mol 和 195.5kJ/mol。

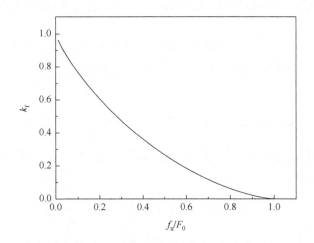

图 4.19　活化能与外加应力之间的关系

3. 化学机械抛光动力学模型的建立

从化学动力学上讲，摩擦化学反应一般分为两个过程。一个是机械能的激励过程。由于机械能的激励，金刚石表面原子处于高能状态。但是由于高能激励状态的生存时间十分短，表层原子参与反应的概率较小。如果机械激励持续进行，并具有足够高的激励频率，化学反应则会持续进行；如果机械激励停止，化学反应也会减慢。另一个是处于高能状态的碳原子 C* 与抛光液中的氧化剂发生热化学反应，反应速率取决于氧化反应的活化能。两个过程可表示为

$$C(dia) \underset{k_2}{\overset{k_1}{\rightleftharpoons}} C^* \tag{4.38}$$

$$C^* \overset{k_3}{\longrightarrow} CO_2 \tag{4.39}$$

式中，C(dia)和 C* 分别表示金刚石内部碳原子和表层经过机械活化的碳原子；k_1、k_2、k_3 分别表示活化、钝化和化学氧化的速率常数。从反应（4.38）和反应（4.39）可以看出，当 $k_2 \ll k_3$ 时，金刚石氧化速率 $k_v = k_1$；当 $k_2 \gg k_3$ 时，$k_v = k_1 \cdot k_3 / k_2$。在金刚石的化学机械抛光过程中，磨粒的机械作用很难去除材料，只是对金刚石表面材料活化，使其产生晶格振动或畸变。如果划擦力较小，这些振动或变形很

容易恢复，即 k_2 较大，因此，材料去除率取决于机械活化速率、恢复速率及化学反应速率。

经过机械激励的表层碳原子相对于内部碳原子具有以下特点：①大量的微裂纹、晶格畸变等缺陷使表层材料混乱度增加；②由于机械能 δW，表层原子振动加快；③由于表面具有一定的粗糙度和微裂纹，表层材料具有一定的表面能。假设在此过程中温度、压强和金刚石的热容不变，金刚石表层材料体系的吉布斯自由能变可以表示为

$$dG_1 = TdS + \gamma dA + \delta W \tag{4.40}$$

假设金刚石的密度不随温度和压强变化，根据式（4.13），金刚石氧化时吉布斯自由能变为

$$dG = \Delta H_{298}^{\ominus} - T\Delta S_{298}^{\ominus} + 22.3 \times 10^{-3} \times \left(\frac{p}{p_0} - 1\right)(p - p_0) \tag{4.41}$$

其中，压强的单位为 100kPa。假设氧化产物为 CO，将焓变和熵变代入式（4.41）得吉布斯自由能变为

$$dG = -112.3612 - 0.09267T + 22.3 \times 10^{-3} \times \left(\frac{p}{p_0} - 1\right)(p - p_0) \tag{4.42}$$

根据式（4.42），室温和标准压强下，金刚石生成 CO 的吉布斯自由能变为 −139.956kJ/mol；标准压强下，70℃和 100℃对应的吉布斯自由能变分别为 −144.15kJ/mol 和−146.93kJ/mol；70℃下，1MPa 和 2MPa 对应的吉布斯自由能变分别为−142.3kJ/mol 和−136.25kJ/mol。可以看出，压强和温度对金刚石的氧化反应影响较小。

激活金刚石 C^* 氧化为 CO 的吉布斯自由能变为

$$dG_2 = dG - dG_1 = -(TdS + \gamma dA + \delta W) + \Delta H_{298}^{\ominus} - T\Delta S_{298}^{\ominus}$$
$$+ 22.3 \times 10^{-3} \times \left(\frac{p}{p_0} - 1\right)(p - p_0) \tag{4.43}$$

化学反应吉布斯自由能变的负值被 de Donder 定义为化学反应的亲和势（addinity，A）[74]，即

$$A = -dG_m$$

化学反应的亲和势也常称为反应的推动力（driving force，D），$A > 0$ 时，化学反应向右（正向）进行；$A < 0$ 时，化学反应向左（逆向）进行；$A = 0$ 时，化学反应达到平衡。金刚石摩擦化学反应的亲和势为

$$A_d = (TdS + \gamma dA + \delta W) - \Delta H_{298}^{\ominus} + T\Delta S_{298}^{\ominus} - 22.3 \times 10^{-3} \times \left(\frac{p}{p_0} - 1\right)(p - p_0)$$

$$\tag{4.44}$$

结合摩擦化学反应吉布斯自由能变和金刚石氧化活化能，并根据化学动力学理论，激活金刚石 C^* 参与氧化反应的概率为[43]

$$f_g = e^{(A_d - E_a)/(RT)} \tag{4.45}$$

将化学反应亲和势代入式（4.45），得到

$$f_g = e^{\frac{(TdS + \gamma dA + \delta W) - \Delta H^{\ominus}_{298} + T\Delta S^{\ominus}_{298} - 22.3 \times 10^{-3} \times \left(\frac{p}{p_0} - 1\right)(p - p_0) - E_a}{RT}} \tag{4.46}$$

考虑外力做功 δW 及机械做功引起的熵变的作用结果是降低了活化能，引入 k_f，k_f 反映了机械作用使金刚石氧化活化能降低的比例，则式（4.46）可以改写为

$$f_g = e^{\frac{\gamma dA - \Delta H^{\ominus}_{298} + T\Delta S^{\ominus}_{298} - 22.3 \times 10^{-3} \times \left(\frac{p}{p_0} - 1\right)(p - p_0) - k_f E_a}{RT}} \tag{4.47}$$

如果在化学机械抛光体系中，金刚石表面氧化剂的浓度为 $c_{表}$，摩擦化学反应的前置因子为 A_g，摩擦化学反应级数为 n，则摩擦化学反应速率常数为

$$k_2 = A_g \cdot f_g \cdot (c_{表})^n \tag{4.48}$$

从式（4.47）和式（4.48）中可以得出以下结论。

（1）摩擦化学反应的速率与氧化剂成分和浓度、温度、压强、金刚石表面能和机械活化强度有关。

（2）抛光液中氧化剂的氧化性和溶解度对化学反应有着重要的影响，氧化性越强，溶解度越大，越有利于化学反应的进行。氧化剂应具有较强的氧化性和较大的溶解度，尽可能降低氧化反应的活化能。氧化剂与金刚石有较好的湿润性，容易吸附在金刚石表面。

（3）在摩擦化学反应中，温度和压强对反应速率影响有限，升高温度有助于化学反应的进行，提高压强不利于化学反应的进行。抛光压力的提高致使磨料作用于工件表面的力增强，强化了工件表面的机械活化。

（4）金刚石表面能对摩擦化学反应速率有较大的影响，体现在两个方面：一方面是金刚石表面具有一定的粗糙度，存在大量的表面和棱边原子；另一方面是由于机械作用，金刚石表面引入一些位错和缺陷，这些缺陷具有较长的生存周期和较高的能量，对摩擦化学反应有较大的促进作用。

（5）机械能作用于工件表面使工件表面晶格振动，动能增加。这些晶格振动的周期很短，抛光时必须有足够的机械激励密度和程度，摩擦化学反应才能有效进行。磨料的机械作用很难去除金刚石表面材料，但可以促进金刚石表面摩擦化学反应的进行。

如果金刚石表层颗粒直径为 2nm，金刚石氧化活化能为 213kJ/mol，k_f 取 0.6，反应产物为 CO，则根据式（4.47）可以得到温度和压强对摩擦化学反应的影响规

律，如图 4.20 所示。可以看出，温度升高有助于碳原子参与摩擦化学反应，增大压强不利于摩擦化学反应的进行。如果 $f_g > 0.1$ 时认为化学反应大量进行，那么反应压强不应超过 1MPa，反应温度不应低于 60℃。抛光时适当地提高抛光温度有利于反应的进行。增大压强主要体现在提高机械能的活化作用，并不直接有利于化学反应的进行。

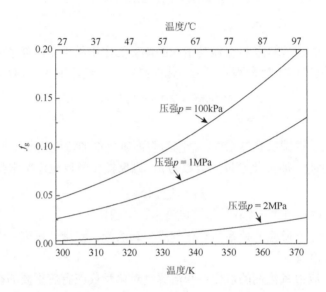

图 4.20　碳原子参与摩擦化学反应的概率 f_g 随温度、压强的变化

磨粒的机械作用和氧化剂的氧化性对化学反应有着重要的影响。如果压强为 100kPa，温度为 25℃，反应产物为 CO，则根据式（4.48）可以得到碳原子参与摩擦化学反应的概率 f_g 随温度、压强变化图，如图 4.21 所示。f_g 随着机械活化系数 k_f 的增加而迅速减小，k_f 从 0.55 增加到 0.65 时，f_g 最大降低 3 个数量级。如果 $f_g > 0.1$ 时认为化学反应较快，则 k_f 应小于 0.57，结合图 4.19，参与抛光的磨料硬度应为金刚石硬度的 30%～100%。因此，在化学机械抛光中，磨料材料的显微硬度不应小于 3000MPa。在金刚石、B_4C、SiC、Al_2O_3 等磨料中，金刚石和 B_4C 的显微硬度符合要求，采用金刚石和 B_4C 磨料会获得较高的材料去除率。另外，金刚石表面越粗糙，表层缺陷越多，越有利于化学反应的进行。图 4.21 中，表层颗粒直径为 2nm 的表面比 5nm 的表面的 f_g 要大 4 个数量级，增加工件表面的机械作用将极大地促进化学反应的进行。在标准温度和压强条件下，氧化反应的活化能越小，参与化学反应的氧化剂氧化性越强。图 4.21 中，将金刚石氧化为 CO 的活化能从 213kJ/mol 降为 200kJ/mol，f_g 增大 1 个数量级。因此，应选取氧化性较强、在水中溶解度较大、对金刚石湿润性较好的化学试剂作为抛光液。

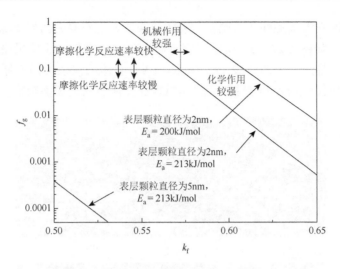

图 4.21　机械活化作用和金刚石表面质量对摩擦化学反应的影响

4.5　金刚石膜抛光过程接触理论

在摩擦化学抛光 CVD 金刚石膜的过程中，压强和温度是影响抛光效率和抛光质量的重要因素。由于其表面具有一定的粗糙度，实际接触面积要比理论接触面积小得多，实际接触压强也比理论接触压强大得多。虽然目前表面接触理论已经有较多的研究[比较成熟的有格林伍德-威廉森（Greenwood-Williamson，G-W）模型和赫兹接触理论[75,76]]，但是对于 CVD 金刚石膜等大粗糙度表面而言：①由于表面是生长形成的，其表面粗糙峰并非球形，大多呈锥形；②由于表面粗糙峰较高，抛光过程中，只有较高的峰与抛光盘接触，金刚石膜表面材料以削尖的形式去除，抛光一旦开始，表面就不再符合正态分布，不能采用 G-W 模型等计算，加工一段时间后，金刚石膜表面部分粗糙峰被去除，去除的粗糙峰表面进一步形成更小的粗糙峰，这些小的粗糙峰主要参与与抛光盘的接触；③原始粗糙峰高度相差较大，随着 CVD 金刚石膜厚度不同，粗糙峰高度可达几十到几百微米，在建立模型时接触半径很难确定；④由于金刚石硬度很大，金刚石膜表面粗糙峰很难被压缩。Chen 等[77]采用 G-W 模型对抛光过程接触面积进行计算，由此预测摩擦化学抛光过程中接触面的温升，但由于没有考虑抛光过程对表面的影响，理论值与试验值有较大的差距。

图 4.22（a）～（d）是 CVD 金刚石膜在抛光过程中的表面形貌变化。图 4.22（a）是 CVD 金刚石膜抛光前的原始表面形貌。可以看出，大部分粗糙峰呈锥形。原始粗糙峰的高度服从正态分布。经过短时间抛光后，如图 4.22（b）所示，较高的原始粗糙峰顶部被去除，并且在原始粗糙峰顶部产生许多新的粗糙峰。这些新的

粗糙峰将与抛光盘接触并参与抛光。这时，CVD 金刚石膜表面粗糙峰高度将不符合正态分布。如图 4.22（c）所示，随着抛光时间的延长，原始粗糙峰顶部的面积不断增大。最后，如图 4.22（d）所示，CVD 金刚石膜表面所有原始粗糙峰被新的粗糙峰取代。图 4.23 是抛光过程中 CVD 金刚石膜的表面轮廓。可以看出，

图 4.22　抛光过程中 CVD 金刚石膜表面形貌变化

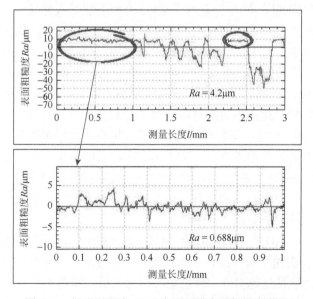

图 4.23　抛光过程中 CVD 金刚石膜表面粗糙度谱线

CVD 金刚石膜的整体表面粗糙度 Ra 为 4.2μm，单个粗糙峰被抛光后形成的平台表面粗糙度 Ra 为 0.688μm。新的粗糙峰高度符合正态分布。用这种方法继续抛光 CVD 金刚石膜，其表面粗糙度不再下降。需要使用其他方法来获得更光滑的表面。因此，CVD 金刚石膜粗糙峰高度分布随抛光时间和抛光技术的不同而不断变化。

4.5.1　摩擦化学抛光表面粗糙峰分布模型

如图 4.24 所示，在抛光过程中，假设抛光盘表面和 CVD 金刚石膜表面的间距为 d，则 CVD 金刚石膜表面高度大于 d 的表面粗糙峰都会参与接触。为了反映表面粗糙峰变化，在该模型中，采用原始粗糙度分布函数 $\phi_1(z)$ 和加工粗糙度分布函数 $\phi_2(z)$ 分别表征 CVD 金刚石膜表面抛光前后的表面形貌。用分布函数 $f(z)$ 表征抛光过程中的表面形貌。$f(z)$ 可通过将 $\phi_1(z)$ 和 $\phi_2(z)$ 与 d 进行关联来表示。

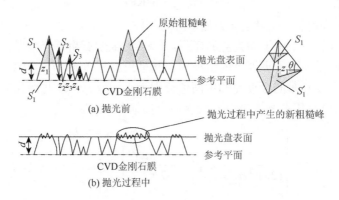

图 4.24　CVD 金刚石膜表面粗糙峰结构示意图

在模型建立过程中，进行如下假设：①不考虑抛光初期由于压强较大、金刚石膜表面粗糙峰较尖而在抛光盘表面产生的划痕，且不考虑抛光过程的摩擦作用；②计算只在弹性变形的条件下进行，不考虑塑性变形；③抛光前金刚石膜表面粗糙峰呈锥形，抛光后金刚石膜表面粗糙峰顶端呈球形，且有共同半径 R。

如图 4.24 所示，假设平行于抛光盘表面存在一个参考平面，金刚石膜表面与该平面之间存在大量的原始粗糙峰，其高度符合正态分布 $\phi_1(z)$：

$$\phi_1(z) = \frac{1}{(2\pi)^{1/2}\sigma_1}\exp\left[-\frac{(z-\mu_1)^2}{2\sigma_1^2}\right] \tag{4.49}$$

式中，z 为相对于参考平面的原始粗糙峰高度；σ_1 为粗糙峰高度分布的标准差；μ_1 为粗糙峰高度分布的中间值。σ_1、μ_1 反映抛光前金刚石膜的原始形貌。

实际上，粗糙峰高度是有限的，所以采用截断高斯分布代替完全高斯分布。

假设金刚石膜表面原始粗糙峰高度为($h_{1\min}$，$h_{1\max}$)，则可以如下定义高斯分布函数来表示金刚石膜粗糙峰高度分布[78]：

$$\phi_1(z) = \begin{cases} 0 & , z \leqslant h_{1\min} \\ \dfrac{1}{(2\pi)^{1/2}\sigma_1 D_1}\exp\left[-\dfrac{(z-\mu_1)^2}{2\sigma_1^{\,2}}\right] & , h_{1\min} < z < h_{1\max} \\ 0 & , z \geqslant h_{1\max} \end{cases} \tag{4.50}$$

式中，

$$D_1 = \int_{h_{1\min}}^{h_{1\max}} \frac{1}{(2\pi)^{1/2}\sigma_1}\exp\left[-\frac{(z-\mu_1)^2}{2\sigma_1^{\,2}}\right]\mathrm{d}z \tag{4.51}$$

d 为抛光盘表面与参考平面之间的距离。它与抛光时间和抛光速率有关，可以表示为

$$d = h_{1\max} - \mathrm{MRR}t \tag{4.52}$$

式中，MRR 为材料去除率；t 为加工时间。

在加工过程中，由于抛光盘的作用，$z>d$ 的金刚石粗糙峰被抛去，在抛去的金刚石粗糙峰顶部留下更细小的粗糙峰，其呈正态分布 $\phi_2(z)$，如图 4.24（b）所示。粗糙峰高度分布的标准差和中间值分别为 σ_2、μ_2，σ_2 与抛光方式有关。类似 $\phi_1(z)$，$\phi_2(z)$ 采用截断高斯分布代替完全高斯分布：

$$\phi_2(z) = \begin{cases} 0 & , z \leqslant h_{2\min} \\ \dfrac{1}{(2\pi)^{1/2}\sigma_2 D_2}\exp\left[-\dfrac{(z-\mu_2)^2}{2\sigma_2^{\,2}}\right] & , h_{2\min} < z < h_{2\max} \\ 0 & , z \geqslant h_{2\max} \end{cases} \tag{4.53}$$

式中，

$$D_2 = \int_{h_{2\min}}^{h_{2\max}} \frac{1}{(2\pi)^{1/2}\sigma_2}\exp\left[-\frac{(z-\mu_2)^2}{2\sigma_2^{\,2}}\right]\mathrm{d}z \tag{4.54}$$

当 $z \geqslant d$ 时，高于 d 的原始粗糙峰被去除，原始粗糙峰表面出现许多新的小粗糙峰，其分布符合 $\phi_2(z)$。小粗糙峰的分布与原始粗糙峰的去除面积成正比，小粗糙峰的数量也与原始粗糙峰的去除面积成正比。如图 4.24 所示，抛光盘位置 d 决定了原始粗糙峰的去除面积。因此，抛光过程中出现的粗糙峰分布可以表示为 $k\phi_2(z)$。其中，

$$k = \int_{d}^{h_{1\max}} \phi_1(z)\mathrm{d}z \tag{4.55}$$

因此，$z \geqslant d$ 时，粗糙峰分布可表示为 $k\phi_2(z)$。

当 $z < d$ 时，不但有原始粗糙峰，而且有抛光生成的粗糙峰，粗糙峰分布可

表示为 $\phi_1(z)+k\phi_2(z)$。因此，抛光一段时间后粗糙峰分布为

$$f(z)=\begin{cases} k\phi_2(z) & ,z \geqslant d \\ \phi_1(z)+k\phi_2(z) & ,z<d \end{cases} \tag{4.56}$$

很容易证明，

$$\int_{h_{1\min}}^{h_{2\max}} f(z)\mathrm{d}z=1 \tag{4.57}$$

式（4.56）中，原始粗糙峰分布函数 $\phi_1(z)$ 在 $z=d$ 处不连续。实际上，当 $z>d$ 时，原始粗糙峰是逐渐消失的，为此，引入系数 $l(z)$：

$$l(z)=1-\int_{h_{2\min}}^{z} \phi_2(s)\mathrm{d}s \tag{4.58}$$

这样，抛光过程中金刚石表面粗糙峰分布可以表示为

$$f(z)=\frac{l(z)\phi_1(z)+k\phi_2(z)}{1+\Delta rf} \tag{4.59}$$

将式（4.55）和式（4.58）代入式（4.59），可得

$$f(z)=\frac{(1-\int_{h_{2\min}}^{z} \phi_2(s)\mathrm{d}s)\phi_1(z)+\int_{d}^{h_{1\max}} \phi_1(s)\mathrm{d}s\phi_2(z)}{1+\Delta rf} \tag{4.60}$$

由于 $l(z)$ 引起的误差为 Δrf，如图 4.25 所示，计算得到

$$\Delta rf=\int_{h_{1\min}}^{h_{1\max}} (l(z)\phi_1(z)+k\phi_2(z))\mathrm{d}z-1$$

$$=\int_{d}^{d_{2\max}} l(z)\phi_1(z)\mathrm{d}z-\int_{d_{2\min}}^{d} (1-l(z))\phi_1(z)\mathrm{d}z=S_B-S_A \tag{4.61}$$

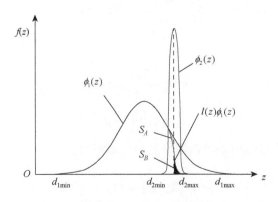

图 4.25 抛光前后金刚石膜表面粗糙峰分布

由于 σ_1 较大、σ_2 较小，Δrf 一般很小。当 $\sigma_1 = 16.126\mu\text{m}$、$\sigma_2 = 1.2\mu\text{m}$、$d = 90\mu\text{m}$ 时，$\Delta rf = 0.00088$，在计算中可以忽略。

这样，抛光过程中金刚石表面粗糙峰分布可以表示为

$$f(z) = (1 - \int_{h_{2\min}}^{z} \phi_2(s)\text{d}s)\phi_1(z) + \int_{d}^{h_{1\max}} \phi_1(s)\text{d}s\phi_2(z) \tag{4.62}$$

4.5.2　摩擦化学抛光动态接触模型

在抛光过程中，金刚石膜较高的原始粗糙峰受到抛光作用，其顶部形成相对较平的表面。该表面存在由抛光引起的新的小粗糙峰，这些粗糙峰与抛光盘进行接触。为了简化计算，假设只有由抛光形成的小粗糙峰参与接触，且接触为弹性接触。每个小粗糙峰具有球形顶部，且球形半径为 R。$z > d$ 的原始粗糙峰概率为

$$\text{prob}(z > d) = \int_{d}^{h_{1\max}} \phi_1(z)\text{d}z \tag{4.63}$$

如果金刚石膜表面粗糙峰密度 η_1 和理论接触面积 A' 已知，那么，金刚石表面总的粗糙峰数量为 $N_1 = \eta_1 A'$，可能抛到的粗糙峰数量为

$$N_1 = \eta_1 A' \int_{d}^{h_{1\max}} \phi_1(z)\text{d}z \tag{4.64}$$

假设抛光前金刚石膜表面粗糙峰呈锥形，倾角系数 $k(\theta)$ 反映金刚石粗糙峰形状，S_n 为高度 z_n 的粗糙峰在抛光盘理论表面的截面积，S'_n 为高度 z_n 的粗糙峰在参考平面上的投影面积。那么每个粗糙峰的可能接触面积为

$$S_n = \frac{3\sqrt{3}}{4}\tan^2\theta(z - d)^2 \tag{4.65}$$

倾角系数为

$$k(\theta) = \frac{3\sqrt{3}}{4}\tan^2\theta \tag{4.66}$$

$$S_n = k(\theta)(z - d)^2 \tag{4.67}$$

则整个平面在抛光过程中原始粗糙峰的抛光面积为

$$A'' = \eta_1 A' k(\theta) \int_{d}^{h_{1\max}} \phi_1(z)(z - d)^2\text{d}z \tag{4.68}$$

由于只有被抛光的原始粗糙峰可能与抛光盘接触，可以把抛光面积 A'' 作为抛

光过程中的理论接触面积。结合 G-W 模型，假设抛光平面与参考平面的距离为 d'，那么实际接触面积可以表示为

$$A = \pi\eta_2 A'' R \int_{h_{2\min}}^{h_{2\max}} (s-d')\phi_2(s)\mathrm{d}s \tag{4.69}$$

将式（4.68）代入式（4.69），得

$$A = A'\pi\eta_2\eta_1 Rk(\theta) \int_d^{h_{1\max}} \phi_1(z)(z-d)^2\mathrm{d}z \int_{d'}^{h_{2\max}} (s-d')\phi_2(s)\mathrm{d}s \tag{4.70}$$

根据力学理论，可以得到接触载荷为

$$L = \frac{4}{3} A'\pi\eta_2\eta_1 E' R^{1/2} k(\theta) \int_d^{h_{1\max}} \phi_1(z)(z-d)^2\mathrm{d}z \int_{d'}^{h_{2\max}} (s-d')^{3/2}\phi_2(s)\mathrm{d}s \tag{4.71}$$

式中，

$$\frac{1}{E'} = \frac{1-\nu_1^2}{E_1} + \frac{1-\nu_2^2}{E_2} \tag{4.72}$$

4.5.3　摩擦化学抛光过程界面温升模型

为了计算 CVD 金刚石膜与抛光盘接触区域温升，本节引入 Francis 提出的移动热源及能力分配方法理论[79]。在相对运动界面的能量耗散速度与摩擦力和相对滑动速度有关。假设产生的能量都以热的形式在滑动表面耗散，则单位面积产生的热量为

$$q = \mu p v \tag{4.73}$$

式中，μ 为摩擦系数；p 为接触压强；v 为相对滑动速度。

接触压强 p 可由 L/A 计算得到。这样，通过求解抛物线热源可以得到金刚石抛光界面的最大温升为[78]

$$T = \frac{1.31aq}{\sqrt{\pi}\left[K_1\sqrt{1.2344 + Pe_1} + K_2\sqrt{1.2344 + Pe_2} \right]} \tag{4.74}$$

式中，a 为粗糙峰的平均接触面积；K_1 和 K_2 分别为金刚石和抛光盘的热导率；贝克来数 Pe 为

$$Pe = \frac{va\rho C}{2K} \tag{4.75}$$

式中，C 为比热容；ρ 为接触热源的材料密度；K 为热导率。

4.5.4　接触模型的验证与讨论

为了确定接触模型中的参数并验证模型，采用表面轮廓仪测量摩擦化学抛光前后 CVD 金刚石膜表面形貌。相对于 NewView 5022 型表面轮廓仪，Talysurf CLI 2000 型三维表面形貌仪更适合粗糙表面的轮廓测量。图 4.26 和图 4.27 分别为 NewView 5022 型表面轮廓仪和 Talysurf CLI 2000 型三维表面形貌仪测量的金刚石膜表面形貌。可见 Talysurf CLI 2000 型三维表面形貌仪能够实现比较完整的表面粗糙度测量。

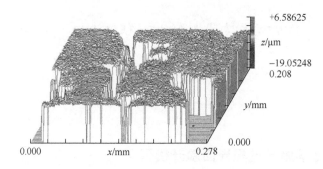

图 4.26　NewView 5022 型表面轮廓仪测量的金刚石膜表面轮廓（彩图见封底二维码）

图 4.27　Talysurf CLI 2000 型三维表面形貌仪测量的金刚石膜表面轮廓（彩图见封底二维码）

因此，本书采用 Talysurf CLI 2000 型三维表面形貌仪表征抛光过程中金刚石膜表面形貌。测量时，取样频率受表面粗糙度影响。表面粗糙度越高，取样频率越低。一般来说，表面粗糙度为 10~15μm 的工件表面采用 20Hz 的取样频率比较适合。试验时，数据间隔为 5μm，测量面积为 2mm × 2mm。

1. 抛光过程中表面粗糙峰分布

为了确定金刚石膜的原始参数，我们采用 Talysurf CLI 2000 型三维表面形貌仪对金刚石膜进行测量。图 4.28 是金刚石膜表面原始粗糙峰高度分布图。图 4.29

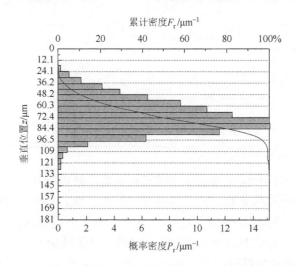

图 4.28　金刚石膜表面原始粗糙峰高度分布图

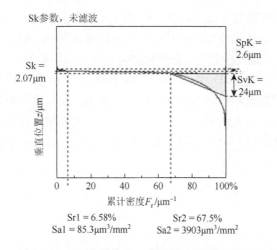

图 4.29　金刚石膜抛光一段时间后表面累计密度

Sk 为中心部水平差，SpK 为突出峰部高度，SvK 为突出谷部深度，Sr1 为分离突出峰部与中心部的负载面积率，Sr2 为分离突出谷部与中心部的负载面积率，Sa 为算术平均高度

是金刚石膜抛光一段时间后表面累计密度。可见,大部分金刚石粗糙峰集中在 $0\sim$ 2.07μm 的范围内,金刚石膜高峰被削平。采用高斯拟合计算出表面参数,见表 4.7。

表 4.7　接触模型的主要参数

参数	数值	参数	数值
σ_1	16.126μm	μ_1	70.62μm
h_{1min}	12μm	h_{1max}	140μm
η_1	271.6mm^{-2}	D_1	0.999853
D_2	0.9973	σ_2	1.2μm
μ_2	d	h_{2min}	$d-3\sigma_2$
h_{2max}	$d+3\sigma_2$	η_2	4000mm^{-2}
R	17.8μm	θ	$\pi/3$

　　在这些参数中,σ_1 和 μ_1 表征了金刚石膜表面原始粗糙峰分布。σ_2 表征了抛光中金刚石膜表面粗糙峰分布,其受金刚石加工方法和工艺参数的影响。对于摩擦化学抛光法,σ_2 一般取值为 $0.1\sim1.5$μm。对于化学机械抛光法,σ_2 取比较小的值,一般小于 0.1μm,相应的材料去除率也小得多。对于机械抛光法,σ_2 受磨料粒径影响比较大,并随磨料粒径的减小而减小。抛光盘位置 d 可通过材料去除率 MRR 得到,见式(4.52)。

　　如果最大粗糙峰高度 h_{1max} 为 150μm,材料去除率为 4μm/min,就可以计算出不同抛光时间对应的粗糙峰分布。如图 4.30 所示,抛光 12min 时,金刚石膜表面以原始粗糙峰为主。随着抛光的进行,原始粗糙峰逐渐被新粗糙峰取代。抛光 25min 时,原始粗糙峰几乎被新粗糙峰所取代。图 4.31 和图 4.32 分别为抛光 20min 和 25min 时测得的金刚石膜表面粗糙峰高度分布。可以看出,试验测得的粗糙峰高度分布与图 4.30(b)和(c)较为吻合。因此,抛光过程中的粗糙度高度分布函数主要受原始表面、抛光技术及抛光时间影响。模型预测能够较好地反映试验结果。

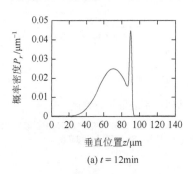

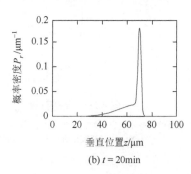

(a) $t=12$min　　　　　　　　　　(b) $t=20$min

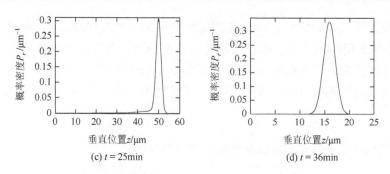

(c) $t = 25\text{min}$　　　　　　　　　(d) $t = 36\text{min}$

图 4.30　预测的金刚石膜表面粗糙峰高度分布

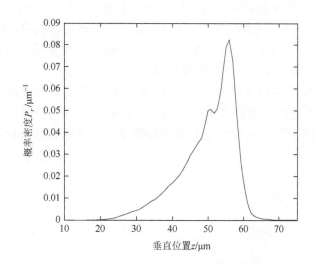

图 4.31　抛光 20min 得到的金刚石膜表面粗糙峰高度分布

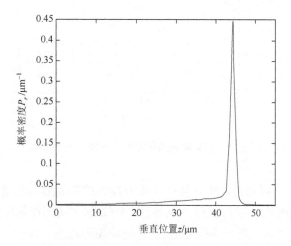

图 4.32　抛光 25min 得到的金刚石膜表面粗糙峰高度分布

除此之外，接触模型还可以预测化学机械抛光过程中抛光垫表面粗糙峰的变化。未经使用的抛光垫表面粗糙峰符合正态分布。当抛光垫被使用 30min 后，如果不经过修整，表面粗糙峰分布就如图 4.30（a）所示，预测结果与试验测得的抛光垫表面粗糙峰分布十分接近[80]。该模型还可以预测滑动轴承的接触压强和温升[81]。

2. 抛光过程中的实际接触面积和实际接触压强

实际接触面积和实际接触压强随表面粗糙度的变化而变化。表面粗糙度越小，抛光盘与金刚石表面的距离 d 就越小。根据式（4.70）和式（4.71），距离 d 是未知数。结合式（4.70）和式（4.71）就可以得到接触载荷和实际接触面积的关系。如图 4.33 所示，实际接触面积与接触载荷大致呈线性关系。随着距离 d 的减小，实际接触面积增大。也就是说，随着抛光的进行，表面粗糙度变小，金刚石与抛光盘的接触变好。可以看出，接触载荷和实际接触面积不完全呈线性关系，这主要是因为粗糙峰分布由抛光前和抛光后的粗糙度合成，这与 G-W 模型不一样。由于建模过程中没有考虑塑性变形，实际接触面积预测值要远小于试验值。

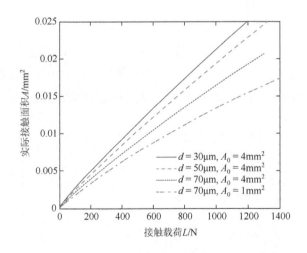

图 4.33　实际接触面积和接触载荷之间的关系

从图 4.34 中可以看出，实际接触压强随接触载荷的增加而增加。接触载荷从 10N 增加到 1400N 时，实际接触压强增加了约 25%。实际接触压强随接触载荷和距离 d 的增加而增加，随理论接触面积 A_0 的增加而减小。其中，理论接触面积对实际接触压强的影响最为显著。

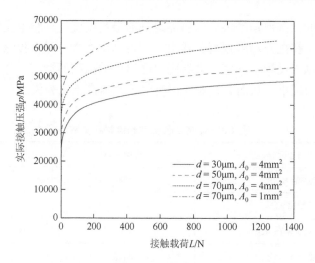

图 4.34　实际接触压强和接触载荷之间的关系

3. 抛光过程的温升

在抛光过程中，表面形貌的变化会影响实际接触面积和接触压强，进而影响材料去除率。在摩擦化学抛光过程中，抛光温度对材料去除率影响较为显著。抛光温度受抛光压强和实际接触面积影响。为了预测抛光温度，将金刚石膜和催化金属抛光盘的参数（表 4.8）代入式（4.73），其中金刚石膜与抛光盘的相对滑动速度 v 可由抛光盘的直径和转速计算得到。图 4.35 为不同载荷条件下抛光温度的变化。从图中可以看出，抛光压强提高会使摩擦生成热量增加，从而抛光温度提高。不过，抛光温度的预测值高于试验值（采用热电偶实测的抛光温度），这主要

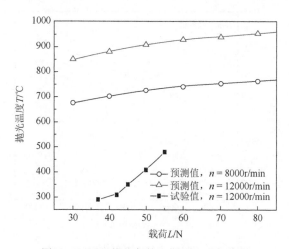

图 4.35　不同载荷条件下抛光温度的变化

因为抛光温度的预测值是摩擦界面所能达到的最高温度；试验值是抛光区域的平均温度。另外，在抛光温度预测公式中，假设摩擦系数、弹性模量均是恒定值，但是实际上，抛光过程中摩擦系数会随界面温度的提高而增大，弹性模量会随抛光温度的提高而减小，从而导致抛光温度的预测值高于试验值。

表 4.8　金刚石膜及抛光盘材料参数

材料参数	金刚石膜	抛光盘
弹性模量 E/GPa	900	220
泊松比 ν	0.1	0.28
热导率 K/[W/(m·K)]	1100	16.3
密度 ρ/(kg/m³)	3520	7800
比热容 C/[J/(kg·K)]	470	500

图 4.36 为不同转速下抛光温度的预测值和试验值。可以看出，转速增加，抛光温度升高。当转速达到 10000r/min 时，金刚石与抛光盘之间的界面最高温度达到 700℃。转速高于 10000r/min，金刚石就会被抛光盘催化去除。尽管抛光温度的试验值远低于预测值，但从金刚石的材料去除情况来看，预测值可以反映抛光过程中金刚石与抛光盘之间的界面最高温度。由于抛光界面温度很难测得，试验值一般是抛光盘侧面或金刚石摩擦区域的平均温度，所以试验值比较低。

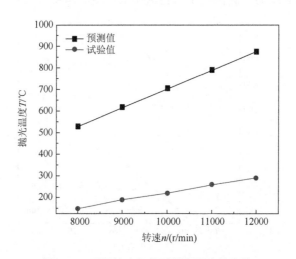

图 4.36　不同转速条件下抛光温度的变化

4.6 金刚石膜抛光平坦化理论

在金刚石膜的抛光过程中，磨粒在金刚石膜表面的运动轨迹能够反映出金刚石膜表面的材料去除率、材料去除非均匀性等。因此，可以从磨粒相对于金刚石膜表面的运动轨迹研究金刚石膜抛光平坦化理论，为金刚石膜的材料去除机理及金刚石膜表面均匀平台化提供很好的理论支撑，也为试验参数的优化提供理论参考。

4.6.1 抛光盘与工件的相对运动

本节以单面回转抛光机为例，进行抛光轨迹建模，分析磨粒在金刚石膜表面的运动轨迹。如图 4.37 所示，抛光机放置在抛光盘上，抛光头底面只贴一片工件。抛光头和抛光盘绕着各自的轴线主动旋转，抛光头做弧形摆动。不考虑磨粒受到流体效应产生的影响，建立抛光盘与工件之间的运动关系。在试验中，工件的实际转速 ω_2 和抛光盘的转速 ω_1 都是已知的，这样就能求出抛光盘与工件间的相对运动。抛光的相对运动由抛光盘自身的回转运动与工件自身的回转运动相叠加。

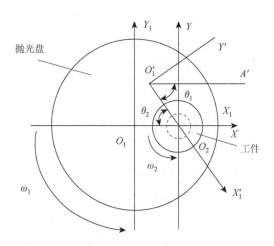

图 4.37 抛光盘与工件相对运动示意图

在垂直于工件和抛光盘旋转轴的平面内，工件的旋转轴为 O_2，抛光盘的旋转轴为 O_1，在该平面内建立坐标系 $O_1X_1Y_1$ 和 O_2XY，分别固定在抛光盘和工件上。两个坐标系中的 O_1X_1 和 O_2X 轴均为沿 O_1O_2 连线方向。原点分别为 O_1、O_2。O_1O_2 间的距离为偏心距 e。点 A 为抛光盘上的任一点，不失一般性，不妨设点 A 初始位置在 O_1O_2 连线上，与点 O_1 的距离为 R_A，这样，问题就归结为求点 A 相对于工件的运动。当抛光 t 时间后，工件绕轴 O_2 转过角 $\theta_2 = \omega_2 t$，即坐标系 O_2XY 绕轴 O_2 转过角 θ_2，相当于工件（坐标系 O_2XY）不动，$O_1X_1Y_1$ 绕轴 O_2 反向转过角 θ_2，这样在坐标系 O_2XY 中，点 O_1 运动到点 O_1'，坐标系 $O_1X_1Y_1$ 运动到 $O_1'X_1'Y_1'$，抛光盘上点 A 绕轴 O_1 转过角 θ_1，到点 A'。此时点 A' 在坐标系 O_2XY 中的坐标为

$$\begin{cases} x_A = O_1'A'\cos(\theta_1 - \theta_2) - O_2O_1'\cos\theta_2 \\ y_A = O_1'A'\sin(\theta_1 - \theta_2) + O_2O_1'\sin\theta_2 \end{cases} \tag{4.76}$$

因为

$$O_1'A' = R_A$$

$$O_2O_1' = e$$

所以，有

$$\begin{cases} x_A = R_A\cos(\theta_1 - \theta_2) - e\cos\theta_2 \\ y_A = R_A\sin(\theta_1 - \theta_2) + e\sin\theta_2 \end{cases} \tag{4.77}$$

这样点 A' 的轨迹方程（抛光盘上点 A 相对工件的运动方程）为

$$\begin{cases} x = R_A\cos(\theta_1 - \theta_2) - e\cos\theta_2 \\ y = R_A\sin(\theta_1 - \theta_2) + e\sin\theta_2 \end{cases} \tag{4.78}$$

由此可见，点 A' 相对于工件的轨迹是一簇摆线，而且由式（4.78）可得

$$\rho = \sqrt{x^2 + y^2} = \sqrt{e^2 + R_A^2 - 2eR_A\cos\theta_1} \tag{4.79}$$

式中，ρ 为点 A' 轨迹曲线的向径。

由此可见，向径 ρ 是抛光盘转角的周期函数。当磨具旋转一周时，ρ 变化一个周期，而且有

$$\begin{cases} \rho_{\max} = R_A + e \\ \rho_{\min} = |R_A - e| \end{cases} \tag{4.80}$$

这表明工件的半径只能在 $(|R_A - e|, R_A + e)$ 范围内选取，否则将有一部分工件无法抛光加工到。式（4.80）还可以写成

$$\begin{cases} x = -e\cos(\omega_2 t) + R_A\cos[(\omega_1 - \omega_2)t] \\ y = e\sin(\omega_2 t) + R_A\sin[(\omega_1 - \omega_2)t] \end{cases} \tag{4.81}$$

根据式（4.81）就可以绘出点 A 相对于工件的运动轨迹。

有了上述的理论运动方程，代入试验中的物理量：ω_1 和 ω_2 分别是抛光盘的转速和工件的转速，在试验中是变化的参数；时间 t 则可根据实际的情况选取。

4.6.2　仿真运动轨迹分析

以台式抛光机为例，在试验过程中取偏心距 e 为 60mm。抛光盘转速一般为

30～100r/min，过高的抛光盘转速导致抛光液被甩出，得不到及时补充；过小的抛光盘转速导致工件与抛光盘之间的相对速度过小，影响抛光效率。工件转速一般取 10～60r/min。图 4.38 是不同抛光盘转速和工件转速下工件与抛光盘之间的相对运动轨迹。可以看出，当抛光盘转速为 60r/min，工件转速为 10r/min 时，相对运动轨迹不均匀。当抛光盘转速与工件转速互为质数时，如 $\omega_1 = 60$r/min 且 $\omega_2 = 31$r/min 或 $\omega_1 = 70$r/min 且 $\omega_2 = 31$r/min 时，相对运动轨迹比较均匀。当抛光

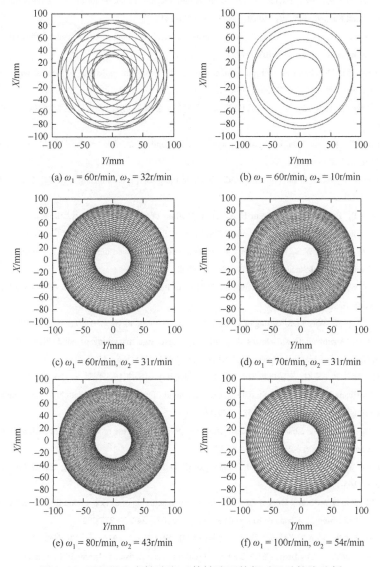

(a) $\omega_1 = 60$r/min, $\omega_2 = 32$r/min　　　　(b) $\omega_1 = 60$r/min, $\omega_2 = 10$r/min

(c) $\omega_1 = 60$r/min, $\omega_2 = 31$r/min　　　　(d) $\omega_1 = 70$r/min, $\omega_2 = 31$r/min

(e) $\omega_1 = 80$r/min, $\omega_2 = 43$r/min　　　　(f) $\omega_1 = 100$r/min, $\omega_2 = 54$r/min

图 4.38　不同抛光盘转速和工件转速下的相对运动轨迹分析

盘转速与工件转速不能互为质数时，相对运动轨迹不均匀。因此，抛光盘转速与工件转速分别取 $\omega_1 = 60\text{r/min}$ 且 $\omega_2 = 31\text{r/min}$ 或 $\omega_1 = 70\text{r/min}$ 且 $\omega_2 = 31\text{r/min}$ 时，可以获得较为理想的抛光轨迹。

参 考 文 献

[1]   Hird J R, Field J E. Diamond polishing[J]. Royal Society of London Proceedings Series A, 2004, 460: 3547-3568.

[2]   Tang C J, Neves A J, Fernandes A J S, et al. A new elegant technique for polishing CVD diamond films[J]. Diamond and Related Materials, 2003, 12（6）: 1411-1416.

[3]   Zaitsev A M, Kosaca G, Richarz B, et al. Thermochemical polishing of CVD diamond films[J]. Diamond and Related Materials, 1998, 7: 1108-1117.

[4]   Yoshikawa M. Development and performance of a diamond-film polishing apparatus with hot metals[J]. Proceedings of SPIE, 1990, 1325: 210-221.

[5]   刘敬明, 蒋政, 张恒大, 等. 大面积 CVD 金刚石膜的热铁板抛光[J]. 北京科技大学学报, 2001, 23（1）: 42-44.

[6]   Ramesham R, Rose M F. Polishing of polycrystalline diamond by hot nickel surface[J]. Thin Solid Films, 1998, 320（2）: 223-227.

[7]   Thornton A G, Wilks J. The polishing of diamonds in the presence of oxidising agents[J]. Diamond Research, 1974: 39-42.

[8]   Malshe A P, Brown W D, Naseem H A, et al. Method of planarizing polycrystalline diamonds, planarized polycrystalline diamonds and products made therefrom: US, 5472370A[P]. 1995-12-05.

[9]   Peters C G, Emerson W B, Nefflen K F. Electrical methods for diamond-die production[J]. Journal of Research of the National Bureau of Standards, 1947, 38: 449-464.

[10] Wilks E, Wilks J. Polycrystalline Diamond（PCD）, in Properties and Applications of Diamond[M]. Oxford: Butterworth-Heinemann, 1991.

[11] Spur G, Appel S. Wire EDM cutting of PCD[J]. Industry Diamond Review, 1997, 4: 124-130.

[12] Olsen R H, Aspinwall D K, Dewes R C. Electrical discharge machining of conductive CVD diamond tool blanks[J]. Journal of Materials Processing Technology, 2004, 155-156: 1227-1234.

[13] 王成勇, 郭钟宁, 陈君. 旋转电极电火花抛光金刚石膜[J]. 中国机械工程学报, 2004, 38: 168-171.

[14] Guo Z N, Huang Z G, Wang C Y. Smoothing CVD diamond films by wire EDM with high travelling speed[J]. Key Engineering Materials, 2004, 257-258: 489-494.

[15] Guo Z N, Wang C Y, Kuang T C. Investigation into polishing process of CVD diamond films[J]. Materials and Manufacturing Processes, 2002, 17（1）: 45-55.

[16] Guo Z N, Wang C Y, Zhang F, et al. Polishing of CVD diamond films[J]. Key Engineering Materials, 2001, 202-203: 165-170.

[17] Chen R F, Zuo D W, Sun Y L, et al. Investigation on the machining of thick diamond films by EDM together with mechanical polishing[J]. Advanced Materials Research, 2007, 24-25: 377-382.

[18] 季国顺, 张永康. 激光抛光化学气相沉积金刚石膜[J]. 激光技术, 2003, 4: 106-109.

[19] Ozkan A M, Malshe A P, Brown W D. Sequential multiple-laser-assisted polishing of free-standing CVD diamond substrates[J]. Diamond and Related Materials, 1997, 6: 1789-1798.

[20]　Hireta A，Tokura H，Yoshikawa M. Smoothing of chemically vapour deposited diamond films by ion beam irradiation[J]. Thin Solid Films，1992，212：43-48.

[21]　Kiyohara S，Mori K，Miyamato I，et al. Oxygen ion beam assisted etching of single crystal diamond chips using relative oxygen gas[J]. Journal of Materials Science：Materials in Electronics，2001，12：477-481.

[22]　Toyoda N，Hagiwara N，Matsuo J，et al. Surface treatment of diamond films with Ar and O_2 cluster ion beams[J]. Nuclear Instruments and Methods in Physics Research B，1999，148：639-644.

[23]　Sirineni G M R，Naseem H A，Malshe A P，et al. Reactive ion etching of diamond as a means of enhancing chemically-assisted mechanical polishing efficiency[J]. Diamond and Related Materials，1997，6：952-958.

[24]　Hermanns H B，Long C，Weiss H. ECR plasma polishing of CVD diamond films[J]. Diamond and Related Materials，1996，5：845-849.

[25]　Zheng X F，Ma Z B，Zhang L，et al. Investigation on the etching of thick diamond film and etching as a pretreatment for mechanical polishing[J]. Diamond and Related Materials，2007，16（8）：1500-1509.

[26]　Man W D，Wang J H，Wang C，et al. Planarizing CVD diamond films by using hydrogen plasma etching enhanced carbon diffusion process[J]. Diamond and Related Materials，2007，16（8）：1455-1458.

[27]　马泳涛,孙玉静,陈五一. 热铁盘法高速抛光 CVD 金刚石[J]. 北京航空航天大学学报,2008,34（4）：413-416.

[28]　Wang C Y，Zhang F L，Kuang T C，et al. Chemical/mechanical polishing of diamond films assisted by molten mixture of $LiNO_3$ and KNO_3[J]. Thin Solid Films，2006，496：698-702.

[29]　Malshe A P，Park B S，Brown W D，et al. A review of techniques for polishing and planarizing chemically vapor-deposited（CVD）diamond films and substates[J]. Diamond and Related Material，1999，8：1198-1213.

[30]　Grillo S E，Field J E，van Bouwelen F M. Diamond polishing：The dependency of friction and wear on load and crystal orientation[J]. Journal of Physics D：Applied Physics，2000，33（6）：985-990.

[31]　Pierson H O. Handbook of Carbon，Graphite，Diamond and Ful-Lerene：Properties，Processing and Applications[M]. Noyes：ParkRidge，1993.

[32]　Sung-Hoon K. Planarization of the diamond film surface by using the hydrogen plasma etching with carbon diffusion process[J]. The Korean Chemical Society，2001，1（45）：351-356.

[33]　Pimenov S M，Kononenko V V，Ralchenko V G，et al. Laser polishing of diamond plates[J]. Applied Physics A，1999，69（1）：81-88.

[34]　Leech P W，Reeves G K，Holland A. Reactive ion etching of diamond in CF_4，O_2，O_2 and Ar-based mixtures[J]. Journal of Materials Science，2004，10：3453-3459.

[35]　Bell L，Fung M K，Zhang W J，et al. Effects at reactive ion etching of CVD diamond[J]. Thin Solid Film，2000，5：222-226.

[36]　Jiao G R，Huang S C，Zhou L，et al. Review of polishing technology of CVD diamond films[J]. China Mechanical Engineering，2011，22（1）：118.

[37]　Chen Y，Zhang L C，Arsecularatne J A. Polishing of polycrystalline diamond by the technique of dynamic friction. Part 2：Material removal mechanism[J]. International Journal of Machine Tools and Manufacture，2007，47（10）：1615-1624.

[38]　王季陶. 现代热力学及热力学学科全貌[M]. 上海：复旦大学出版社，2005.

[39]　大连理工大学无机化学教研室. 无机化学[M]. 北京：高等教育出版社，2001.

[40]　Butenko Y V，Kuznetsov V L，Chuvilin A L，et al. Kinetics of the graphitization of dispersed diamonds at "low" temperatures[J]. Journal of Applied Physics，2000，88（7）：4380-4387.

[41]　Davies G，Evans T. Graphitization of diamond at zero pressure and at a high pressure[J]. Proceedings of the Royal

Society of London Series A-Mathematical and Physical Sciences, 1972, 328: 413-427.

[42] Andreev V D. Spontaneous graphitization and thermal disintegration of diamond at $T>2000K$[J]. Physics of the Solid State, 1999, 41 (4): 627.

[43] Qian J, Pantea C, Huang J, et al. Graphitization of diamond powders of different sizes at high pressure-high temperature[J]. Carbon, 2004, 42: 2691-2697.

[44] Shimada S, Tanka H, Higuchi M, et al. Thermo-chemical wear mechanism of diamond tool in machining of ferrous metals[J]. Annals of the CIRP, 2004, 53 (1): 57-60.

[45] Howes V R. The graphitization of diamond[J]. Proceedings of the Physical Society, 1962, 80: 648-653.

[46] Li C M, Chen L X, Wang L M, et al. The properties of free-standing diamond films after plasma high temperature treatment of the rapid heating[J]. Diamond and Related Materials, 2011, 20: 492-495.

[47] Paul E L, Evans C J, Mangamelli A, et al. Chemical aspects of tool wear in single point diamond turning[J]. Precision Engineering, 1996, 18: 4-19.

[48] Chen G C, Zhou Z Y, Li B, et al. Behaviour of self-standing CVD diamond film with different dominant crystalline surfaces in thermal-iron plate polishing[J].Chinese Physics Letters, 2006, 23 (8): 2266-2268.

[49] Wang S B, Sun Y J, Tian S. Surface graphitization analysis of cerium-polished HFCVD diamond films with micro-Raman spectra[J]. Journal of Rare Earths, 2008, 26 (3): 362-366.

[50] Jin S, Graebner J E, Tiefel T H, et al. Polishing of CVD diamond by diffusional reaction with manganese powder[J]. Diamond and Related Materials, 1992, 1 (9): 949-953.

[51] Huang S T, Zhou L, Xu L F, et al. A super-high speed polishing technique for CVD diamond films[J]. Diamond and Related Materials, 2010, 19: 1316-1323.

[52] Furushiro N, Higuchi M, Yamaguchi T, et al. Polishing of single point diamond tool based on thermo-chemical reaction with copper[J]. Precision Engineering, 2009, 33 (4): 486-491.

[53] Field J E. Appendix: Tables of Properties in the Properties of Natural and Synthetic Diamond[M]. London: Academic Press, 1992.

[54] Harrison J A, Colton R J. Investigation of the atomic-scale friction and energy dissipation on diamond using molecular dynamics[J]. The Solid Films, 1995, 60: 205-211.

[55] Gogotsi Y G, Kailer A, Nickel K G. Pressure-introduce phase transformations in diamond[J]. Journal of Applied Physics, 1998, 4 (3): 1299-1304.

[56] Wang C Y, Chen C, Song Y X. Mechanochemical polishing of single crystal diamond with mixture of oxidizing agents[J]. Key Engineering Materials, 2006, 315-316: 852-855.

[57] Iwai M, Suzuki K, Uematsu T, et al. A study on dynamic friction polishing of diamond, 1st report: Application to polishing of single crystal diamond[J]. Journal of the Japan Society for Abrasive Technology, 2002, 46 (2): 82-87.

[58] 谢有赞. 金刚石理论与合成技术[M]. 长沙: 湖南科学技术出版社, 1993.

[59] Johnson O. Catalysis and the interstitial-electron model for metals[J]. Journal of the Research Institute for Catalysis Hokkaido University, 1972, 20 (2): 125-151.

[60] Cheng C Y, Tsai H Y, Wu C H, et al. An oxidation enhanced mechanical polishing technique for CVD diamond films[J]. Diamond and Related Materials, 2005, 14 (3-7): 622-625.

[61] Ollison C D, Brown W D, Malshe A P, et al. A comparison of mechanical lapping versus chemical-assisted mechanical polishing and planarization of chemical vapor deposited (CVD) diamond[J]. Diamond and Related Materials, 1999, 8 (6): 1083-1090.

[62]　Lee J K, Anderson M W, Gray F A, et al. Oxidation of CVD diamond powders[J]. Diamond and Related Materials, 2004, 13: 1070-1074.

[63]　John P, Polwart N, Troupe C E, et al. The oxidation of (100) textured diamond[J]. Diamond and Related Materials, 2002, 11: 861-866.

[64]　Tokuda N, Umezawa H, Ri S G, et al. Roughening of atomically flat diamond (111) surfaces by a hot HNO_3/H_2SO_4 solution[J]. Diamond and Related Materials, 2008, 17: 486-488.

[65]　Tokuda N, Takeuchi D, Ri S G, et al. Flattening of oxidized diamond (111) surfaces with H_2SO_4/H_2O_2 solutions[J]. Diamond and Related Materials, 2009, 18: 213-215.

[66]　Charrier G, Lévy S, Vigneron J, et al. Electroless oxidation of boron-doped diamond surfaces: Comparison between four oxidizing agents: Ce^{4+}, MnO_4^-, H_2O_2 and $S_2O_8^{2-}$ [J]. Diamond and Related Materials, 2011, 20: 944-950.

[67]　Hocheng H, Chen C C. Chemical-assisted mechanical polishing of diamond film on wafer[J]. Materials Science Forum, 2006, 505-507: 1225-1230.

[68]　姜兆华. 应用表面化学与技术[M]. 哈尔滨: 哈尔滨工业大学出版社, 2002.

[69]　王光祖, 贾英伦. 金刚石表面的化学状态对其性能的影响[J]. 工具金刚石, 2002 (2): 34-39.

[70]　Saw K G, du Plessis J. Diamond growth on faceted sapphire and the charged cluster model[J]. Journal of Crystal Growth, 2005, 279: 349-356.

[71]　Ley L. Preparation of low index single crystal diamond surfaces for surface science studies[J]. Diamond and Related Materials, 2011, 20: 418-427.

[72]　Heinicke G. Tribochemistry[M]. Berlin: Akademie-verlag, 1984.

[73]　Gutman E M. Mechanochemistry of Solid Surfaces[M]. Singapore: World Scientific Publishing Co. Ptc. Ltd, 1994.

[74]　王季陶. 现代热力学[M]. 上海: 复旦大学出版社, 2010.

[75]　Greenwood J A, Willlamson J B P. Contact of nominally flat surfaces[J]. Proceedings of the Royal Society of London Series A-Mathematical and Physical Sciences, 1966, 295: 300-319.

[76]　Fischer-Cripps A C. The hertzian contact surface[J]. Journal of Materials Science, 1999, 34 (1): 129-137.

[77]　Chen Y, Zhang L C, Arsecularatne J A, et al. Polishing of polycrystalline diamond by the technique of dynamic friction, part 1: Prediction of the interface temperature rise[J]. International Journal of Machine Tools and Manufacture, 2006, 46 (3-4): 580-587.

[78]　Xie Y, Williams J A. The prediction of friction and wear when a soft surface slides against a harder rough surface[J]. Wear, 1996, 196 (1-2): 21-34.

[79]　Kennedy F E. Frictional Heating and Contact Temperatures[M]. Boca Raton: CRC Press, 2000.

[80]　Leonard J B, Thomas W, Colin P, et al. A theory of pad conditioning for chemical-mechanical polishing[J]. Journal of Engineering Mathematics, 2004, 50 (1): 1-24.

[81]　Zhu A B, Li P, Zhang Y F, et al. Influence of particles on the loading capacity and the temperature rise of water film in ultra-high speed hybrid bearing[J]. Chinese Journal of Mechanical Engineering, 2015, 28 (3): 541-548.

第 5 章　金刚石膜的机械抛光技术

5.1　概　　述

由于金刚石是自然界最硬的材料，早期采用金刚石粉对金刚石膜进行研磨抛光。其过程如下：首先，用粗粒径的金刚石粉对金刚石膜进行研磨，去除金刚石膜表面由于生长而形成的原始粗糙峰；然后，采用粒径较小的金刚石粉进行研磨，直到所有的划痕达到此种尺寸金刚石粉能造成的最小划痕；依此类推，减小金刚石粉尺寸，不断对金刚石膜表面进行抛光，直到达到所要求的抛光程度。该方法依赖金刚石粉的尺寸。大尺寸（粒径>10μm）的金刚石粉可以获得较快的材料去除率。为了获得较高的表面质量，逐渐减小金刚石粉的粒径。当金刚石粉的粒径小于 1μm 时，材料去除率很低，加工效率较低，获得的表面质量可以达到 Ra50～100nm[1]。机械抛光设备比较简单，成本较低，技术要求不高，可以获得较高的表面平坦度，因此，目前粗加工过程普遍采用机械抛光法。除了采用游离磨料机械抛光法，还可以采用固结磨料机械抛光法及金刚石砂轮磨削法。基于相同的去除机理，国外采用金刚石膜对磨抛光法实现金刚石膜的抛光并取得了一定的效果。以下对游离磨料机械抛光、固结磨料机械抛光、金刚石砂轮磨削及金刚石膜对磨抛光等机械抛光法进行简要的介绍。

5.2　游离磨料机械抛光

游离磨料机械抛光是通过在抛光盘上添加含有金刚石、SiC 等超硬磨料的抛光液，抛光液随着抛光盘的旋转进入工件和抛光盘界面，实现对金刚石的去除。游离磨料机械抛光不涉及磨粒磨损问题，但需要对磨粒的运动轨迹进行控制，以获得均匀的工件表面抛光效果。游离磨料机械抛光的材料去除率与磨料种类、粒径、抛光盘结构及抛光工艺参数等有关，抛光后金刚石的表面形貌与磨料粒径、运动轨迹及抛光工艺参数有一定的关系。

5.2.1　试验条件与检测方法

试验所用的金刚石膜为直流电弧等离子喷射 CVD 法沉积的多晶金刚石膜。金刚石膜的长、宽、高分别为 10mm、10mm、0.4mm。图 5.1 为其原始表面的扫描电镜（scanning electron microscope，SEM）照片和超景深显微镜照片，可以看出其表面粗糙，晶粒粗大（粒径约 50μm，甚至超过 100μm），棱角分明。金刚石膜的表面粗糙度 Ra 约 13μm，Rz 约 89μm。

(a) 扫描电镜照片

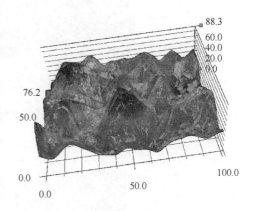

(b) 超景深显微镜照片(单位：μm)

图 5.1　金刚石膜原始表面形貌（彩图见封底二维码）

　　游离磨料机械抛光金刚石膜时依次用粒径为 10μm、5μm、2μm 和 0.5μm（记为 W10、W5、W2、W0.5）的金刚石粉作为抛光液中的磨料，分别抛光 2h。游离磨料机械抛光 CVD 金刚石膜的示意图如图 5.2 所示。抛光试验采用 UNIPOL-1502 型自动精密研磨抛光机（图 5.3）。抛光时所用抛光盘为带纹理的 B_4C 盘（图 5.4），试验前，用卧式精密磨床对 B_4C 盘进行修整，使其表面具备一定的粗糙度，然后用去离子水冲洗干净。抛光压强为 266.7kPa，抛光盘的转速为 60r/min，工件的转速为 23r/min。

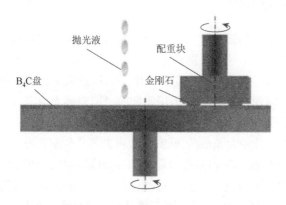

图 5.2　游离磨料机械抛光 CVD 金刚石膜的示意图

图 5.3　UNIPOL-1502 型自动精密研磨抛光机

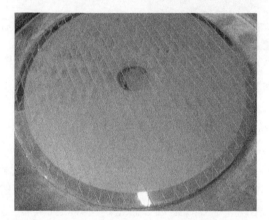

图 5.4　游离磨料机械抛光时采用的带纹理的 B_4C 盘

5.2.2　试验结果与分析

固结磨料抛光盘（电镀金刚石盘）自锐性很差，大颗粒金刚石磨粒一旦磨损，就会失去切削作用。由于这些大颗粒金刚石无法自动脱落，较低的尖锐金刚石颗粒无法与金刚石膜接触，也不能产生切削作用，材料去除率急剧下降。采用游离磨料可以解决磨料磨损问题。图 5.5 是采用不同粒径磨料抛光金刚石膜时的材料去除高度，从图中可以看出，采用粒径为 10μm 的磨料抛光 2h 后，可以把金刚石膜原始粗糙峰完全去除。采用粒径为 5μm 的磨料只能将大部分金刚石膜原始粗糙峰去除，采用粒径为 2μm 和 0.5μm 的磨料只能去除小部分金刚石膜原始粗糙峰。如果单用某一粒径的磨料对金刚石膜抛光，无法实现金刚石膜的快速去除和良好的表面质量。因此，有必要逐渐减小磨料粒径，对金刚石膜进行逐级抛光。首先采用粒径为 10μm 的磨料将金刚石膜的大原始粗糙峰快速去除，然后采用粒径为 5μm 的磨料将粒径为

10μm 的磨料加工残留的粗糙峰去除,最后采用粒径为 2μm 和 0.5μm 的磨料实现最终的抛光。试验结果表明,粒径为 10μm、5μm、2μm、0.5μm 的磨料合理的抛光时间分别为 2h、1h、2h、2h。

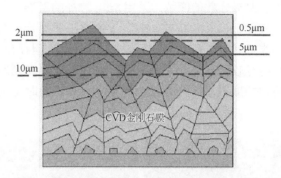

图 5.5　采用不同粒径磨料抛光金刚石膜时的材料去除高度示意图

为了进一步研究逐级机械抛光的效果,采用 Talysurf CLI 2000 型三维表面形貌仪测量经上述四种粒径的磨料抛光后金刚石膜的表面粗糙度。如图 5.6(a)所示,金刚石膜原始表面粗糙度 Ra 为 13μm,经 10μm 粒径的磨料抛光后表面粗糙度 Ra 迅速下降为 84.4nm,经 5μm、2μm、0.5μm 三种粒径的磨料抛光后表面粗糙度 Ra 分别为 59.1nm、47.1nm、42.2nm。从图 5.6(b)中可以看出,抛光加工中的材料去除率随着磨料粒径的减小依次降低,分别为 5.649mg/h、2.167mg/h、0.327mg/h 和 0.015mg/h,说明磨料的粒径越大,抛光过程中对金刚石膜的机械作用越大。金刚石膜原始表面存在较高的粗糙峰,采用 10μm 粒径的磨料抛光时,材料去除率较大,且金刚石膜表面粗糙度迅速降低,效果较明显。此后金刚石膜表面粗糙度下降缓慢,经 0.5μm 粒径的磨料抛光后,金刚石膜表面粗糙度变化很小,难以降低到 40nm 以下,这可能与其脆性剥落的去除机理有关。因此,机械抛光只适合粗加工金刚石膜,为了提高表面质量,应对其进行化学机械抛光。

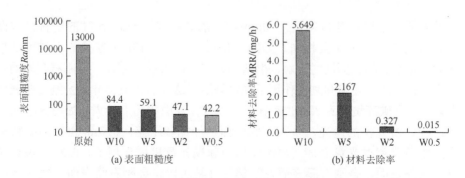

图 5.6　不同粒径磨料抛光后金刚石膜表面粗糙度和材料去除率

　　图 5.7 为采用四种粒径磨料抛光得到的金刚石膜表面的显微照片。采用 10μm 粒径的磨料抛光后，金刚石膜表面非常粗糙，存在大量的粗糙峰，但是与金刚石膜的原始表面相比，大量体积较大的尖峰被去除，粗糙峰变得分散，粗糙峰高度也明显降低，出现了大量分散的凹坑。采用 5μm 粒径的磨料抛光后，金刚石膜表面依然存在凹坑，表面仍旧非常粗糙，但是棱角不再如原始表面那样分明。采用 2μm 粒径的磨料抛光后，金刚石膜表面基本上已经平坦，但存在一些破碎的痕迹，一些较高的粗糙峰已经较为光滑。采用 0.5μm 粒径的磨料抛光后，金刚石膜表面进一步平整，表面粗糙度减小，但是减小的幅度不大，此时金刚石膜表面出现了一些划痕和裂纹。

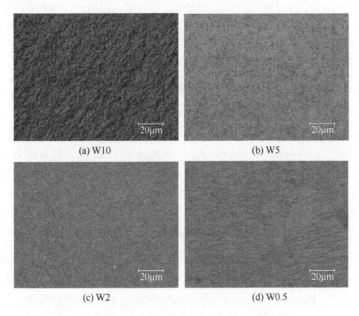

图 5.7　不同粒径磨料抛光后金刚石膜表面显微照片

　　结合图 5.8 可以分析得出，10μm 粒径的磨料和 0.5μm 粒径的磨料机械抛光时材料去除过程不完全相同。如图 5.8（a）所示，10μm 粒径的磨料可以与抛光盘和金刚石膜表面同时接触，磨料颗粒在界面滚动、划擦。金刚石膜表面材料在磨粒的挤压、碰撞和划擦作用下脆性剥落。这种脆性剥落导致金刚石膜表面存在许多脆性破碎坑，亚表面也存在一些裂纹，表面粗糙度较大。如图 5.8（b）所示，经过前几轮的抛光，金刚石膜表面已经比较平整。0.5μm 粒径的磨料堆积在金刚石膜和抛光盘之间，在流体作用和抛光盘机械作用下，磨粒划擦和撞击金刚石膜表面，金刚石膜表面发生解理并被去除。金刚石膜表面一些区域已经形成镜面，但是经过后续金刚石磨粒棱角的划擦，金刚石膜表面出现划痕和微裂纹。尽管后续采用 0.5μm 粒径的磨料长时间抛光，金刚石膜表面粗糙度变化不大，而且其材料去除率与化学机械抛光相比已经没有优势。

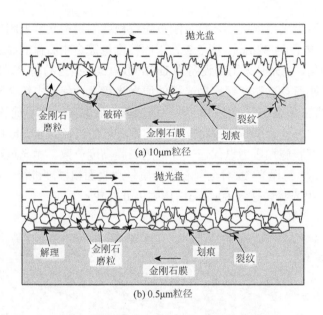

(a) 10μm粒径

(b) 0.5μm粒径

图 5.8　游离磨料机械抛光金刚石膜去除机理

5.3　固结磨料机械抛光

固结磨料机械抛光一般采用电镀金刚石盘对金刚石膜进行抛光。电镀金刚石盘表面通过电镀形式附着许多金刚石磨粒，金刚石磨粒粒径随电镀金刚石盘种类的不同而不同。研磨时，电镀金刚石盘贴在抛光机的抛光盘上，金刚石膜贴在抛光头上，二者相对转动，金刚石磨粒就会在金刚石膜表面划擦以实现金刚石的材料去除。电镀金刚石盘使用简单，可以获得较规整的形状。抛光初期由于电镀金刚石盘表面金刚石磨粒比较尖锐，材料去除率较高，因此，可以用于金刚石膜或单晶金刚石的粗加工。

5.3.1　试验条件与检测方法

试验所用的金刚石膜仍然为直流电弧等离子喷射 CVD 法沉积的多晶金刚石膜。金刚石膜的长、宽、高分别为 10mm、10mm、0.4mm。采用扫描电镜和超景深显微镜观察金刚石膜表面形貌，采用 Talysurf CLI 2000 型三维表面形貌仪测量抛光前后金刚石膜表面粗糙度。抛光前金刚石膜表面十分粗糙，晶粒粗大（粒径约 50μm，甚至超过 100μm），棱角分明，表面粗糙度 Ra 约 13μm，Rz 约 89μm。

电镀金刚石盘采用电镀工艺将金刚石粉沉积在不锈钢底盘上制作而成，其外径为 220mm，内径为 32mm。图 5.9 为不同粒度电镀金刚石盘的显微形貌，金刚石颗粒分布均匀。抛光时采用的设备为 UNIPOL-1502 型自动精密研磨抛光机。试验时将电镀金刚石盘粘贴在研磨抛光机的原抛光盘上（保证电镀金刚石盘与原抛光盘同心），将三片金刚石膜用 302 改性丙烯酸酯胶黏剂（以下简称 302 胶）黏结在配重块上，三片金刚石膜等距分布在配重块表面直径为 80mm 的圆上，通过配重块对金刚石膜施加压力以保证三片金刚石膜高度一致。抛光过程中持续稳定地滴加去离子水，每抛光 2h 对金刚石膜的质量和表面粗糙度进行一次检测。抛光时间均为 8h，抛光盘转速为 60r/min，压强为 0.2MPa。

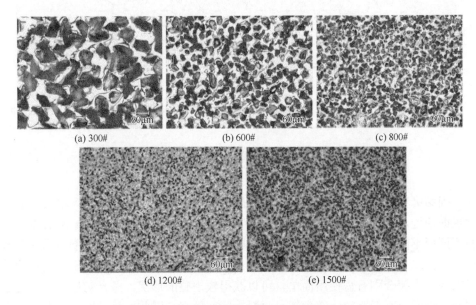

(a) 300#　　　　　　　　(b) 600#　　　　　　　　(c) 800#

(d) 1200#　　　　　　　　　(e) 1500#

图 5.9　不同粒度电镀金刚石盘的显微形貌

5.3.2　电镀金刚石盘粒度对抛光的影响

图 5.10 是不同粒度电镀金刚石盘抛光金刚石膜 2h 时的材料去除率。可以看出，随着电镀金刚石盘粒度的减小，金刚石膜的材料去除率也急剧减小。300#粒度的电镀金刚石盘抛光金刚石的材料去除率为 1.75mg/h，远高于 600#粒度的电镀金刚石盘抛光金刚石的材料去除率（0.4mg/h）和 800#粒度的电镀金刚石盘抛光金

刚石的材料去除率（0.1mg/h）。这主要是因为 300#粒度的电镀金刚石盘的磨料较粗，粗大而锋利的磨粒使得电镀金刚石盘表面十分粗糙，非常有利于金刚石膜的材料去除，因此，300#粒度的电镀金刚石盘适合进行粗抛光。

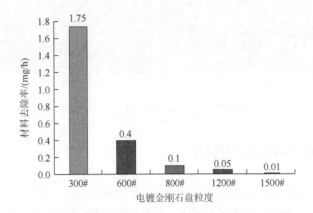

图 5.10　不同粒度电镀金刚石盘抛光时的材料去除率

　　不同粒度电镀金刚石盘的材料去除率差别较大，在 2h 内很难将金刚石膜表面原始粗糙峰去除，影响表面粗糙度的测量。为此，采用 300#、600#、800#、1200#粒度的电镀金刚石盘对一组金刚石膜依次抛光 8h 以优化抛光工艺。图 5.11（b）是 300#粒度的电镀金刚石盘抛光金刚石膜 8h 后的表面形貌。可以看出，金刚石膜表面粗糙峰还没有完全去除，如果将此金刚石膜再用 600#、800#、1200#粒度的电镀金刚石盘分别抛光 8h，金刚石膜表面粗糙峰几乎完全被去除。图 5.11（c）和（d）分别为 800#和 1200#粒度的电镀金刚石盘抛光金刚石膜 8h 后的表面形貌。可以看出，经过 1200#粒度的电镀金刚石盘抛光后金刚石膜表面的原始粗糙峰已基本被去除完毕，表面比较光洁。

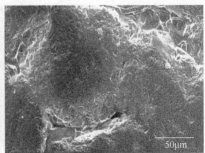

　　(a) 原始表面　　　　　　　　　　　(b) 300#

(c) 800#　　　　　　　　　　　(d) 1200#

图 5.11　不同粒度电镀金刚石盘抛光后金刚石膜的表面形貌

5.3.3　抛光时间对抛光的影响

　　不同粒度电镀金刚石盘可以达到的表面质量不同。一般来说，细粒度的电镀金刚石盘可以获得较好的表面质量，但材料去除率较低。图 5.12～图 5.14 分别是不同粒度电镀金刚石盘抛光不同时间时材料去除量和表面粗糙度的变化。由图 5.12 可见，在 6～8h 的抛光过程中，虽然材料去除量很大，但表面粗糙度的变化很小，说明 $Ra3.65\mu m$ 已经接近 300#粒度的电镀金刚石盘所能够达到的抛光极限，同理，800#粒度的电镀金刚石盘的抛光极限为 $Ra0.41\mu m$，1200#粒度的电镀金刚石盘的抛光极限为 $Ra120nm$。此外，从图中还可以看出，300#、800#、1200#粒度的电镀金刚石盘在抛光时，金刚石膜的表面粗糙度和材料去除量的变化幅度都是逐渐变缓的。这是因为在抛光的起始阶段，金刚石膜表面粗糙，只有少数的

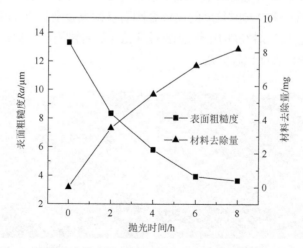

图 5.12　300#粒度的电镀金刚石盘抛光后金刚石膜的变化曲线图

尖峰参与抛光，实际接触压强大，非常有利于材料的去除；随着抛光的进行，尖峰不断被去除，金刚石膜的实际接触面积不断扩大，实际接触压强减小，同时电镀金刚石盘上的磨粒也随着抛光的进行不断被磨损，如图 5.15 所示。抛光速率逐渐下降，到一定阶段以后抛光速率趋于稳定。因此，对于电镀金刚石盘来说，金刚石磨粒磨损是材料去除得以持续的最大障碍。对小面积金刚石膜的快速抛光，电镀金刚石盘具有一定的优势；但对于大面积金刚石膜，电镀金刚石盘的磨粒一旦磨损，材料去除率就降至很低。从图 5.16 中可以看出，金刚石膜的抛光表面积随抛光时间的延长越来越大，最终连成一片。抛光过程可以看作尖峰的磨钝，其间实际接触面积增加，导致抛光压强降低，进而导致材料去除率降低。

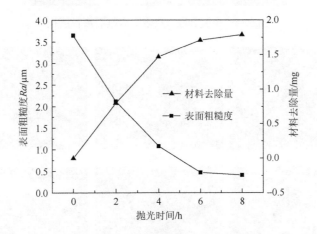

图 5.13　800#粒度的电镀金刚石盘抛光后金刚石膜的变化曲线图

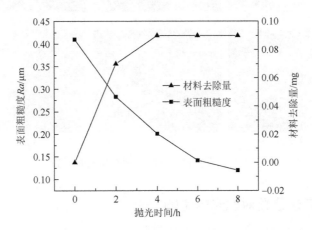

图 5.14　1200#粒度的电镀金刚石盘抛光后金刚石膜的变化曲线图

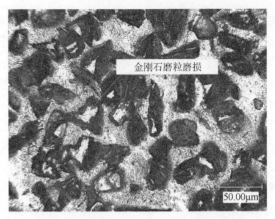

图 5.15　电镀金刚石盘表面金刚石磨粒磨损

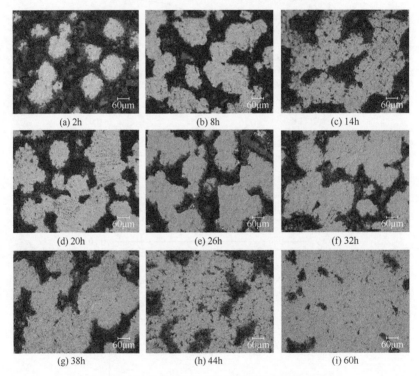

图 5.16　不同抛光时间金刚石膜表面形貌

5.3.4　抛光工艺参数对抛光的影响

图 5.17 是抛光工艺参数对金刚石膜材料去除量的影响。可以看出，随着抛光压力增大，材料去除量增大。随着抛光盘转速增大，材料去除量也增大。但是，

过高的抛光压力会使金刚石膜发生碎裂，而过高的抛光盘转速会导致抛光温度升高，使黏合胶熔化，金刚石膜脱落。

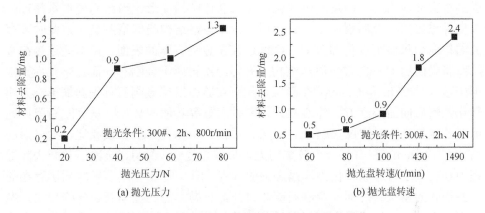

图 5.17　不同抛光工艺参数对材料去除量的影响

5.3.5　金刚石膜材料机械抛光的去除机理

金刚石晶体中每个碳原子均以共价键的方式与最邻近的四个碳原子结合形成四面体，该四面体在三维空间相互联结，形成原子密度最高的等轴面心立方晶系[2]。碳原子以这种高密度强共价键存在，使得金刚石具有很强的结合力和稳定性，同时具有很强的方向性。压力及金刚石的自身特性使得金刚石在抛光过程中的材料去除存在微破碎、石墨化和解理这三种形式。

1. 微破碎

在抛光初期，金刚石膜与电镀金刚石盘的实际接触面积远小于理论接触面积，因此金刚石膜上的实际接触压强远高于理论接触压强。在高的相对滑动速度条件下，电镀金刚石盘上锋利的高点与金刚石膜的尖峰猛烈撞击，使得对振动和冲击非常敏感的金刚石膜尖峰很容易产生微裂纹，在持续的撞击下微裂纹逐渐扩大，最终使得尖峰碎裂并形成纳米甚至微米量级的碎片，造成金刚石膜材料的去除。在抛光过程中，锋利的金刚石磨粒以较高的速度撞击金刚石膜表面的尖峰，也会造成自身的破碎。因此，随着抛光的进行，金刚石磨粒和金刚石膜尖峰不断破碎、去除，两者的实际接触面积增大，接触压强相应减小，金刚石膜表面微破碎速度减小，去除率逐渐降低。

2. 石墨化

金刚石膜的机械抛光可以认为是磨粒与金刚石膜表面相互撞击和作用的

结果。在大载荷作用下，电镀金刚石盘上锋利的高点划擦金刚石膜表面的过程中，部分属于软晶面的金刚石膜尖峰由于原子之间的结合力相对较弱，在局部受到很大的应力时，键角发生变化，导致晶体结构变形。当结构变形量超过一定值并出现第一个断裂的 C—C 键后，立体晶格结构随即遭到破坏，此时残存的结构应力虽然可以使部分 C—C 键连接在金刚石膜的表面，但这些连接在金刚石膜表面的 C—C 键残渣从结构上看已经不再属于金刚石，而是转化为无定形碳结构[3]。Yin 和 Cohen[4]在静压金刚石实验中发现金刚石首先向简单立方相转化，然后向面心立方、体心立方、密排六方等其他相转化。从金刚石膜抛光前后的拉曼光谱对比图（图 5.18）可以看出，与抛光前的曲线相比，抛光后的曲线在 1480cm^{-1} 左右有一个较宽的无定形碳拉曼峰，说明在金刚石材料去除过程中存在金刚石态碳转化为非晶态碳的过程。图 5.19 中金刚石颗粒周围存在的一些松软的絮状碎片即非金刚石碳。另外，与抛光前的金刚石拉曼峰相比，抛光后的金刚石拉曼峰存在 1.45cm^{-1} 的偏移量，这是金刚石膜在承受压应力时峰带向高波数漂移的结果[5]。

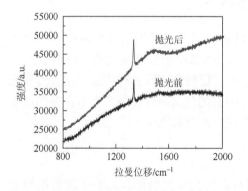

图 5.18　金刚石膜抛光前后的拉曼光谱

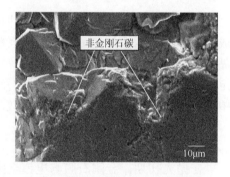

图 5.19　金刚石膜表面扫描电镜图片

3. 解理

金刚石属于高脆性固体材料，其不同晶面和晶向存在很大的强度差异，这导致抛光过程中解理破坏和解理台阶的形成[6]。在金刚石的所有晶面中(111)面的相对碳密度最大，其面间距也最大，所以(111)面是最易解理的晶面。当外界的输入能量高于(111)面的结合能时，(111)面就会发生解理断裂，出现沟槽，甚至发生晶粒碎裂。随着部分晶粒发生碎裂，作用于其余尖峰的压强明显增加，并发生解理、断裂或者碎裂。图 5.20 为抛光过程中金刚石膜表面和电镀金刚石盘磨粒表面的解理现象。

(a) 金刚石膜表面　　　　　　　　　　　(b) 电镀金刚石盘磨粒表面

图 5.20　金刚石的表面解理

综上所述，采用电镀金刚石盘抛光金刚石膜时，随着电镀金刚石盘粒度的减小，去除率逐渐变缓，但获得的最终表面质量变好。采用粒度逐级减小的电镀金刚石盘进行抛光，最终表面粗糙度 Ra 可以达到 0.120μm。通过分析抛光前后金刚石膜表面的形貌及拉曼光谱，表明金刚石膜的抛光过程同时存在微破碎、解理及局部金刚石相转化为非晶态碳的过程。

5.4　金刚石砂轮磨削

相比于电镀金刚石盘，金刚石砂轮具有较好的自锐性。在对金刚石进行磨削时，磨损的金刚石磨粒由于磨削力增加而脱落，从而露出新的金刚石磨粒并参与磨削。目前一般采用陶瓷结合剂金刚石砂轮或金属催化剂金刚石砂轮对 CVD 金刚石或 PCD 进行磨削，可以获得较高的材料去除率。

5.4.1　陶瓷结合剂金刚石砂轮磨削

采用金刚石砂轮磨削金刚石膜一般要求磨削设备具有较大的刚度，否则机床振动会导致金刚石膜碎裂。金刚石砂轮粒径过大也会导致切削力增大。Shrestha 等[7]采用刀具刃磨床对 CVD 金刚石进行磨削，研究表明，陶瓷结合剂金刚石砂轮具有较大的强度，适合对 CVD 金刚石的特殊外形进行磨削。在磨削过程中，金刚石砂轮的粒径对磨削有较大的影响。金刚石砂轮的粒径越大，金刚石的材料去除率越小。这主要是因为粒径较大的金刚石砂轮容易受到较大的磨削力，产生磨损。一旦磨损，材料去除率降低，磨削的表面质量变差。如图 5.21 所示，在三种粒径的金刚石砂轮中，7μm 粒径的金刚石砂轮可以获得较好的表面形貌及规整的边缘结构；20μm 粒径的金刚石砂轮磨削得到的表面较为粗糙。

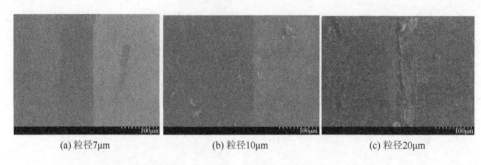

(a) 粒径7μm　　　　　　　(b) 粒径10μm　　　　　　　(c) 粒径20μm

图 5.21　磨削后 CVD 金刚石形貌[7]

　　从磨削工艺参数角度，随着磨削速度的增加，材料去除率有所增加，随着进给量的增加，材料去除率有所减小。金刚石属于超硬材料，在每次进给时实际切深小于预想切深，以至于后续磨削过程切深过大，切削力增加，导致工件边缘崩碎[7]。

　　从机械去除角度，要实现刀具对工件的材料去除：第一，刀具硬度比工件硬度大；第二，金刚石砂轮磨粒具有较好的锋刃性。由于金刚石晶体具有各向异性，金刚石晶体沿不同方向的硬度差别较大。金刚石砂轮表面磨粒的晶向是随机分布的，总有磨粒硬度较大的方向与工件接触。因此，磨削过程中，材料去除依赖工件表面金刚石的晶向分布。如果 CVD 金刚石的晶向不一致，则磨削过程中硬度较大晶向的材料去除率较低，硬度较小晶向的材料去除率较高。磨削后金刚石膜会呈现凸凹不平的表面。由于金刚石具有很强的解理性，与普通砂轮不同，金刚石砂轮的磨料通过脱落和解理，露出比较尖锐的磨粒，使磨削过程得以持续。

　　金刚石晶体有(100)面、(110)面和(111)面三种晶面。不同晶面上的硬度不同，各晶面硬度的顺序与面网密度的顺序一致，即(111)面＞(110)面＞(100)面。不同晶面的软方向和硬方向不同。图 5.22 是金刚石三种晶面软方向和硬方向的分布[8]。在金刚石膜的磨削过程中，材料去除率除了与工件和砂轮之间的相对滑动速度和压强有关，还与金刚石晶体的晶面和磨削方向有关。在软方向现已获得高达 1μm/s 的材料去除率，但硬方向的材料去除率较低。此外，在软方向进行抛光或磨削时，金刚石膜可以获得较光滑的表面；在硬方向进行抛光或磨削时，金刚石膜表面比较粗糙，且存在很多裂纹，如图 5.23 所示[9]。

　　机械磨削过程中金刚石膜的主要去除方式除了金刚石磨粒的切削、挤压和划擦，还有金刚石晶体的石墨化及金刚石晶体的解理和脱落[10]。在磨削过程中，金刚石砂轮上的磨粒沿作用力方向的运动不容忽视。磨粒与工件之间的划擦容易导致接触区域局部高温。当温度达到金刚石材料的热稳定温度（720～850℃）时，作用点处金刚石发生石墨化，从而被去除。石墨化也会发生在金刚石砂轮磨粒的微刃上，从而影响微刃的锋利性。钝化的微刃使工作环境再度恶化，为金刚石砂轮的自锐创造了条件。在磨削过程中，金刚石膜在尖锐磨粒的切削、挤压、划擦

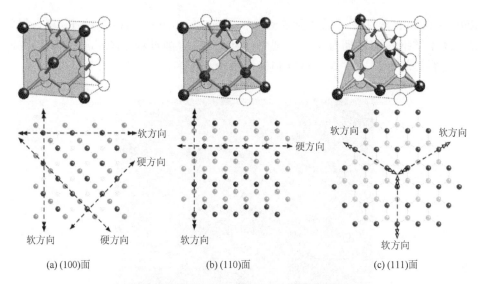

图 5.22 金刚石各向异性与软方向和硬方向[8]

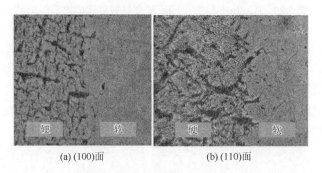

图 5.23 金刚石膜(100)面和(110)面软方向和硬方向抛光表面形貌[9]

作用下容易发生解理。因为(111)面的网间距比(110)面和(100)面的网间距都大，所以前者面与面之间容易被劈开，从而发生解理。一旦发生解理，材料去除率就会增加。值得一提的是，在 CVD 金刚石刀具的刃磨过程中，金刚石晶体严重的解理会影响刀具的刃口质量，因此，应采取措施避免冲击，严格控制解理现象。

5.4.2 金属催化剂金刚石砂轮磨削

由于金刚石与 Fe、Ni、Co 等黑色金属亲和性较好，在砂轮中添加 Fe 等黑色金属有助于金刚石的材料去除。燕山大学 Xu 等[11]在 Al_2O_3 为磨料、CuSn 合金基体的砂轮中添加 Fe，采用热压烧结法制备出(CuSn + Al_2O_3) + Fe 复合材料砂轮（图 5.24），对 CVD 金刚石膜进行磨削。金刚石膜的材料去除率在砂轮转速为

200～500r/min 条件下可以达到 5.57～70.32μm/h。(CuSn + Al$_2$O$_3$) + Fe 复合材料比 304 不锈钢和铸铁拥有更高的硬度，因此，在磨削过程中(CuSn + Al$_2$O$_3$) + Fe 复合材料砂轮磨损比常规不锈钢和铸铁砂轮小得多。

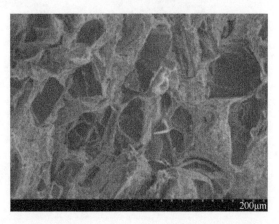

图 5.24　(CuSn + Al$_2$O$_3$) + Fe 复合材料砂轮的内部组织[11]

金刚石膜的材料去除率随着砂轮转速的增大而增大，当砂轮转速为 500r/min 时，(CuSn + Al$_2$O$_3$) + Fe 复合材料砂轮比不含 Fe 的砂轮拥有更高的材料去除率。这说明在转速较高时，磨削温度达到金刚石的石墨化温度，金刚石在 Fe 的催化作用下转变为石墨并被去除。图 5.25 是不同砂轮转速磨削得到的金刚石膜表面形貌，

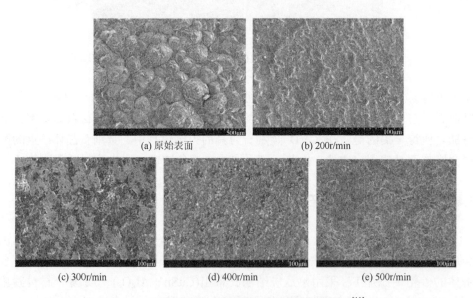

图 5.25　不同砂轮转速磨削得到的金刚石膜表面[11]

可以看出，砂轮转速越高，金刚石膜表面原始粗糙峰被去除得越干净，表面质量越好。对磨削后金刚石膜表面进行成分检测可以看出，当砂轮转速超过 500r/min 时，金刚石膜表面含有大量 Fe_2C。这说明在磨削过程中，金刚石与 Fe 发生了化学反应。因此，Fe 等黑色金属的添加有利于金刚石膜的材料去除。

5.5　金刚石膜对磨抛光

由于生产机理限制，CVD 金刚石膜表面一般具有锥形粗糙峰。CVD 金刚石膜表面的粗糙峰如同砂轮表面的金刚石磨粒，可以用于磨削。因此，有的学者使用 CVD 金刚石膜的粗糙表面作为磨削工具，实现不同材料的精密磨削[12]。这种方式不但极大提高了砂轮的耐磨性，而且改善了陶瓷工件的表面质量。

类似电镀金刚石盘，如果将两片带衬底的 CVD 金刚石膜对磨，也可以实现金刚石膜表面材料的去除。Tang 等[13]将两片边长为 7.5mm 的 CVD 金刚石膜以 100 次/min 的往复速度对磨，压力为 5N。图 5.26 为抛光前后两片 CVD 金刚石膜的表面形貌。

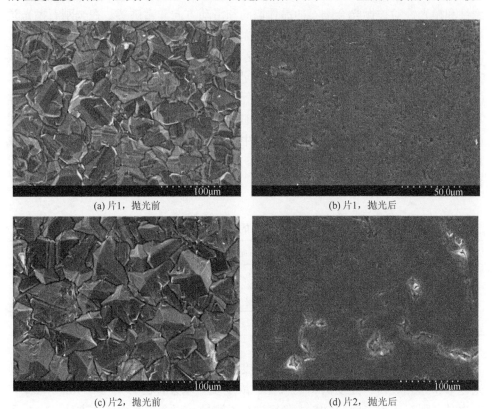

(a) 片1，抛光前　　　　　　　　　　　　　(b) 片1，抛光后

(c) 片2，抛光前　　　　　　　　　　　　　(d) 片2，抛光后

图 5.26　对磨的两片 CVD 金刚石膜抛光前和抛光后的表面形貌[13]

可以看出，抛光前，CVD 金刚石膜表面晶粒直径平均为 30μm，最大达到 80μm，CVD 金刚石膜表面粗糙度 Ra 分别为 5.2μm 和 3.2μm；经过 2h 抛光后，CVD 金刚石膜表面的粗糙峰几乎被去除，CVD 金刚石膜表面粗糙度 Ra 分别降为 1.35μm 和 0.55μm。该方法获得的材料去除率可以达到 10μm/h。抛光后，CVD 金刚石膜的透光性得到了较明显的改善。

这种方法适合较厚的金刚石膜，较薄的金刚石膜在抛光过程中容易发生碎裂。表面粗糙度 Ra 大于 10μm 的金刚石膜在抛光过程中剪切力比较大，也会造成金刚石膜的碎裂。由于没有其他材料参与抛光，该方法不会引入金属等元素污染。

5.6 单晶金刚石的机械抛光

随着金刚石制备技术的不断成熟，高温高压制备的单晶金刚石尺寸不断增大，已经接近厘米量级。CVD 法已经可以制备较大尺寸的单晶金刚石膜。目前，刀具领域的金刚石仍采用机械抛光方式实现刀具的刃磨。众所周知，单晶金刚石的耐磨性和抛光性对被抛光金刚石的晶体取向和滑动方向非常敏感。在金刚石抛光领域，一般使用软、硬方向描述金刚石的抛光特性，即在给定平面上，金刚石软方向的材料去除率最高，硬方向的材料去除率最低。表 5.1 显示了金刚石抛光的软方向和硬方向[14]。在(100)面和(110)面上沿<100>方向称为软方向，而在(100)面和(110)面上沿<110>方向及在(111)面上的所有方向称为硬方向。金刚石相对比较容易抛光的表面为<100>方向的(100)面和(110)面，(111)面的抛光极其困难，它在硬度和导热性方面优于其他平面。在实践中要避免在硬方向上抛光，否则很容易破坏金刚石膜或砂轮，而且抛光效率很低。因此，机械抛光需要确定晶面和方向后再进行。

表 5.1 金刚石抛光的软方向和硬方向[14]

晶面	硬方向	软方向
立方体(100)面	<110>	<100>
十二面体(110)面	<110>	<100>
八面体(111)面	<112>	<112>

抛光时金刚石的材料去除率很大程度上取决于晶体取向和抛光方向，以及抛光速率和抛光载荷，还受磨料的粒径、浓度及环境条件的影响[15]。Tolkowsky[16]首次对金刚石各个方向的材料去除率进行了测量，三个主平面（立方体、十二面体和八面体）上抛光的结果与方位角的函数如图 5.27 所示。

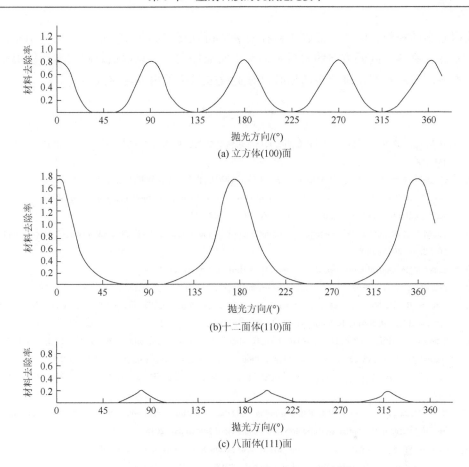

(a) 立方体(100)面

(b)十二面体(110)面

(c) 八面体(111)面

图 5.27　不同抛光方向金刚石材料去除率[16]

　　抛光效率除了与晶体取向和抛光方向有关，还与抛光速率和抛光载荷有关。一般来说，金刚石的材料去除率与抛光速率成正比，与抛光载荷也成正比。在用铸铁盘抛光金刚石时，金刚石的材料去除率与抛光速率并非呈线性关系，而是抛光载荷和抛光速率的函数。给定抛光速率，增大接触压强会使材料去除率增大；给定接触压强，增大抛光速率也会使材料去除率增大。当在低速和低压下抛光时，材料去除率不高，抛光盘磨损也比较严重。

　　抛光效率与摩擦系数也有一定的关系。在(100)面的<100>软方向和<110>硬方向上抛光的材料去除率和摩擦系数随抛光载荷而变。在<110>硬方向，摩擦系数在所用载荷范围内保持不变；在<100>软方向，摩擦系数随载荷增加而增大，即压强越高，能量耗散越大。<100>方向上的材料去除率随载荷的增加比<110>方向上的材料去除率随载荷的增加更快，因此，在较高载荷下，软方向和硬方向之间的抛光效率差异更大。抛光还受表面磨料的粒径和浓度的影响。较大粒径的磨料可获得较高的材料去除率，而较小粒径的磨料可获得较高的抛光质量。如果抛光盘经常加入磨料，则硬方向的材料去除率会明显增大。一旦提供足够的磨料以填充铸铁表面可用孔隙，进一步增加磨料时材料去除率不再显著增大。

参 考 文 献

[1] 苑泽伟，金洙吉，王坤，等. CVD 金刚石膜高效超精密抛光技术[J]. 纳米技术与精密工程，2011，9（5）：451-458.

[2] 孙毓超，刘一波，王秦生. 金刚石工具与金属学基础[M]. 北京：中国建筑工业出版社，1999.

[3] Jarvis M R，Pérez R，van Bouwelen M F，et al. Microscopic mechanism for mechanical polishing of diamond (110) surfaces[J]. Physical Review Letters，1998，80（16）：3428-3431.

[4] Yin M T，Cohen M L. Will diamond transform under megabar pressures？[J]. Physical Review Letters，1983，50（25）：2006-2008.

[5] Zaitsev A M. Optical Properties of Diamond[M]. Berlin：Springer，2001.

[6] 傅惠南，王晓红，姚强，等. 金刚石表面精密研磨机理的研究[J]. 工具技术，2004，38（9）：89-90.

[7] Shrestha R，He N，Li L，et al. Study on the mechanical grinding of CVD diamond[J]. International Journal of Advanced Manufacturing Technology，2015，78：565-572.

[8] Schuelke T，Grotjohn T A. Diamond polishing[J]. Diamond and Related Materials，2013，32：17-26.

[9] Second P G. Diamond technology production methods for diamond and gem stones[J]. Nature，1955，1：75.

[10] 王玉兴，王立江，唐艳芹. 用金刚石砂轮机械磨削人造多晶金刚石的研究[J]. 吉林工业大学学报，1996，26：74-78.

[11] Xu H Q，Zang J B，Tian P F，et al. Rapid grinding CVD diamond films using corundum grinding wheels containing iron[J]. International Journal of Refractory Metals and Hard Materials，2018，71：147-152.

[12] Guo B，Wu M T，Zhao Q L，et al. Improvement of precision grinding performance of CVD diamond wheels by micro-structured surfaces[J]. Ceramics International，2018，44：17333-17339.

[13] Tang C J，Neves A J，Fernandes A J S，et al. A new elegant technique for polishing CVD diamond films[J]. Diamond and Related Materials，2003，12：1411-1416.

[14] Dischler B，Wild C. Low-pressure Synthetic Diamond：Manufacturing and Applications[M]. Berlin：Springer，1998.

[15] Wilks J，Wilks E. Properties and Applications of Diamond[M]. Oxford：Butterworth-Heinemann，1991.

[16] Tolkowsky M. Research on the abrading，grinding or polishing of diamond[D]. London：University of London，1920.

第6章 金刚石膜的摩擦化学抛光技术

6.1 概 述

碳的同素异形体中，金刚石相是亚稳定相，而石墨相是稳定相。如果把金刚石膜与高温金属板接触，由于热金属的触媒催化作用，金刚石膜表面碳会发生石墨化。金刚石膜表面凸起部分最先石墨化，石墨化的碳原子扩散到金属板中，从而实现对金刚石膜抛光的目的，这就是热化学抛光技术。图 6.1 为热化学抛光示意图。抛光时金刚石与 Fe 基盘接触，并置于可以加热的密闭系统中。

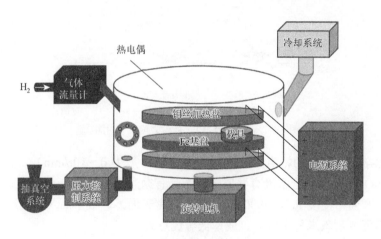

图 6.1 热化学抛光示意图

热化学抛光金刚石膜的抛光速率与抛光温度、抛光气氛等因素有关。抛光温度升高，石墨向抛光盘的扩散速率增大，抛光速率也增大。抛光温度低于 750℃时，石墨化程度很弱，材料去除率很低，几乎达不到抛光目的。抛光温度过高时，石墨化程度很激烈，会影响抛光质量，表面可能出现空穴。抛光气氛对抛光效果也有较大的影响。一般在真空环境中可获得最大的抛光速率，950℃时真空环境中的抛光速率可以达到 7μm/h[1]。在氢气气氛下可以获得更好的抛光表面。这是因为加热活化的氢原子与溶于抛光盘表面的碳原子反应，形成甲烷并排出，降低了抛光盘表面的碳浓度，使之可以保持较快的扩散速率，提高抛光效率。此外，氢气气氛避免了氧对金属的腐蚀，从而提高了抛光质量。用于抛光金刚石的金属均是溶碳性能比较好的过渡金属，如 Fe、Mn、Ni、Mo 等。这些金属可以降低金刚石膜向石墨转化的势垒，起到触媒的作用[2-5]。国内外学者研究这些金属对金刚石膜的抛光，发现使用 Fe 基盘可以获得最大的抛光效率。除此之外，CeNi 低共熔合金也被用于热化学抛光，可以明显降低抛光温度。稀土元素可以为热化学抛光提供充足的动力，确保 600℃时就可以达到好的抛光效果[6]。不同抛光时间的金刚石膜表面拉曼光谱成分检测表明，金刚石膜热化学抛光是金刚石石墨化和碳原子不断扩散的过程，其主要依靠金刚石膜表面碳原子的扩散来实现平整。由于金刚石膜与抛光盘之间接触区域温度分布不均匀，碳原子的扩散速率也有差异。碳原子向抛光盘扩散需要良好的接触条件，其原理如图 6.2 所示。在抛光开始阶段，由于界面接触条件的限制，金刚石石墨化处于优势状态；随着抛光的进行，金刚石膜与 Fe 基盘的接触面积增大，碳原子的扩散起到主要作用。金刚石膜的热化学抛光就是金刚石石墨化和碳原子不断扩散的过程，使粗糙不平的金刚石膜达到平整化的目的。

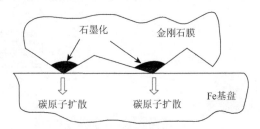

图 6.2　金刚石膜与 Fe 基盘之间的作用机理

热化学抛光技术的特点是 Fe 基盘转速低（一般为 0～10r/min），抛光压强小（约 40kPa），抛光过程中没有磨屑产生，具有抛光质量好（在一定的工艺条件下可加工出表面粗糙度 Ra 约 0.0055μm 的超精密表面）、效率高（在膜厚方向的材料去除率可达数微米每小时）、成本低等优点。

然而，热化学抛光方法存在一些问题：①热化学抛光一般在超过 800℃的高温条件下进行，采用对抛光盘整体加热的方法，容易导致抛光盘的变形，难以保证加工精度；②抛光盘上有昂贵的加热设备，使抛光盘的转速受到限制，影响抛光速率；③为了使金刚石膜加工表面石墨化，需要很高的接触压强，尤其是大尺寸金刚石膜需要的抛光压强大，容易使抛光盘变形；④在高温下，Fe、Ni 等溶碳软金属容易黏附在被加工表面，影响加工效率；⑤不能完全去除金刚石膜表面形成的碳化层，造成金刚石膜表面污染；⑥金刚石膜尺寸增大时，抛光盘尺寸也需加大，难以保证面型精度。

为解决上述问题，去掉昂贵复杂的加热设备和通气设备，研制一种高致密度、高强度、高硬度及抗高温氧化性溶碳合金基抛光盘是关键。此外，一方面改全接触式抛光为半接触式抛光，以降低抛光压强，从而减小变形，提高精度；另一方面增大抛光盘转速，降低正面压强，使金刚石膜表面局部达到碳化温度，既提高抛光效率，又不至于在金刚石膜表面形成裂纹，从而解决当前金刚石膜抛光过程中系统复杂、抛光效率低、抛光质量不高等问题。

针对此问题，Iwai 等[7]、Suzuki 等[8]提出摩擦化学抛光技术，其装置示意图如图 6.3 所示。该技术是在大气环境下借助抛光盘与金刚石膜之间的高速（抛光线速度为 12～25m/s，抛光压强为 3～7MPa）摩擦作用使加工区域局部达到金刚石石墨化转变所需的温度（通常为 600～800℃），利用加工区域的摩擦-热化学复合作用实现金刚石膜快速抛光。与热化学抛光技术相比，摩擦化学抛光技术去掉了笨重的加热设备和复杂的通气设备，以局部接触代替整体受热，减小抛光盘的变形，是一种较为实用的技术。以下详细介绍摩擦化学抛光盘、抛光装置、抛光工艺及抛光机理。

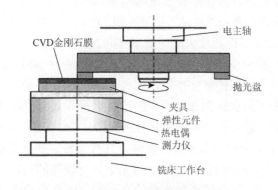

图 6.3　摩擦化学抛光装置示意图

6.2　摩擦化学抛光盘的制备

根据金刚石摩擦化学抛光理论，金刚石与铁族等金属元素亲和性较好，摩擦化学抛光盘材料一般采用这些金属元素。根据国外学者研究的金刚石刀具与金属元素接触时金刚石刀具的磨损情况，在 900℃的真空条件下，与 Al、Ca、Ti、Cr、Fe、Co、Ni、Ag、Pb、Bi 等接触时，金刚石膜表面产生侵蚀坑，与 B、Mg、Si、V、Au、Zn、Cd、Hg、Ge、Se、Te、Zr、Mo、Sn、Ta、W 等接触时，金刚石膜表面不产生侵蚀坑[9]。但以 B、Mo、W 等为衬底，在采用 CVD 法沉积金刚石的过程中，温度达到 1000℃时界面处产生碳化物。以此推断，在更高温度条件下金刚石与上述三种材料接触时仍有可能产生侵蚀。

目前抛光盘使用的主要材料是铸铁、304 不锈钢、inconel718 和 Ni 等。这些材料抛光金刚石膜虽然具有较高的速率，但是硬度低、强度小、抗高温耐磨性能差，在金刚石膜的抛光过程中氧化磨损严重，金刚石膜（特别是大面积金刚石膜）的抛光精度和表面粗糙度较差，也不能进行持续的抛光。因此，开发硬度高、强度高、高温抗氧化性和磨损性好的抛光盘对于金刚石膜的抛光起着关键的作用。

　　Ti 是强碳化合物元素，可以夺取钢基中的碳或其他碳化物中的碳并生成 TiC[10]。以从 Al、Cr、Mn、Fe、Co、Ni、Cu 等中选择一种或数种元素和 Ti 形成金属化合物为主要成分的抛光盘是一种有前途的方法。目前以这些元素为主要元素的高强度、耐高温合金的研究也比较多。

　　日本东北工业技术研究所的 Sun 等[11]通过对 TiAl 合金的脉冲烧结得到了粒度小于 1μm 的等轴颗粒，这些颗粒具有很高的断裂强度和硬度，而且烧结体致密度较高，有较高的耐磨性。中南工业大学粉末冶金国家重点实验室的刘咏等[12]将 TiAl 合金添加适量 Cr 以提高其延性，添加难熔金属 Nb 以改善其高温抗氧化性能。Shagiev 等[13]采用机械合金化结合热压法制备 TiAl 合金，并研究了 Ti-47Al-3Cr 在 800～1200℃下的高温力学性能，结果表明，在高于 1000℃时 Ti-47Al-3Cr 表现出超塑性，并在 1200℃得到最大的伸长率（402%）。

　　另外，金刚石膜摩擦化学抛光盘的工作温度需达到 600℃，这就要求：一方面，抛光盘必须具有较强的催化作用，即包含未配对 d 电子，具有一定的晶格结构；另一方面，为了避免在抛光过程中的过度磨损和氧化，抛光盘必须具有较高的高温硬度和强度及较好的高温抗氧化性能。Fe、Cr、Ni 三种金属都具有未配对 d 电子，而且 FeNiCr 合金对石墨合成金刚石具有良好的催化效果。以这三种金属为主要成分的不锈钢在金刚石膜热化学抛光中具有较高的材料去除率。由于选取具有较高硬度的 Fe 和 Cr 保证了抛光盘的高硬度，而且添加适量的 Ti，在材料制备过程中生成一定量的 TiC 颗粒，增加了抛光盘材料的硬度和强度。此外，余量的 Ti 会提高材料的高温抗氧化性能。

　　除此之外，WMoCr 合金也具有较好的催化性能和力学性能，具有用于金刚石膜摩擦化学抛光的前景。本节以 FeNiCr 合金、TiAl 合金及 WMoCr 合金为例，阐述金刚石膜摩擦化学抛光盘的制备方法。

6.2.1　FeNiCr 合金抛光盘

　　金属材料的制备方法较多，如熔炼、激光溶覆、喷涂、烧结、气相沉积等，其中最常用的方法就是熔炼。传统热化学抛光使用的 Fe 盘、不锈钢盘、Ni 盘等都是由熔炼法制备的，但是熔炼法制备的金属内部晶粒十分粗大，容易产生偏析，材料的力学性能、耐磨性和抗氧化性能均较差。近年来，机械合金化（mechanical alloying，MA）结合烧结技术被用来制备高性能的高温材料和耐磨材料[14, 15]。此前的研究[16, 17]表明，机械合金化结合放电等离子烧结（mechanical alloying-spark plasma sintering，MA-SPS）技术能够制备硬度较高（维氏硬度大于 1000HV）、抗氧化性能较好[氧化抛物线速率常数为 $0.1787\text{mg}^2/(\text{cm}^4\cdot\text{h})$] 的 FeNiCr 合金,但是由于目前国产放电等离子烧结设备限制,无法烧结出大尺寸的 FeNiCr 合金。本节系统介绍 MA-SPS 技术及机械合金化结合热压烧结(mechanical alloying-hot press sintering,MA-HPS)技术制备 FeNiCr 合金抛光盘材料。这种技术的优点在于:①材料内部晶粒较小,仍保留大量的晶格变形和晶界,成分均匀,力学性能较好;②抗氧化性能和高温硬度都有所提高,可以根据要求设计材料组分。

图 6.4 为摩擦化学抛光盘的制备过程。首先将不锈钢粉(主要成分为 Fe、Ni、Cr)和 Ti 粉加入机械高能球磨罐中,在钢球的长期撞击下,金属粉末细化、变形,形成非晶合金粉末,同时 Ti 粉与过程控制剂正庚烷反应生成一定量的 TiC 颗粒,分散在合金粉末中;然后进行烧结(放电等离子烧结或热压烧结),使合金粉末形成合金试样;最后经过线切割形成所需形状,并黏结到金属基体上形成抛光盘。

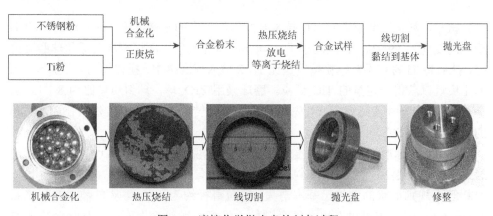

图 6.4　摩擦化学抛光盘的制备过程

1. 机械合金化

机械合金化[18]是通过机械高能球磨,使欲活化或合金化的粉末在频繁碰撞过程中发生强烈的塑性变形、冷焊后形成具有片层状结构的合金粉末,这种粉末因加工硬化而破碎,破碎后的粉末露出新鲜的原子表面,极易发生焊合,经过不断的破碎、冷焊、再破碎、再冷焊过程,其组织结构不断细化,最终达到原子级混合而实现合金化的目的。

本书的机械合金化采用南京大学研制的 QM-1SP2 行星式球磨机,如图 6.5(a)所示。该设备可实现 0~580r/min 无级调速,转速比(公转:自转)为 1:2,可实现手动和自动正反转控制、自动关机等功能。如图 6.5(b)所示,球磨时,球磨罐一方面随底盘公转,另一方面绕自身中心旋转。球磨罐中的钢球在这两种运动下无规则碰撞的概率明显增加。欲活化合金粉末随机地在钢球之间受到撞击,发生变形。球磨机转速越高,合金粉末活化的力度就越大。

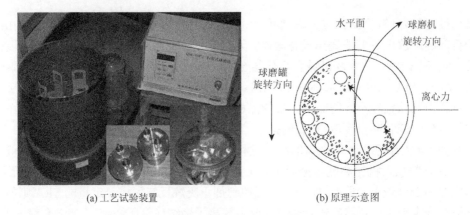

(a) 工艺试验装置　　　　　　　　　　　(b) 原理示意图

图 6.5　机械合金化工艺试验装置和原理示意图

　　试验原料选用北京蒙泰有研技术开发中心生产的不锈钢粉（0Cr18Ni9）和 Ti 粉，纯度均为 99.9%，粒度均小于 150μm。首先利用正庚烷清洗磨球和球磨罐内壁，然后将 Ti 粉和不锈钢粉按质量比 1∶8 放入球磨罐中，搅拌均匀，并加入 8ml 的正庚烷以获得一定量的 TiC 颗粒。磨球采用 ZrO_2 球，球料质量比为 8∶1。试验时，向球磨罐中充入氩气，首先在 250r/min 的转速下球磨 70h，然后在 380r/min 的转速下球磨 50h。

　　图 6.6 为球磨后 FeNiCr 合金粉末的表面形貌。从图 6.6（a）中可以看出，经过长时间球磨后，合金粉末粒度分布比较均匀，颗粒呈球状，原来的条状、块状等不规则形状的颗粒已基本消失，颗粒直径约为 40μm。从单颗粒的高倍照片 [图 6.6（b）] 中可以看出，每个颗粒由许多小颗粒冷焊而成。从合金粉末的截面 [图 6.6（c）] 可以看出，球磨后颗粒内部引入较大变形，并呈多层结构，这有利于改善烧结后材料的力学性能。图 6.7 是图 6.6（b）中颗粒的扫描电镜微区能谱分析。在 FeNiCr 合金粉末中，Fe、Cr、Ni、Ti 的质量分数分别是 61.20%、16.01%、11.11%、11.68%，接近原始添加成分比。

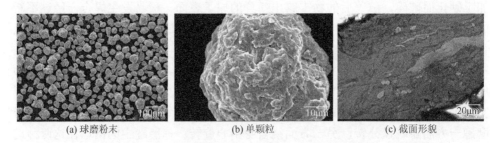

(a) 球磨粉末　　　　　　　　　(b) 单颗粒　　　　　　　　　(c) 截面形貌

图 6.6　球磨后 FeNiCr 合金粉末的表面形貌

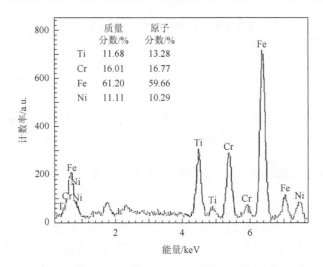

	质量 分数/%	原子 分数/%
Ti	11.68	13.28
Cr	16.01	16.77
Fe	61.20	59.66
Ni	11.11	10.29

图 6.7 FeNiCr 合金粉末的扫描电镜微区能谱分析

2. 放电等离子烧结过程

如图 6.8 所示，放电等离子烧结的原理是在压实的颗粒样品上施加由特殊电源产生的支流脉冲电压，通过瞬时产生的放电等离子使被烧结体内部的每个颗粒均匀地自身发热和使颗粒表面活化，因而具有非常高的热效率，可以在相当短的时间内使被烧结体达到致密化，获得力学性能优良的烧结体[19]。

放电等离子烧结试验采用日本生产的 SPS-3.20MKII 放电等离子烧结机进行，如图 6.9 所示。用 180 目筛子对经机械合金化处理的粉末进行筛选，放入放电等离子烧结机中进行烧结，烧出直径为 20mm、厚 5mm 的抛光盘丸片。在烧结过程中最大压强为 49MPa，开始烧结时脉冲电流为 800A，在烧结前系统降到 6～8Pa 的真空度。表 6.1 是放电等离子烧结制备 FeNiCr 合金试样的条件。

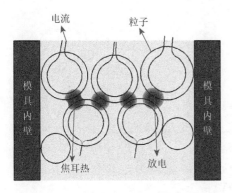

图 6.8 放电等离子烧结原理图

图 6.9 SPS-3.20MKII 放电等离子烧结机

表 6.1　放电等离子烧结制备 FeNiCr 合金试样的条件

编号	成分（质量分数）	球磨时间	烧结制度			
试样 1#	不锈钢 + 11%Ti	300h	温度/K	373	1023	1123	1173
			持续时间/min	2	2	2	10
试样 2#	不锈钢 + 11%Ti	300h	温度/K	373	1173	1273	1273
			持续时间/min	2	5	2	10

3. 放电等离子烧结 FeNiCr 合金抛光盘性能表征

1）X 射线衍射分析

图 6.10 是不锈钢粉与 Ti 粉经 300h 球磨后 FeNiCr 合金粉末和经 1273K 放电等离子烧结后 FeNiCr 合金试样的 X 射线衍射图。由图 6.10 曲线 a 可以看出，金属粉末经过长时间的球磨，经历了反复的破碎、冷焊、再破碎、再冷焊过程，已形成多层状合金粉末。由于在这一过程中形成了大量的晶格缺陷，衍射峰并拢在一起，出现宽化、弱化。由图 6.10 曲线 b 可以看出，球磨合金粉末经 1273K 放电等离子烧结后出现了 $Cr_{0.19}Fe_{0.7}Ni_{0.11}$ 峰。该材料的基体成分与不锈钢成分接近，含有 Fe、Ni、Cr 等亲碳性元素，这些元素对金刚石有很强的腐蚀作用，为实现与金刚石膜的热化学反应提供了可能。此外，还可以看到 TiC 峰，说明在不锈钢粉、Ti 粉的 MA-SPS 过程中反应生成了 TiC，即 Ti 是强碳化合物元素，可以夺取钢基中的碳或其他碳化物中的碳并生成 TiC。在球磨过程中由 Ti 夺取正庚烷中的碳而生成 TiC，其反应为：$7Ti + C_7H_{16} \longrightarrow 7TiC + 8H_2$。反应生成的 H_2 有助于提高球磨过程中粉末的抗氧化性。

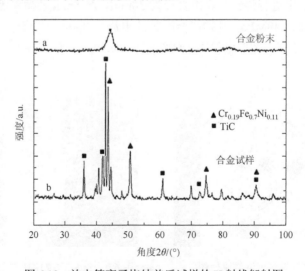

图 6.10　放电等离子烧结前后试样的 X 射线衍射图

2）微结构分析

图 6.11（a）、（b）分别是 1273K 放电等离子烧结 FeNiCr 合金试样经抛光后表面的光学显微镜照片和经抛光腐蚀后表面的扫描电镜照片。图中浅色部分为 TiC 颗粒，灰色部分为 FeNiCr 基体。可以看出，球磨过程中 Ti 颗粒与不锈钢颗粒粒度不断减小，活化能增加。Ti 与周围的正庚烷反应生成 TiC，TiC 颗粒在 FeNiCr 基体中分布较为均匀。由于 TiC 的硬度远高于不锈钢的硬度，在后续球磨过程中 TiC 受到碰撞并嵌入 FeNiCr 基体中。反复冷焊作用使 TiC 颗粒在 FeNiCr 基体中分布均匀，有效地改善了 FeNiCr 合金的力学性能。

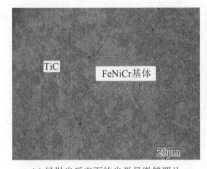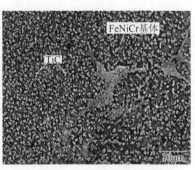

(a) 经抛光后表面的光学显微镜照片　　　　　(b) 经抛光腐蚀后表面的扫描电镜照片

图 6.11　放电等离子烧结 FeNiCr 合金试样的表面形貌（烧结温度为 1273K）

从图 6.12 中可以看出，经过放电等离子烧结后，FeNiCr 合金试样表面质量较好，没有明显的氧化物颗粒，颗粒间孔隙较少，整体致密度较高。不过在较高放大倍数下 FeNiCr 合金试样的局部表面存在微小的孔隙，这是由于金属粉末中含有硬质相 TiC，使得颗粒在外力作用下塑性变形较难，出现孔隙。

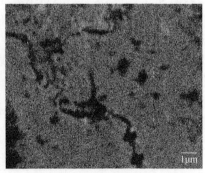

(a) ×1000　　　　　　　　　　　　　(b) ×10000

图 6.12　放电等离子烧结 FeNiCr 合金试样抛光腐蚀面的电子显微镜照片（烧结温度为 1273K）

图 6.13（a）是图 6.12（a）中 *A* 点微区的能谱分析结果，从图中可以看出 Ti 原子分数为 12.47%，而且 Ti 是强碳化合物元素，容易夺取钢基或其他碳化物中的碳并生成 TiC，所以 TiC 原子分数为 12.47%。另外，由于 Fe 是碳的溶剂，有 6%左右的碳渗入 FeNiCr 基体中，从而进一步提高烧结体的硬度和耐磨性。图 6.13（b）是图 6.12（b）中腐蚀面小颗粒区域的能谱分析结果，从图中可以看出 FeNiCr 合金试样腐蚀后小颗粒区域碳原子分数较大，为 45.10%，也表明小颗粒为含碳化合物。

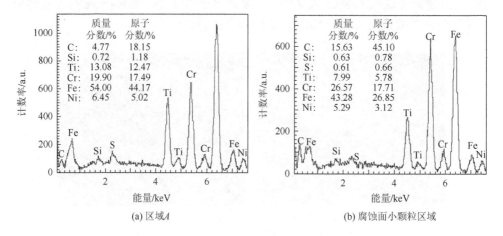

(a) 区域*A*　　　　　　　　　　　　　　(b) 腐蚀面小颗粒区域

图 6.13　放电等离子烧结 FeNiCr 合金试样扫描电镜微区能谱分析

仅显示主要元素含量

3）硬度分析

表 6.2 为两种烧结温度下得到放电等离子烧结 FeNiCr 合金试样的硬度和密度。与不锈钢（硬度一般为 170～530HV）相比，经过 MA-SPS 处理后，材料硬度有较大的提高。可见，采用 FeNiCr 合金抛光金刚石膜时在硬度方面较不锈钢优势明显。这主要是因为在球磨过程中金属颗粒受到反复的碰撞，产生了大量位错等晶格缺陷，颗粒内部储存了大量的能量。另外，FeNiCr 合金粉末在球磨过程中原位生成了硬质相 TiC，硬质颗粒在烧结过程中阻碍了晶粒的长大。并且，由于 FeNiCr 基体与硬质相 TiC 有一定的位相关系，界面能量提高，使晶粒内部微结构发生变化，能量状态提高，从而使位错运动困难，塑性变形困难，即强度和硬度提高。

表 6.2　两种烧结温度下得到放电等离子烧结 FeNiCr 合金试样的硬度和密度

试样	烧结温度/K	球磨时间/h	维氏硬度/HV	洛氏硬度/HRC	密度/(g/cm³)
试样 1#	1173	300	726.80	61.2	7.30
试样 2#	1273	300	983.78	68.8	7.21

　　另外，从表 6.2 中可以看出，与烧结温度为 1173K 时相比，烧结温度为 1273K
时放电等离子烧结 FeNiCr 合金试样的硬度大幅提高，表明烧结温度对最终合金试
样的硬度影响较大。这主要是因为对于熔点高达 1500～1600℃的不锈钢，在较低
温度下烧结，颗粒的塑性变形较难，颗粒长得较小，无法形成致密的烧结体，从
而硬度较低。随着烧结温度的提高，颗粒易产生塑性变形，再加上球磨过程储存
了较高的能量，所以在远低于熔点的温度下烧结就可以形成较高的致密度，从而
提高其刚度和硬度。图 6.14 为放电等离子烧结 FeNiCr 合金试样沿直径方向的硬
度分布图。可见，在烧结温度低时，由于反应不完全，硬度沿直径方向相差不大；
而在烧结温度高时，由于温度分布不均匀，硬度沿直径方向差异较大，显示出
FeNiCr 合金具有很高的硬度。

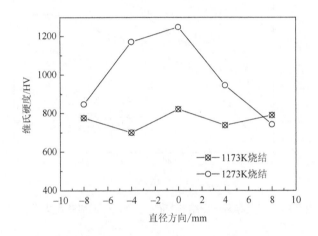

图 6.14　放电等离子烧结 FeNiCr 合金试样沿直径方向的硬度分布

4）高温抗氧化性能分析

　　摩擦化学抛光金刚石膜过程中抛光盘与空气直接接触，很容易被氧化，
因此需要研究抛光盘材料的高温抗氧化性能。图 6.15 为放电等离子烧结
FeNiCr 合金试样在 1000℃下的氧化动力学曲线。图 6.16 为放电等离子烧结
FeNiCr 合金试样在 1000℃下的氧化增重的平方$(\Delta m)^2$与时间 t 的关系曲线，
可以看出$(\Delta m)^2$与 t 基本呈线性关系，表明 FeNiCr 合金试样的氧化动力学曲
线遵循抛物线规律。

　　根据瓦格纳（Wagner）氧化动力学理论[20]，金属的氧化速率由正、负离子通
过氧化膜的扩散控制，假设 $t = 0$ 时，$\Delta m = 0$，则

$$(\Delta m)^2 = K_\mathrm{p} t \tag{6.1}$$

式中，K_p 为材料的氧化抛物线速率常数。由图 6.15 的数据经计算表明：烧结温度为 1173K 时，FeNiCr 合金试样的 K_p 为 0.3447mg^2/(cm^4·h)；烧结温度为 1273K 时，FeNiCr 合金试样的 K_p 为 0.1787mg^2/(cm^4·h)。显然，烧结温度为 1273K 时的 FeNiCr 合金试样具有更好的高温抗氧化性能。经分析表明，高温下所产生的氧化产物主要包括 Fe$_2$O$_3$、TiO$_2$、Cr$_2$O$_3$ 等，如图 6.17 所示。不锈钢在 1000℃的 K_p 约为 40.85mg^2/(cm^4·h)。经过 1273K 的烧结，FeNiCr 合金试样的高温抗氧化性能明显优于不锈钢。

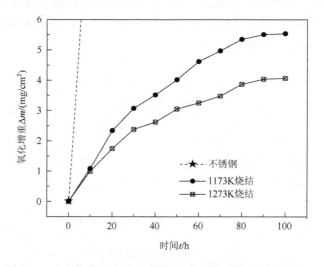

图 6.15　放电等离子烧结 FeNiCr 合金试样的氧化动力学曲线

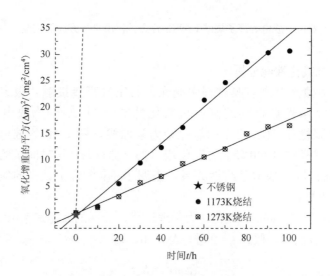

图 6.16　放电等离子烧结 FeNiCr 合金试样氧化增重的平方随时间变化曲线

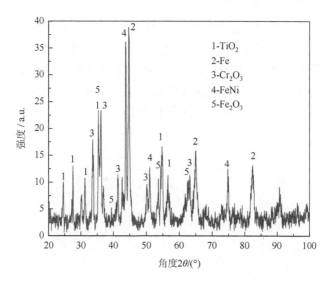

图 6.17　FeNiCr 合金试样表面氧化层 X 射线衍射图

4. 热压烧结过程

　　FeNiCr 合金抛光盘的热压烧结采用真空碳管炉。真空碳管炉具有加热速度快、真空度高、温度可控制和进行气体保护等特点，适合烧结金属、陶瓷及一些难熔金属间化合物等。相比于放电等离子烧结，热压烧结具有烧结成本低、烧结尺寸大等优点。图 6.18 和图 6.19 分别是热压烧结装置的实物图和示意图。烧结时，首先将石墨模具内壁均匀地涂一层六方氮化硼（hexagonal BN，hBN）粉，其具有良好的耐高温性和润滑性，可以防止高温熔化的金属液体黏结到模具表面；然

图 6.18　热压烧结装置实物图

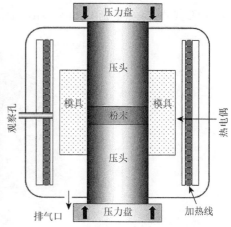

图 6.19　热压烧结装置示意图

后用筛子选取粒径小于 33μm 的机械合金粉，倒入模具内铺平，垫上石墨纸，机械合金粉在石墨模具上下压头的作用下两边受压，烧出直径为 50mm、厚 5mm 的圆片。烧结过程中最大压强为 26MPa，烧结前系统降到约 $4×10^{-3}$Pa 的真空度，最高烧结温度为 1150℃。烧结升温过程和加压过程如图 6.20 所示。在达到最高温度后 10min 逐渐加压，避免升温膨胀和外部压强的共同作用使烧结体受到过大压力。

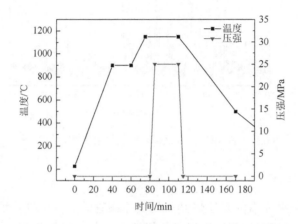

图 6.20　热压烧结 FeNiCr 合金试样的升温曲线和加压曲线

　　热压烧结试样用线切割切成外径为 50mm、内径为 36mm、厚 5mm 的环，中间切去的圆面用于性能检测。将切割好的环用 TS812 氧化铜高温结构胶黏结到加工好的抛光盘基体上。为了防止其脱落，将抛光盘基体加工成与环间隙配合的槽，在槽内和环上均匀涂上 TS812 氧化铜高温结构胶，将环黏结在槽内。在干燥箱内先 80℃烘烤 2h，再 150℃烘烤 2h，最终制备出 FeNiCr 合金抛光盘，如图 6.21 所

图 6.21　热压烧结 FeNiCr 合金抛光盘

示。将制备出的 FeNiCr 合金抛光盘装在抛光试验台电主轴上，用电镀金刚石砂轮进行修整，以去除表面变质层和获得较平整的表面。

5. 热压烧结 FeNiCr 合金抛光盘性能表征

1）X 射线衍射分析

图 6.22 是热压烧结 FeNiCr 合金抛光盘材料的 X 射线衍射图。从图中可以看出，合金粉末经热压烧结后，含有较强的 $Cr_{0.19}Fe_{0.7}Ni_{0.11}$ 峰，该材料的基体成分与不锈钢成分接近，均含有 Fe、Ni、Cr 等亲碳性元素。这些元素对金刚石有很强的侵蚀作用，为实现与金刚石膜的热化学反应提供了可能。此外，还可以看到 TiC 峰，这说明在不锈钢粉、Ti 粉的 MA-HPS 过程中反应生成了 TiC。Ti 是强碳化合物元素，可以夺取钢基中的碳或其他碳化物中的碳并生成 TiC，可见，在本次球磨过程中 Ti 夺取正庚烷中的碳而生成了 TiC，其反应为：$7Ti + C_7H_{16} \longrightarrow 7TiC + 8H_2$。硬质相 TiC 有助于提高抛光盘材料的强度，提高抛光盘材料的耐磨性能，同时使抛光盘不容易黏结到金刚石膜表面。由于机械球磨过程中使用 ZrO_2 磨球，合金试样中含有一定量的 ZrO_2。

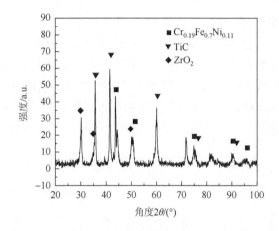

图 6.22　热压烧结 FeNiCr 合金抛光盘材料的 X 射线衍射图

2）微结构和硬度分析

图 6.23 为热压烧结 FeNiCr 合金抛光盘材料的表面形貌。抛光盘材料表面质量较好，没有明显的氧化物颗粒，颗粒间孔隙较少，整体致密度较高。另外，抛光盘材料硬度对金刚石膜的摩擦化学抛光具有很重要的影响。高硬度不仅可提高抛光盘的耐磨性，而且可减小抛光盘的变形，使其保持一定的面型精度，有利于在金刚石膜抛光过程提高抛光精度和延长抛光盘寿命。如果抛光盘容易磨损，抛光盘表面起伏不平，会使金刚石膜表面的抛光精度得不到保证。此外，磨屑会带

走大量的热量，使得温度难以升高，影响抛光效率。采用 MA-HPS 技术制备的 FeNiCr 合金抛光盘材料具有较高的硬度，高达 65HRC，比经常使用的不锈钢（约 29HRC）和铸铁（200～400HB）要高得多。

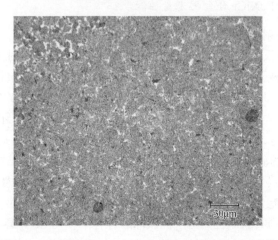

图 6.23　热压烧结 FeNiCr 合金抛光盘材料的表面形貌

3）高温抗氧化性能分析

在摩擦化学抛光过程中，金刚石和抛光盘均暴露在空气中。由摩擦产生的高温使抛光盘极容易氧化。产生的氧化产物不仅会阻止金属催化金刚石向石墨转变，而且会加速抛光盘的磨损。因此，摩擦化学用抛光盘材料应具备较高的高温抗氧化性能。图 6.24 是 FeNiCr 合金抛光盘材料和不锈钢在空气中 1000℃氧化 80h 得到的氧化动力学曲线。从该曲线可以看出，氧化增重与时间呈线性关系。氧化动

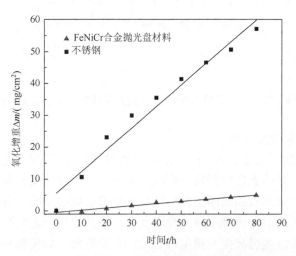

图 6.24　热压烧结 FeNiCr 合金抛光盘材料和不锈钢在 1000℃氧化 80h 的氧化动力学曲线

力学曲线的斜率可以反映物质的抗氧化性能。斜率越大，材料的抗氧化性能越差；斜率越小，材料的抗氧化性能越好。从图中可以看出，FeNiCr 合金抛光盘材料和不锈钢的斜率分别是 0.0683mg/(cm²·h) 和 0.678mg/(cm²·h)。FeNiCr 合金抛光盘材料的高温抗氧化性能是不锈钢的近 10 倍。

6.2.2 TiAl 合金抛光盘

TiAl 合金的密度低、高温强度高、抗氧化性能和阻燃性好，能够在抛光过程中保持较高的强度[20, 21]。添加 1%～3% 的 Cr 能够提高双态合金的塑性，添加少量 Nb、W 等能够提高材料的抗氧化性能，因此，在制备 TiAl 合金抛光盘时，除了选用 Ti 粉、Al 粉，还添加了少量 Cr 粉、Nb 粉等以改善抛光盘的性能。

1. 机械合金化

TiAl 合金抛光盘机械合金化过程与 FeNiCr 合金抛光盘类似。首先，将磨球和罐用无水乙醇清洗干净并吹干；其次，按 Ti∶Al∶Cr 质量比为 46∶52∶2 称量金属粉末，并拌匀倒入球磨罐中，添加正庚烷或其他过程控制剂；再次，向球磨罐中充入氩气保护气体并球磨 70～100h，加入 1% 的氮气重新球磨 150h；最后，将机械合金化粉末取出。

图 6.25 是经过 600h 球磨后 TiAl 合金粉末的表面形貌。机械合金化是一个不断破碎、冷焊、再破碎、再冷焊的过程。金属颗粒在这一过程由晶体转化为非晶态，外表呈面团状。金属颗粒内部储存了大量的变形能，在较低的温度下可以烧结致密，对材料的性能有极大的改善。另外，经过相互之间的破碎、黏结，球磨前单独的金属粉末已经不存在了，而是形成与设定成分接近的合金粉末。

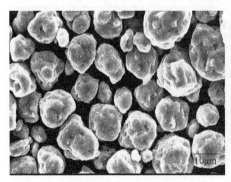

图 6.25 球磨 600h 后 TiAl 合金粉末的表面形貌

图 6.26 是图 6.25 中 TiAl 合金粉末的扫描电镜微区能谱分析。在 TiAl 合金粉末中，Ti、Al、Cr 的质量分数分别是 44.75%、51.95%、3.30%，接近原始添加的成分比。

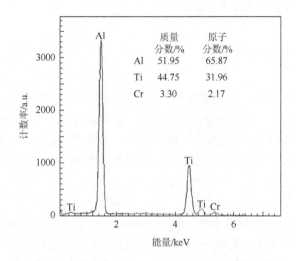

图 6.26　TiAl 合金粉末的扫描电镜微区能谱分析

2. 放电等离子烧结过程

TiAl 合金抛光盘的放电等离子烧结过程与 FeNiCr 合金抛光盘类似，采用 SPS-3.20MKII 放电等离子烧结机。放电等离子烧结制备 TiAl 合金试样的条件如表 6.3 所示，烧结后对合金试样进行表面结构、成分和抗氧化性能分析。

表 6.3　放电等离子烧结制备 TiAl 合金试样的条件

编号	成分（质量分数）	球磨时间	烧结制度				
试样 1#	Ti-46%Al-2%Cr	300h	温度/K	373	1073	1143	1173	1173
			持续时间/min	2	2	1	1	5
试样 2#	Ti-52%Al-2%Cr	300h	温度/K	373	973	1023	1023	
			持续时间/min	2	2	2	5	
试样 3#	Ti-46%Al-2%Cr	10min	温度/K	373	1073	1173	1173	
			持续时间/min	2	2	2	5	

3. 放电等离子烧结 TiAl 合金抛光盘性能表征

1）X 射线衍射分析

图 6.27 为机械球磨后 TiAl 合金粉末和放电等离子烧结后 TiAl 合金试样的

X 射线衍射图。经过 300h 的机械合金化后，TiAl 合金粉末的衍射峰合拢在一起形成非晶态。Ti、Al、Cr 金属粉末经过反复的破碎、冷焊、再破碎、再冷焊过程，晶粒不断减少，晶界不断增多，产生了强烈的塑性变形，形成了具有层状结构的面团状颗粒，缺陷密度不断增加，Ti、Al、Cr 晶格产生大量的畸变，晶体结构受到破坏，形成非晶态，导致 Ti、Al、Cr 衍射峰的宽化和弱化。经 1173K 放电等离子烧结后的 TiAl 合金试样中并不包含单独的 Al、Ti 或 Cr 峰。也就是说，在放电等离子烧结过程中晶相发生了改变，出现了 AlTi、AlTi$_2$ 和 AlTi$_3$ 峰。这说明具有非晶态结构的合金粉末形成了规则的 AlTi、AlTi$_2$ 和 AlTi$_3$ 结构，并发生了如下三种反应：Al + 3Ti ══ AlTi$_3$，AlTi$_3$ + AlTi ══ 2AlTi$_2$，AlTi$_2$ + Al ══ 2AlTi。

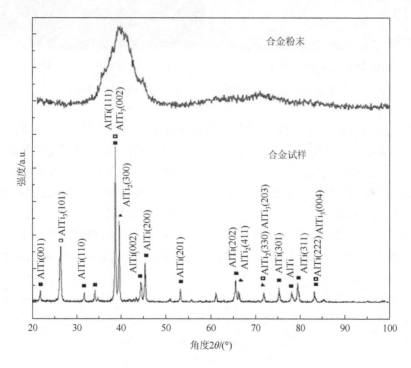

图 6.27　放电等离子烧结后 TiAl 合金试样的 X 射线衍射图

2）微结构分析

图 6.28 分别是试样 1#和试样 3#的扫描电镜照片。可以看出，TiAl 合金经过长时间球磨后，合金试样致密度较高，颗粒之间没有明显的边界和孔隙；经过 10min 球磨后，合金试样颗粒粗大，颗粒之间存在明显的边界和孔隙。这是因为金属粉末在反应烧结过程中 TiAl 元素扩散系数悬殊和扩散距离大，克肯达尔效应

使得烧结后组织中存在较多扩散孔隙，难以获得高性能 TiAl 合金制品。机械球磨对金属颗粒进行多次的挤压、剪切、摩擦、压缩，使颗粒产生较大的塑性变形，细化了 Ti、Al 反应颗粒尺寸，从而有效地降低了合金试样的孔隙率，同时细化了合金试样的组织。

 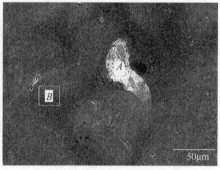

(a) 试样1#球磨300h经1173K烧结　　　　　(b) 试样3#球磨10min经1173K烧结

图 6.28　放电等离子烧结 TiAl 合金试样的表面形貌

图 6.29 是试样 1#和试样 3#的扫描电镜微区能谱分析结果。从图 6.29（a）和（b）中可以看出，试样 1#颗粒细化，经过短时间烧结，颗粒没有较明显的生长，Ti、Al、Cr 分布较为均匀，形成致密的合金试样，体现了放电等离子烧结工艺具有明显的优势。烧结后 Al∶Ti 原子比约为 38∶59，与球磨前的混合比 52∶46 有一定的差距，主要原因是 Al 较轻、熔点低，在球磨过程中极易冷焊到钢球表面与球磨罐内壁，非常容易损失。从图 6.29（c）和（d）中可以看出，试样3#中 A 点 Al∶Ti∶Cr 原子比是 37.00∶17.20∶20.11，试样 3#中 B 点 Al∶Ti 原子比是 10.02∶89.98。

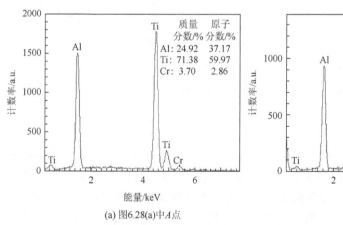 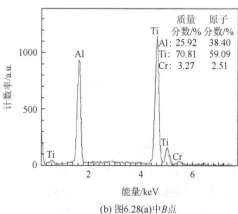

(a) 图6.28(a)中A点　　　　　　　　　　(b) 图6.28(a)中B点

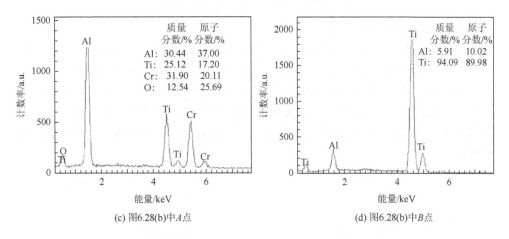

(c) 图6.28(b)中A点　　　　　(d) 图6.28(b)中B点

图 6.29　放电等离子烧结 TiAl 合金试样扫描电镜微区能谱分析

Ti、Al、Cr 分布得相当不均匀，在烧结过程中没有达到 Ti 和 Al 的熔点，仅通过相互之间扩散，反应不完全，且容易氧化。这说明长时间的机械合金化对金属合金化及均匀化都具有很好的意义。

3）硬度分析

表 6.4 是经过三种工艺放电等离子烧结后 TiAl 合金试样的硬度。可以看出，经过较高温度烧结的试样 1#具有较高的硬度。主要原因是烧结过程中高温导致 Ti、Al 之间扩散速率较快，晶体长大速率较快，孔隙收缩快，致密度高，从而具有较高的硬度。此外，在较高烧结温度和压力作用下，烧结材料更容易致密化，提高了合金的力学性能。从球磨时间上看，短时间球磨烧结得到的试样硬度远不及长时间球磨烧结得到的试样硬度。主要原因是长时间机械球磨缩短了扩散反应所需原子相互扩散距离，有效克服了克肯达尔效应，增加了合金试样的致密度和硬度。另外，烧结温度一定时，烧结时间越长，原子的扩散迁移越充分，颗粒界面和孔隙的消除越充分，反应越完全，致密度、硬度越高。在压力作用下，粉末颗粒产生变形和塑性流动，有利于增大颗粒的接触面积，使孔隙收缩，在一定程度上可以提高致密度和硬度，但并不显著。

表 6.4　放电等离子烧结 TiAl 合金试样的硬度

编号	烧结温度/K	球磨时间	密度/(g/cm^3)	维氏硬度/HV	洛氏硬度/HRC
试样 1#	1173	300h	3.77	951.27	68.2
试样 2#	1023	300h	3.64	811.54	64.3
试样 3#	1173	10min	3.86	523.50	50.7

4）高温抗氧化性能分析

图 6.30 是放电等离子烧结 TiAl 合金试样的氧化动力学曲线。经过长时间（300h）的球磨和短时间的放电等离子烧结，TiAl 合金试样的高温抗氧化性能已经十分优越。不过 TiAl 合金试样的氧化动力学曲线并不像 FeNiCr 合金试样呈现的抛物线关系，其呈多次曲线关系。这说明经过长时间球磨和短时间放电，等离子烧结的 TiAl 合金试样比 FeNiCr 合金试样和不锈钢具有更好的高温抗氧化性能。

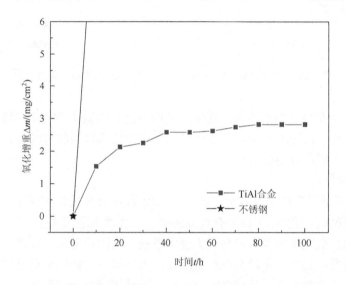

图 6.30　放电等离子烧结 TiAl 合金试样的氧化动力学曲线

4. 热压烧结过程

TiAl 合金抛光盘的热压烧结采用真空碳管炉。烧结前将石墨模具内壁涂上一层 hBN 粉。将机械合金粉装入模具内，平铺均匀，垫上石墨纸，装上压头。图 6.31 是烧结升温过程和加压过程。烧结时，加入材料 35.80g，烧结厚度约为 4.58mm。在 800℃以下以 30℃/min 的速率升温，有利于排出合金粉末中的氧气，避免合金粉末氧化。在 800℃时保温 0.5h，有利于将熔化的液态 Al 反应掉。当 Al 反应完毕后，再升温有利于金属间化合物的形成。在 800℃以下，由于金属间化合物反应尚未完成，存在液体，如果加压，容易将液体挤出；在 800~1200℃，合金粉末处于升温阶段和放热反应阶段，合金粉末膨胀，也不适合加压；1200℃保温 10min 后反应基本结束，液态 Al 几乎被消耗完毕，体积不再增加，此时加压可减少孔隙，使烧结更加致密。

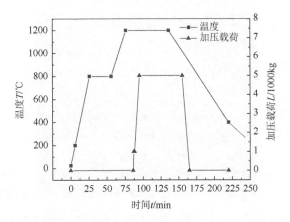

图 6.31　热压烧结 TiAl 合金试样的升温曲线和加压曲线

5. 热压烧结 TiAl 合金抛光盘性能表征

1）X 射线衍射分析

从图 6.32 中可以看出，热压烧结 TiAl 合金抛光盘材料主要含有 AlTi 和 AlTi₃等，与放电等离子烧结 TiAl 合金试样成分相似。这些成分具有较高的熔点和高温抗氧化性能，在较高的抛光温度下，有助于提高抛光盘的耐磨性能。

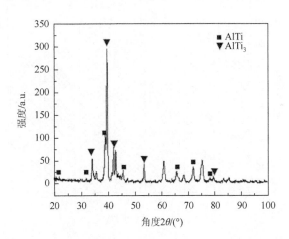

图 6.32　热压烧结 TiAl 合金抛光盘材料的 X 射线衍射图

2）微结构分析

图 6.33 是热压烧结 TiAl 合金抛光盘材料的表面光学显微镜照片。可以看出，TiAl 合金组织比较致密，表面没有明显的孔隙，只有部分球磨过程中引入的氧化物颗粒。在烧结过程中没有出现过多的液相金属。这说明 1200℃是 TiAl 合金比较适宜的烧结温度。

图 6.33　热压烧结 TiAl 合金抛光盘材料的表面形貌（烧结温度为 1200℃）

3）硬度分析

图 6.34 是不同温度下热压烧结 TiAl 合金抛光盘材料的硬度。可以看出，采用热压烧结，TiAl 合金抛光盘材料在 1100℃下具有较高的硬度，基本达到放电等离子烧结 TiAl 合金试样的硬度，并与 FeNiCr 合金抛光盘材料具有相近的硬度。

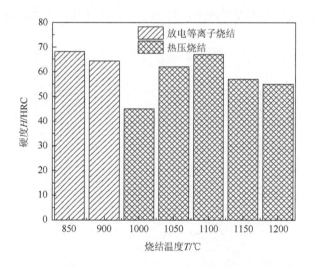

图 6.34　不同温度下热压烧结 TiAl 合金抛光盘材料的硬度

4）高温抗氧化性能分析

从图 6.35 中可以看出，热压烧结 TiAl 合金抛光盘材料的高温抗氧化性能与放电等离子烧结 TiAl 合金试样差不多，但当在 TiAl 合金抛光盘材料中加入 SiC 颗粒时，其高温抗氧化性能有所下降，并随氧化时间的增长有加快氧化的趋势。

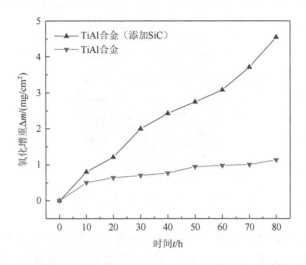

图 6.35　热压烧结 TiAl 合金抛光盘材料在 1000℃氧化 80h 的氧化动力学曲线

6.2.3　WMoCr 合金抛光盘

根据金刚石膜摩擦化学抛光的金属催化理论，Mo、W 等有垂直于表面的空 d 轨道；Ni 和 Cr 等有与表面成 36°～45°的空 d 轨道，Fe、Co、Ni 等有与表面成 30°～36°的部分占据轨道。悬空轨道与表面所成角度越大，对外来原子的吸附力越强。这意味着 W、Mo 原子更易与碳原子成键，极有可能是优异的高速摩擦化学抛光金刚石膜用抛光盘材料。为此，史双佶[22]选择具有较强催化作用的 W 基合金作为抛光盘材料的主要成分，Mo、Cr 作为添加元素，便于形成合金固溶体。其中，Cr 作为合金元素，除催化金刚石墨化、作为渗碳元素以外，还可与空气中的氧反应形成钝化膜，增强合金的抗氧化性能。

1. WMoCr 合金抛光盘的制备

为了保证抛光盘的力学性能，采用 MA-SPS 技术制备 WMoCr 合金。机械合金化采用南京大学研制的 QM-1SP2 行星式球磨机。机械球磨前，将 W、Mo、Cr 粉（纯度为 99.0%，粒度为 300#）按照一定比例进行配料，放入不锈钢球磨罐中进行球磨。球磨时间为 100h，球料质量比为 8：1，过程控制剂为正庚烷，球磨转速为 360r/min。为防止氧化，向球磨罐内反复充入高纯氩气（纯度＞99.99%）、抽真空 2～3 次，使其保持真空。然后，采用 SPS-3.20MKII 放电等离子烧结机对机械球磨后的合金粉末进行烧结。烧结温度为 900℃，压力为 50kN，保温时间为 10min，升温速率为 50℃/min，真空度为 15Pa。烧结后去毛边、修整得到的抛光盘丸片如图 6.36 所示。

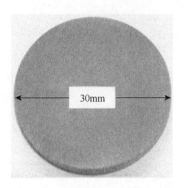

图 6.36　修整后的抛光盘丸片

修整后的抛光盘丸片装在图 6.37 所示的抛光试验平台上以对金刚石膜抛光。该平台电主轴转速为 0～36000r/min，通过弹簧加载机构实现恒压加载，并通过 K 型热电偶预测抛光过程中的温度。

图 6.37　抛光试验平台

2. WMoCr 合金抛光盘的性能表征

机械合金化过程中，金属粉末受到磨球的撞击，反复破碎、焊合、再破碎、再焊合，颗粒不断细化，实现充分合金化。图 6.38（a）为机械球磨前的金属粉末，金属颗粒呈球状，粒径约为 5μm。经过长时间的机械球磨，粒径不断细化，达到 1μm 以下，甚至出现纳米颗粒，颗粒由原来的球状变为层片状不规则块体，并出现团聚，如图 6.38（b）所示，这说明粉末完成了充分合金化。

如图 6.39 所示，对 MA-SPS 技术制备的 WMoCr 合金试样进行 X 射线衍射分析，WMoCr 合金试样以 W 固溶体为主，含少量的 Mo 和 MoCr 固溶体。在球磨过程中添加正庚烷，而且烧结使用石墨模具，因此合金试样含少量的 WC。

(a) 球磨前　　　　　　　　　　　　　　　　(b) 球磨后

图 6.38　WMoCr 粉末颗粒的形貌

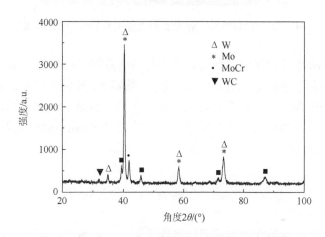

图 6.39　WMoCr 合金试样的 X 射线衍射分析图

　　对 WMoCr 合金试样进行硬度分析得知，WMoCr 合金试样的显微硬度达到 848HV。与市场上常见的同成分铸态合金相比，MA-SPS 技术获得 WMoCr 合金的硬度有较明显的提高，相比铸造 Ni 合金的硬度（200HV）和机械高能球磨结合放电等离子烧结 Ni 合金的硬度（328HV）也提高了不少。因此，MA-SPS 技术在制备难熔合金、提高合金硬度等力学性能方面有优异的表现。

　　将 K 型热电偶埋于金刚石膜后以测量抛光过程中的温度。由于热电偶与抛光界面有一定的距离，抛光温度的测量值比实际值低。观察发现，抛光过程中抛光盘已呈现红热状态（图 6.40），温度已达到石墨化温度。根据测得的温度曲线，抛光开始后，随着抛光盘转速和抛光压强的增加，金刚石膜与抛光盘摩擦产生大量的热，抛光温度由室温开始急剧增加。5min 后，抛光温度达到最大值（510℃），之后升温速率骤降，抛光温度在某一值上下波动。约 15min 后，摩擦热源与周围环境热量交换达到平衡，抛光温度趋于稳定。抛光结束，即 30min 后，随着抛光盘转速和抛光压强的降低，抛光温度急剧降低至 100℃左右。随着金刚石膜与抛光盘分离，热源消失，金刚石膜夹具上的热量随时间慢慢扩散至环境，温度逐渐降至室温。

图 6.40　WMoCr 合金抛光盘抛光金刚石膜时的红热现象

　　采用失重法计算抛光前后金刚石膜的材料去除率。WMoCr 合金抛光盘抛光金刚石膜的材料去除率达到 1.5μm/min，与 Fe 基和 Ni 基抛光盘相比较有了较大的提高。这可能与 WMoCr 合金对金刚石石墨化具有较好的催化作用及其硬度较大有关。抛光后，金刚石膜的表面粗糙度 Ra 达到 1.23μm，较原始表面粗糙度 Ra（16.9μm）显著降低。

6.3　摩擦化学抛光方法与装置

　　摩擦化学抛光试验在改造的万能铣床上进行，如图 6.41 所示。通过 ADX100-24Z/2.2 型高速电主轴可实现 400～24000r/min 的转速。在抛光过程中，为便于夹持金刚石膜及减小振动的影响，本节研制了一套精密的弹性装置，如图 6.42 所示。抛光时，抛光盘装在高速旋转的电主轴上，将焊有金刚石膜的硬质合金装在弹性装置的开口型定位座上，上移铣床工作台，使金刚石膜压在抛光盘表面。通过调节弹簧的压缩量来调节压力，以实现磨抛过程中不同的恒定压力。弹性装置随着金刚石膜的振动而上下移动。当活塞随金刚石膜向下移动时，活塞下部气缸内油压升高，气缸下部油通过气流阀和软管流向气缸上部；同理，当活塞随金刚石膜向上移动时，活塞下部气缸内油压降低，气缸上部油通过气流阀和软管流向气缸下部。这样，气流阀和软管起到阻尼孔的作用，通过调节气流阀流量实现阻尼的调节，从而减小抛光过程中的振动。为了测定抛光过程中温度的变化，在焊有金刚石膜的硬质合金底部打孔，插入 K 型热电偶，将热电偶从开口型定位座底部引出到读数表。抛光过程压力和扭矩由装在夹具底部的测力仪测定。

　　抛光后，采用 Talysurf CLI 2000 型三维表面形貌仪检测金刚石膜的平均表面粗糙度，用精密测厚仪测量金刚石去除高度，测量时取五点，每点重复三次测量，取平均值。

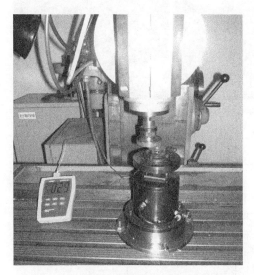

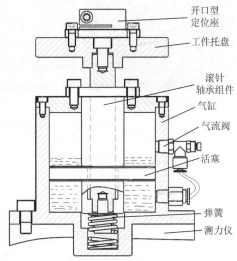

开口型
定位座

工件托盘

滚针
轴承组件

气缸

气流阀

活塞

弹簧

测力仪

图 6.41　金刚石膜摩擦化学抛光装置　　　　　　图 6.42　弹性装置结构图

　　抛光过程中金刚石膜采用河北省激光研究所有限公司提供的金刚石独立膜，该金刚石膜采用直流等离子体喷射方法制备而成，厚度为 0.5mm，用激光切割成 4mm×8mm 的试样，用真空钎焊将金刚石膜焊接在直径为 14mm、长度为 8mm 的硬质合金端面，以便装夹在弹性夹具上。图 6.43 是金刚石膜原始表面的扫描电镜照片，可以看出金刚石膜表面有金字塔形粗大晶粒，长和宽分别达到 180μm 和 160μm。晶粒与晶粒之间存在很深的凹谷，凹谷中有许多晶界和孔隙，抛光后会影响金刚石膜表面粗糙度。图 6.44 是 Talysurf CLI 2000 型三维表面形貌仪检测得到的金刚石膜表面原始粗糙峰高度分布，可以看出金刚石膜表面原始粗糙峰最高可达 150μm。考虑到金刚石膜表面凹谷之间的缝隙必须去除，金刚石膜粗加工阶段的去除高度将达到 200μm 以上。

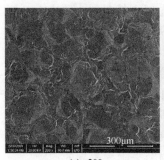

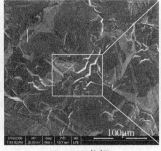

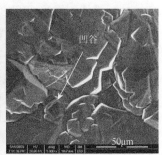

凹谷

(a) ×200　　　　　　　　　　　(b) ×500(谷部)　　　　　　　　　(c) ×1000(谷部)

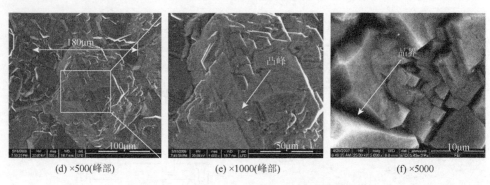

(d) ×500(峰部)　　　　　　　　(e) ×1000(峰部)　　　　　　　　(f) ×5000

图 6.43　金刚石膜原始表面的扫描电镜照片

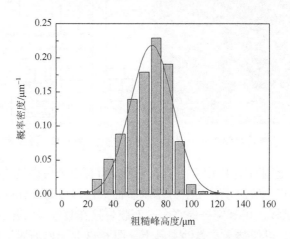

图 6.44　金刚石膜表面原始粗糙峰高度分布

6.4　金刚石膜摩擦化学抛光工艺

6.4.1　抛光盘材料对材料去除率的影响

图 6.45 是分别采用 FeNiCr 合金抛光盘、WMoCr 合金抛光盘、TiAl 合金抛光盘、304 不锈钢抛光盘和高速钢抛光盘对金刚石膜抛光得到的材料去除率。从图中可以看出，采用 FeNiCr 合金抛光盘抛光时材料去除率最高，为 3.7μm/min，其次为 WMoCr 合金抛光盘，材料去除率为 1.5μm/min，再次为 TiAl 合金抛光盘，材料去除率为 0.59μm/min。采用 304 不锈钢抛光盘和高速钢抛光盘抛光时材料去除率较低，分别为 0.348μm/min 和 0.296μm/min。TiAl 合金抛光盘的抛光效率之所以低于 FeNiCr 合金抛光盘是因为 TiAl 合金抛光盘没有未配对 d 电子和悬空轨道，而且不符合垂直对准原则。除了金属结构，硬度和抗氧化性能也会显著影响抛光效率。研究抛光后抛光盘表面的形貌有利于分析材料去除率差异的原因。

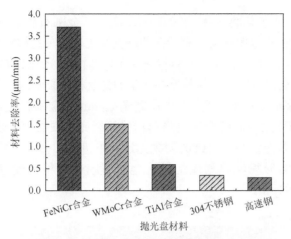

图 6.45　不同抛光盘材料抛光金刚石膜的材料去除率

　　如图 6.46（a）所示，304 不锈钢在高温下软化，极容易黏结到金刚石膜表面，导致摩擦发生在抛光盘和切屑之间，金刚石膜表面材料无法接触抛光盘，也很难被去除。高速钢具有很弱的高温抗氧化性能，在摩擦化学抛光过程中，由于摩擦温升，高速钢被氧化，表面存在大量的氧化物，如图 6.46（b）所示。这些氧化物一方面阻止了金属对金刚石的催化，另一方面在接触界面中起到润滑的作用，使抛光温度降低，材料去除率也随之降低。FeNiCr 合金抛光盘和 TiAl 合金抛光盘具有很高的硬度和高温抗氧化性能，如图 6.46（c）和（d）所示，抛光后表面没

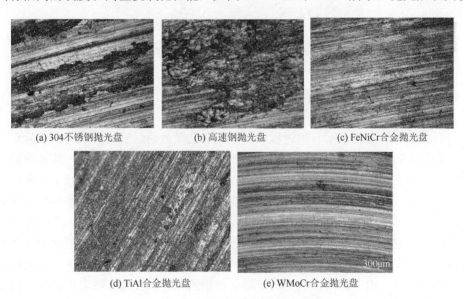

(a) 304不锈钢抛光盘　　　　(b) 高速钢抛光盘　　　　(c) FeNiCr合金抛光盘

(d) TiAl合金抛光盘　　　　(e) WMoCr合金抛光盘

图 6.46　抛光后不同抛光盘的表面形貌

有过多的黏附坑和氧化物，抛光过程十分稳定，金刚石膜表面温度可以达到 700℃。尽管 TiAl 合金抛光盘具有较高的硬度和优良的高温抗氧化性能，但是由于其没有金属催化作用，金刚石的材料去除率仍然很低。因此，较好的催化特性、高硬度、良好的高温抗氧化性能是摩擦化学抛光盘材料必备的性质。

图 6.47 是采用 FeNiCr 合金抛光盘抛光 25min 后金刚石膜表面光学显微镜照片。金刚石膜原始表面的金字塔形粗糙峰已经完全被去除，表面变得较为光滑，表面的一些抛光纹路在后续的精抛光过程中可以被去除。根据 Talysurf CLI 2000 型三维表面形貌仪的测量结果，金刚石膜表面粗糙度 Ra 已从原来的 13.3μm 降为 0.397μm。

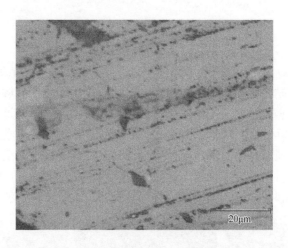

图 6.47　FeNiCr 合金抛光盘抛光后金刚石膜的表面形貌

6.4.2　抛光工艺参数对抛光温度的影响

在摩擦化学抛光金刚石膜过程中，抛光工艺参数通过温度影响材料去除率。对抛光温度的模拟和测量有利于研究抛光工艺对材料去除率的影响。第 4 章通过理论分析建立抛光过程中抛光盘与金刚石膜的接触模型，并预测不同工艺参数下的抛光温度。本节侧重金刚石膜和抛光盘接触区域温度的检测。在摩擦化学抛光试验中，采用红外测温仪测量抛光盘表面接近金刚石膜区域的温度。图 6.48 是抛光盘表面温度随着抛光盘转速和抛光压强的变化。随着抛光盘转速的增加，抛光温度升高。在抛光盘转速为 14000r/min、抛光压强为 6.5MPa 时，抛光盘表面温度约为 600℃。由于测量点与抛光区域有一定的距离，接触区域温度的实际值要高于测量值。当抛光盘转速增加时，机床振动严重，容易使金刚石膜碎裂。当抛光压强增加时，抛光温度显著升高。

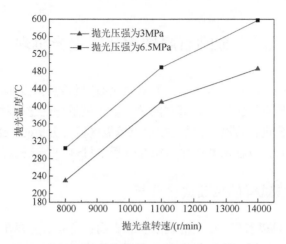

图 6.48　抛光盘表面温度随抛光盘转速和抛光压强的变化

6.4.3　抛光工艺参数对材料去除率的影响

图 6.49 是材料去除率随着抛光盘转速和抛光压强的变化。当抛光盘转速增加时，材料去除率增加。在高抛光压强下，材料去除率随着抛光盘转速的增加而增加得更明显。对比图 6.48 可知，当抛光温度较高时，材料去除率较高。这说明温度在摩擦化学抛光中起到重要的作用。但是，温度过高时，一方面，金刚石膜容易从硬质合金上脱落，造成金刚石膜的破碎，另一方面，金刚石膜表面石墨化严重，损伤较大。因此，结合抛光设备的稳定性，取合适的抛光压强为 6.5MPa，合适的抛光盘转速为 11000r/min。

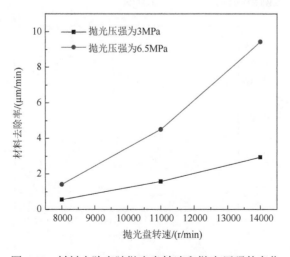

图 6.49　材料去除率随抛光盘转速和抛光压强的变化

6.5　金刚石膜摩擦化学抛光机理

为了揭示摩擦化学抛光机理，需要对金刚石膜和抛光盘表面成分进行检测。由于拉曼光谱分析可以区别不同形式的碳，以下采用拉曼光谱对抛光前后金刚石膜表面的化学成分进行检测，并采用扫描电镜微区能谱分析对 FeNiCr 合金抛光盘表面成分进行检测，以揭示摩擦化学抛光过程中材料的去除机理。

6.5.1　金刚石膜试样的表面成分分析

从图 6.50 中可以看出，抛光前金刚石膜表面拉曼光谱上存在的 1333.4cm^{-1} 峰为金刚石特征峰。该峰之所以与标准金刚石特征峰 1332cm^{-1} 相差 1.4cm^{-1} 是因为金刚石膜内部存在一定的压应力。一般来说，金刚石膜受压时拉曼特征峰向高波数偏移，受拉时拉曼特征峰向低波数偏移[23]。从抛光后金刚石膜表面拉曼光谱可以看出，1570～1587cm^{-1} 处的峰为石墨特征峰（标准石墨特征峰为 1580～1606cm^{-1}）。由于金刚石膜表面存在无定形碳和不规则石墨，该峰分布比较宽。在摩擦化学抛光过程中，由于金属催化和高温下摩擦力的作用，立方四面体的金刚石结构会转化为无定形碳或石墨等非金刚石结构。这些非金刚石碳抛光后会黏附在金刚石膜表面。另外，抛光后中心位置约为 679cm^{-1}（范围为 662～698cm^{-1}）的峰和中心位置为 1377.8cm^{-1}（范围为 1368～1887cm^{-1}）的峰是由残留的氧化物产生的。如果采用 HCl 和 HNO$_3$ 混合溶液腐蚀并用砂纸打磨，金刚石膜表面的石墨层和氧化物层均会被去除，重新露出金刚石。打磨清洗后工件表面金刚石特征峰出现 2.09cm^{-1} 的偏移同样是由压应力造成的。

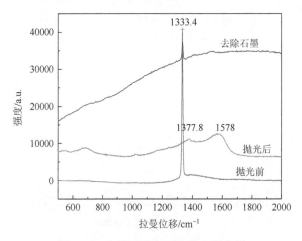

图 6.50　金刚石膜表面拉曼光谱分析

6.5.2　抛光盘的表面成分分析

在摩擦化学抛光过程中，金刚石在金属催化作用下先转化为石墨或非金刚石碳，然后扩散到抛光盘表面。扩散一般发生在金刚石膜和抛光盘的接触区域，所以抛光盘和金刚石膜的接触状况会对金刚石的石墨化速率和扩散速率造成很大的影响。另外，由于石墨向金属中的扩散速率高于金刚石，金刚石膜的材料去除率主要取决于金刚石的石墨化速率和石墨的扩散速率。表 6.5 为抛光前后 FeNiCr 合金抛光盘表面的成分含量。可以看出，抛光前抛光盘成分与原始成分比较接近；抛光后抛光盘表面检测到 1.950% 的碳，表明在抛光过程中有一定量的碳扩散到金刚石膜表面。抛光过程中抛光盘发生氧化导致 O 含量大幅增加，Fe、Cr、Ni、Ti 含量减少。这也证实了抛光盘所具有的良好抗氧化性能对抛光的重要性。

表 6.5　抛光前后 FeNiCr 合金抛光盘表面成分含量（质量分数）　　（单位：%）

元素	抛光前	抛光后
Fe	55.906	32.912
Cr	18.773	8.998
Ni	10.544	6.665
Ti	11.401	6.585
Mo	0.829	—
Si	2.547	1.634
O	—	40.682
Al	—	0.574
C	—	1.950

6.5.3　摩擦化学抛光的材料去除机理

根据上述分析，摩擦化学抛光金刚石膜去除机理见图 6.51。由于金刚石膜与抛光盘高速摩擦，两表面之间的接触点达到化学反应所需温度（600～800℃）[24, 25]；在该温度下，抛光盘金属催化金刚石向石墨或其他非金刚石碳转变，硬度较低的石墨和非金刚石碳以机械摩擦、扩散或氧化的形式去除。在这个过程中，摩擦化学温度、抛光盘的催化特性及抛光盘的抗氧化性能均对材料去除率有重要的影响。FeNiCr 合金抛光盘材料具有未配对 d 电子，并符合垂直对准原则，有利于催化过程。抛光盘所具有的高硬度和良好的高温抗氧化性能能够保证所需的温度和接触条件。石墨较金刚石更容易氧化[26]，因此石墨是金刚石膜去除过程的中间产物。

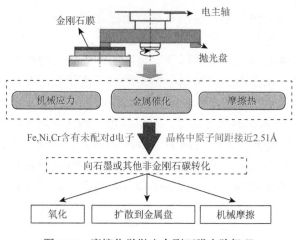

图 6.51　摩擦化学抛光金刚石膜去除机理

6.6　金刚石的热化学抛光

热化学抛光技术是采用 Fe、Mn、La、Ce 及其合金制备的抛光盘在密闭升温的条件下对金刚石膜进行抛光。与摩擦化学抛光技术不同，热化学抛光技术的热源不是通过金刚石膜与抛光盘摩擦，而是通过外部加热得到的。因此，抛光盘转速不需要很高。抛光过程中需要对抛光系统进行整体加热，抛光盘会出现软化、氧化等行为。热化学抛光分为热金属盘抛光和热扩散刻蚀。热金属盘抛光可以获得较为光滑的金刚石膜表面，热扩散刻蚀在较高的温度下可以获得较高的材料去除率。本节简要介绍这两种抛光方法。

6.6.1　热金属盘抛光

在热金属盘抛光时，Fe、Ni、Pt 等抛光盘被压在金刚石膜表面，并加热到 600～1800℃。工件表面的金刚石膜在高温下扩散到与之接触的抛光盘表面，从而获得光滑的金刚石膜表面。

图 6.52 为热金属盘抛光装置的示意图。抛光时，金刚石膜被压在旋转的抛光盘表面。抛光线速度约为 2.8mm/s，抛光压强为 15kPa，低于一般机械抛光压强。抛光盘的温度一般为 700～1000℃。为了避免金刚石膜和抛光盘发生氧化，抛光系统中一般充入还原性气体或惰性气体。抛光盘的成分一般为 Fe、Ni、Mn、

Mo 或低碳钢。在抛光过程中碳元素会扩散到抛光盘中，为了避免抛光盘表面碳元素饱和后影响扩散效率和抛光效率，一般在抛光一定时间（如 24h）后需要更换新的抛光盘。

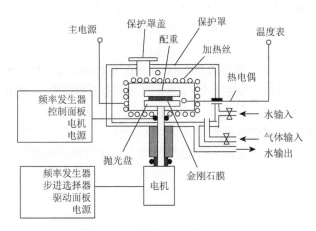

图 6.52　热金属盘抛光装置示意图[27]

　　抛光温度、抛光压强、环境气氛、抛光盘转速、晶向等工艺参数对金刚石膜的材料去除率和表面形貌有较为显著的影响。材料去除率一般依赖金刚石膜与抛光盘之间的化学反应，如石墨化、扩散。这些化学反应又受到抛光温度及金刚石膜与抛光盘接触情况的影响。

　　抛光温度对材料去除率的影响最大。在抛光温度低于 700℃时，碳的扩散速率很低，抛光几乎不能进行。在抛光温度高于 750℃时，材料去除率与抛光温度呈指数关系[28]。如图 6.53 所示，材料去除率试验数据偏离拟合曲线不超过

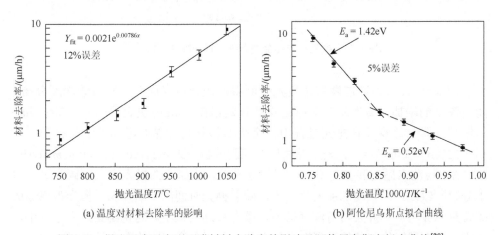

(a) 温度对材料去除率的影响　　　　(b) 阿伦尼乌斯点拟合曲线

图 6.53　抛光温度对金刚石膜材料去除率的影响及阿伦尼乌斯点拟合曲线[28]

12%。通过画出阿伦尼乌斯点可以看出，存在两个较为明显的活化能：在 750～900℃内为 0.52eV，在 900～1050℃内为 1.42eV，高温下活化能较大。另外，在高温下，金刚石碳向非金刚石碳转化，抛光盘表面能够检测出非金刚石碳。在 750℃以下，抛光盘表面非金刚石碳比较少，因此抛光温度应高于 750℃。900～1000℃的抛光温度可以获得较高的材料去除率，而 750℃左右的抛光温度可以获得较好的抛光表面。

　　除了提高抛光温度，增加抛光压强也会增加金刚石膜的材料去除率。这是因为增加抛光压强可以增大金刚石膜与抛光盘之间的接触面积。如图 6.54 所示，当抛光压强低于 1.5kPa 时，材料去除率与抛光压强呈线性关系。在较高的抛光压强下，材料去除率随着抛光压强的增加而增加较快。这主要是因为在较高的抛光压强下，金刚石膜与抛光盘之间的接触面积增大，同时摩擦热增加，界面摩擦温度明显升高。

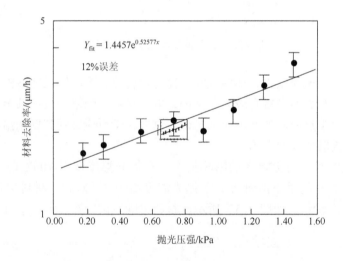

图 6.54　抛光压强对金刚石膜材料去除率的影响[28]

　　图 6.55（a）为通过聚焦拉曼光谱测得的抛光盘表面非金刚石碳深度分布。随着深度的增加，纳米晶石墨相和微晶石墨相在 5μm 内快速下降，在深于 5μm 后缓慢下降。这说明在抛光过程中，金刚石转化为微晶石墨和纳米晶石墨。从图 6.55（b）中可以看出，采用弹性反冲探测分析（elastic recoil detection analysis，ERDA）检测未抛光和抛光不同时间的抛光盘，未抛光的抛光盘表面碳含量（原子分数）较低，而且随深度变化不大，随着抛光时间的不断延长，抛光盘表面的碳含量明显增加，并且随着深度增加，碳含量逐渐减小。这说明在抛光过程中，金刚石向石墨转化，并扩散到抛光盘表面，不同深度扩散的碳含量不同。

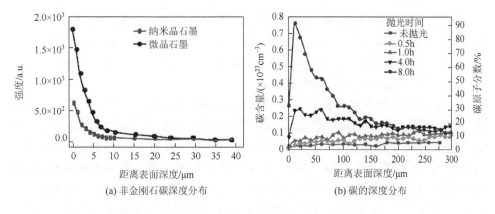

(a) 非金刚石碳深度分布　　　　　　　(b) 碳的深度分布

图 6.55　抛光盘表面非金刚石碳和碳的深度分布[27]

6.6.2　热扩散刻蚀

热扩散刻蚀是将金刚石膜与 CeNi、Mn、Ce、La、Fe 等金属箔压在一起（图 6.56），通过加热至 900℃，金刚石膜与金属箔发生化学反应和扩散，从而实现金刚石膜的去除。抛光时，抛光系统充入氩气或氢气，避免金刚石膜和抛光盘过度氧化。研究表明，Mn 粉比 Fe 箔具有更高的刻蚀效率。Mn 比较脆，很难制作成箔片，试验时一般采用粉末。Mn 具有更好的化学动力学行为，并可以获得较为光滑的抛光表面。抛光后 Mn 表面扩散的碳更容易被强酸刻蚀去除。Ce（熔点 788℃）和 La（熔点 918℃）具有更高的溶碳能力（920℃下原子分数可达 25%），比 Fe 和 Mn 的溶碳能力（920℃下原子分数为 6%~12%）更高。Ce 和 La 对金刚石膜的材料去除率要比 Fe、Mn 高 5 倍。

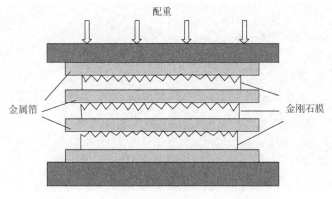

图 6.56　热扩散刻蚀示意图[6]

　　另外，在使用稀有金属刻蚀时，刻蚀温度下降较明显。稀有金属具有较高的溶碳能力，Ni、Co、Cu、Ag、Al、Zn 等可以与稀有金属形成低熔点的合金。例如，CeNi 合金在 500℃下就基本上呈流体状态，远低于 Ce 的熔点（798℃），因此，使用这些合金可以有效降低刻蚀温度。

　　尽管增加刻蚀温度和刻蚀时间可以有效提高刻蚀效率和金刚石膜表面平整性，但由于存在晶界优先刻蚀效应，金刚石膜表面会比较粗糙[29]。图 6.57 是采用 Ce 在不同条件下刻蚀金刚石膜的表面形貌。可以看出，未经刻蚀的金刚石膜表面粗糙度 Ra 为 5.98μm。经过 700℃、10kPa 条件下刻蚀 2h，金刚石膜被刻蚀去除约 50μm。表面粗糙度 Ra 也降至 2.02μm。当温度继续升高时，热动力学驱动力更强，金刚石碳与 Ce 反应更快，原始表面金字塔形结构几乎被刻蚀去除。当温度升高到 820℃（高于 Ce 的熔点）时，可以实现高达百微米量级的材料去除率，是固相条件下材料去除率的 5～10 倍。高的材料去除率主要是因为在液相条件下扩散速率更快，刻蚀后金刚石膜表面粗糙度 Ra 降至 1.57μm，刻蚀时间也显著缩短。

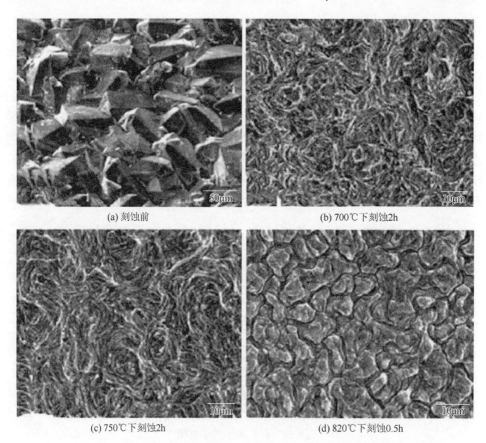

(a) 刻蚀前　　　　　　　　　　　　　　　　(b) 700℃下刻蚀2h

(c) 750℃下刻蚀2h　　　　　　　　　　　　(d) 820℃下刻蚀0.5h

图 6.57　热扩散刻蚀前后金刚石膜表面形貌[29]

参 考 文 献

[1]　Yoshikawa M. Development and performance of a diamond-film polishing apparatus with hot metals[J]. Proceedings of SPIE，1990，1325：210-221.

[2]　Chou W C，Chao C L，Chien H H，et al. Investigation of thermo-chemical polishing of CVD diamond film[J]. Key Engineering Materials，2007，329：195-200.

[3]　Choi S K，Jung D Y，Kweon S Y，et al. Surface characterization of diamond films polished by thermomechanical polishing method[J]. Thin Solid Films，1996，279（1-2）：110-114.

[4]　Tokura H，Yang C F，Yoshikawa M. Study on the polishing of chemically vapour deposited diamond film[J]. Thin Solid Films，1992，212（1-2）：49-55.

[5]　Lee W S，Baik Y J，Eun K Y，et al. Metallographic etching of polycrystalline diamond films by reaction with metal[J]. Diamond and Related Materials，1995，4（7）：989-995.

[6]　McCormack M，Jin S，Graebner J E，et al. Low temperature thinning of thick chemically vapor-deposited diamond films with a molten Ce-Ni alloy[J]. Diamond and Related Materials，1994，3（3）：254-258.

[7]　Iwai M，Suzuki K，Uematsu T，et al. A study on dynamic friction polishing of diamond[J]. Journal of the Japan Society for Abrasive Technology，2002，46（11）：579-584.

[8]　Suzuki K，Yasunaga N，Seki Y，et al. Dynamic friction polishing of diamond utilizing sliding wear by rotating metal disc[J]. Proceedings of ASPE，1996，14：482-485.

[9]　安永暢男. ダイヤモンドの热化学加工[J]. 砥粒加工学会誌，2002，46（1）：17-20.

[10]　王翔，徐卫星，江金仙. 烧结 Fe 基-TiCp 复合材料研究[J]. 武汉冶金科技大学学报，1999，22（1）：36-38.

[11]　Sun Z M，Hashimoto H. Fabrication of TiAl alloys by MA-PDS process and the mechanical properties[J]. Intermetallics，2003，11（8）：825-834.

[12]　刘咏，黄伯云，周科朝，等. 热等静压对粉末冶金 TiAl 合金显微组织和相成分的影响[J]. 粉末冶金技术，2001，19（3）：165-169.

[13]　Shagiev M R，Senkov O N，Salishchev G A，et al. High temperature mechanical properties of a submicrocrystalline Ti-47Al-3Cr alloy produced by mechanical alloying and hot isostatic pressing[J]. Journal of Alloys and Compounds，2000，313（1-2）：201-208.

[14]　Sun Z M. Mechanical properties of MA-Pulse discharge sintered TiAl and the effect of chromium addition[J]. Technical Bulletin of the Tohoku National Industrial Research Institute，1999，23：44-50.

[15]　Karak S K，Chudoba T，Witczak Z，et al. Development of ultra high strength nano-Y_2O_3 dispersed ferritic steel by mechanical alloying and hot isostatic pressing[J]. Materials Science and Engineering: A，2011，528（25-26）：7475-7483.

[16]　Jin Z J，Yuan Z W，Kang R K，et al. Fabrication and characterization of FeNiCr matrix-TiC composite for polishing CVD diamond film[J]. Journal of Material Science and Technology，2009，25（3）：319-324.

[17]　苑泽伟. CVD 金刚石膜摩擦化学抛光技术研究[D]. 大连：大连理工大学，2008.

[18]　Lee W，Kwun S I. The effects of process control agents on mechanical alloying mechanisms in the Ti-Al system[J]. Journal of Alloys and Compounds，1996，240（1-2）：193-199.

[19]　Pierson H O. Handbook of Carbon，Graphite，Diamond and Ful-lerene：Properties，Processing and Applications[M]. Noyes：ParkRidge，1993.

[20]　王志伟. 机械活化原位烧结制备 Ti-Al-Al_2O_3 纳米材料[D]. 武汉：武汉大学，2005.

[21]　张立德，牟季美. 纳米材料和纳米结构[J]. 中国科学院院刊，2001，16（6）：444-445.

[22]　史双佶. 金刚石摩擦化学抛光用抛光盘制备及抛光机理研究[D]. 大连：大连理工大学，2016.

[23]　Zolotukhin A，Kopylov P G，Ismagilov R R，et al. Thermal oxidation of CVD diamond[J]. Diamond and Related Materials，2010，19：1007-1011.

[24]　Weima J A，von Borany J，Kreissig U，et al. Quantitative analysis of carbon distribution in steel used for thermochemical polishing of diamond films[J]. Journal of The Electrochemical Society，2001，148（11）：G607-G610.

[25]　Chen Y，Zhang L C，Arsecularatne J A，et al. Polishing of polycrystalline diamond by the technique of dynamic friction，part 3：Mechanism exploration through debris analysis[J]. International Journal of Machine Tools and Manufacture，2007，47（15）：2282-2289.

[26]　Joshi A，Nimmagadda R，Herrington J. Oxidation kinetics of diamond，graphite，and chemical vapor deposited diamond films by the thermal gravimetry[J]. Journal of Vacuum Science and Technology A，1990，8（3）：2137-2142.

[27]　Weima J A，Zaitsev A M，Job R，et al. Investigation of non-diamond carbon phases and optical centers in thermochemically polished polycrystalline CVD diamond films[J]. Journal of Solid State Electrochemistry，2000，5：425-434.

[28]　Weima J A，Fahrne W R，Job R. Experimental investigation of the parameter dependency of the removal rate of thermochemically polished CVD diamond films[J]. Journal of Solid State Electrochemistry，2001，5：112-118.

[29]　Sun Y，Wang S，Tian S，et al. Polishing of diamond thick films by Ce at lower temperatures[J]. Diamond and Related Materials，2006，15：1412-1417.

第7章 金刚石膜的化学机械抛光技术

7.1 概 述

金刚石具有最高的硬度和很好的化学稳定性，摩擦化学抛光技术或热化学抛光技术虽然能够快速去除金刚石表面原始粗糙峰，但难以实现金刚石纳米或亚纳米级抛光。化学机械抛光技术在硅片及集成电路的平坦化中取得极大的成功。如果将化学机械抛光应用到金刚石的超光滑表面加工中将会促进金刚石在半导体领域的应用。1965 年，Tolansky[1]在 *Physical Properties of Diamond* 一书中介绍了熔融态 KNO_3 对金刚石具有刻蚀作用。1974 年，Thornton 和 Wilks[2]将 KNO_3 溶液涂覆在铸铁盘上，并加热至 180℃，与经过机械抛光的单晶金刚石对磨。抛光 14min 后，在光学显微镜下观察发现金刚石表面已没有机械抛光残留下的抛光线。他们认为，金刚石与硝酸盐之间发生的化学反应有助于消除表面微观不平整度。在此基础上，Kühnle 和 Weis[3]采用 $NaNO_3$ 和 KNO_3 作氧化剂在 250~350℃对单晶金刚石进行区域为 0.5mm×0.5mm 的点抛光，获得了表面粗糙度 Ra 为 0.2nm 的光滑表面。该技术利用金刚石在高温下氧化的特性及机械摩擦作用去除材料，降低了对晶向的依赖性。金刚石化学机械抛光常用的抛光盘为铸铁盘[3]和 Al_2O_3 盘[4-6]，氧化剂主要采用 $NaNO_3$、KNO_3 和 KOH（熔点分别是 308℃、324℃和 360℃）。为了降低抛光温度，减小抛光液挥发对环境造成的危害，广东工业大学 Wang 等[7]采用 $LiNO_3$ 和 KNO_3 混合熔融盐（熔点为 130℃，抛光温度为 324~360℃）对 CVD 金刚石膜进行抛光，经过 3h 的抛光，表面粗糙度 Ra 从 7~12μm 降为 0.4μm，材料去除率达到 1.7~2.3μm/(cm^2·h)。Cheng 等[8]、陈启晟[9]使用 $KMnO_4$ 和 H_2SO_4 混合溶液并添加一定的金刚石磨料配制出抛光液，在 70℃下抛光 CVD 金刚石膜 5h，其表面粗糙度 Ra 达到 10nm 左右。由于采用整体式加热和自制抛光装置，抛光液挥发严重，抛光后金刚石表面存在严重的塌边现象，如何保证良好的表面平整度仍然是大面积 CVD 金刚石膜抛光所面临的难题。

Hsieh 等[10]比较了化学机械抛光和机械抛光的效果，认为经化学机械抛光的金刚石表面损伤远低于经机械抛光的金刚石，而且前者的加工时间短于后者。当抛光盘转速为 82r/min、抛光压强为 0.0012MPa 时，经过 5h 的抛光，机械抛光的工件表面粗糙度 Ra 从 1200nm 降至 600nm，而化学机械抛光的工件表面粗糙度 Ra 从 1200nm 降至 100nm。Haisma 等[11]用 KOH 和 NaOH 混合溶液抛光单晶金刚石以去除机械抛光残留下的划痕，并认为化学机械抛光是一个无损伤的加工过程，适合终加工使用。

除了上述可溶性氧化剂，日本学者 Horio 等[12]采用 SiO_2、TiO_2、γ-Al_2O_3、CeO_2、ZrO_2 等较软的磨料在不同湿度下抛光单晶金刚石，分析磨料种类及硬度、湿度和黏度对材料去除率的影响，而且磨料与金刚石之间存在一定的化学反应。但这些磨料抛光金刚石效率极低，不适合抛光大面积金刚石膜。Derry 和 Makau[13]在研究机械抛光金刚石时，发现金刚石与橄榄油之间存在碳交换现象。除此之外，Hah 和 Fischer[14]、Zhu 等[15]采用 CrO_3、$KMnO_4$、H_2O_2、$K_2Cr_2O_7$ 等氧化剂对 SiC 和 Si_3N_4 进行摩擦化学抛光，在机械摩擦和氧化的交互作用下去除材料，获得了高质量的表面。

综上所述，选取适当的活性介质并借助化学与机械的协同作用去除材料可以实现金刚石高效、低损伤抛光。室温或较低温度下的化学机械抛光在半导体生产过程中具有较大的实际意义。本章主要介绍以 CrO_3、$KMnO_4$、H_2O_2、$K_2Cr_2O_7$ 等为氧化剂的化学机械抛光技术。

7.2　金刚石膜化学机械抛光关键技术分析

金刚石中碳与碳是以 sp^3 杂化而成的，具有较大的键能，单靠机械作用或单靠化学作用难以使金刚石 C—C 键断裂。因此，在化学机械抛光过程中，化学和机械的协同作用显得格外重要。在机械作用下，金刚石膜表层原子发生晶格畸变，键能降低，活化能升高。在化学作用下，机械活化碳原子与强氧化剂结合，使弱化的 C—C 键断裂，以 CO 或 CO_2 的形式被去除。因此，金刚石膜的化学机械抛光过程是一个多输入变量的动态过程，其主要影响因素如图 7.1 所示。其中，抛光液、抛光温度及抛光盘的作用十分关键。抛光液既影响化学作用过程，又影响机械作用过程。抛光盘既起到承载抛光液的作用，其微观形貌及硬度又会显著影

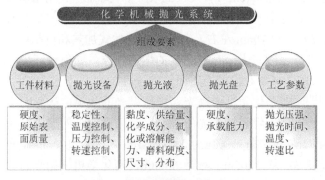

图 7.1　化学机械抛光系统组成

响机械作用的强度。适当加热金刚石膜有利于化学反应的进行，而过高的抛光温度会使氧化剂分解和抛光液挥发严重，使化学作用减弱。

7.2.1　加热条件

根据金刚石膜的抛光理论及阿伦尼乌斯方程，除了活化能对化学反应速率有显著影响，温度对化学反应速率也有着很重要的影响。对于同一反应，温度升高，化学反应速率常数 k 增大，一般反应每升高 10℃，k 将增大 2～10 倍；由 $\dfrac{1}{T_1} - \dfrac{1}{T_2} = \dfrac{T_2 - T_1}{T_1 T_2}$ 可知，对于同一反应，升高一定温度，即 $T_2 - T_1$ 一定，在高温区，$T_1 T_2$ 较大，k 增大的倍数较小；在低温区，k 增大的倍数较大。对于不同的反应，升高相同温度，活化能 E_a 大的反应，其 k 增大的倍数大，E_a 小的反应，其 k 增大的倍数小。这就是升高温度对慢反应将起到明显加速作用的原因。因此，对化学机械抛光系统进行适当加热有利于化学反应的进行。化学机械抛光系统的加热方式通常有两种：对抛光盘整体加热和对抛光头加热。此前的研究大多采用对抛光盘整体加热的方式，抛光盘温度可以达到 400℃以上。高温的抛光盘将与之接触的抛光液和金刚石膜加热，以实现加快化学反应的目的[16]。为了使整个环境达到抛光温度，加热器功率通常特别大，而且抛光液在高温下大量挥发，对环境和人体造成危害。大量挥发的抛光液也会使抛光盘表面温度下降。由于抛光盘和金刚石膜之间存在相对运动界面，存在较大的温度梯度，金刚石膜的实际温度更低。如果将整个抛光装置置入封闭系统中，虽然可以避免抛光液挥发对环境的危害，但需要加设控制和观察装置才能实现抛光。由于抛光盘温度较高，变形较大，影响抛光精度，如此复杂的抛光系统对产业化十分不利。为此，可以将金刚石膜贴在加热的抛光头表面实现对金刚石膜的加热。由于抛光头与抛光盘之间存在相对运动界面，抛光盘相对于抛光头温度低了很多，这样避免了高温下抛光盘严重变形、抛光液挥发造成的污染环境等问题。

7.2.2　金刚石膜化学机械抛光试验装置的搭建

金刚石膜的化学机械抛光对抛光设备要求较为苛刻。传统抛光无法满足对温度控制、耐腐蚀性能等的要求，需要在现有抛光机上进行改进。本书对 UNIPOL-1502 型自动精密研磨抛光机进行改进。UNIPOL-1502 型自动精密研磨抛光机配有直径为 381mm 的抛光盘，可对直径小于 110mm 的工件进行研磨和抛光。抛光盘可实现 0～125r/min 范围内的转速。

（1）由抛光平坦化理论可以得出，抛光盘转速和抛光头转速（工件转速）互为质数时，磨料运动的轨迹更为均匀，容易实现抛光的平坦化。为了实现对抛光头转速的控制，在抛光头上增加驱动电机，通过控制模块可实现正/反 0～150r/min 转速的控制，实现金刚石膜表面材料的均匀去除。

（2）金刚石膜的化学机械抛光采用氧化性很强的化学试剂作为抛光液的主要成分，容易造成对抛光机的腐蚀。因此，在原抛光机抛光盘上部增加直径约为380mm 的有机玻璃防护罩，将抛光液约束在防护罩内，有效地防止了抛光液对抛光机的腐蚀。抛光时，将经过喷砂处理的玻璃盘放在防护罩内，并滴加抛光液以实现抛光。

（3）为了促使化学反应快速进行，需要对抛光界面进行加热。此前研究均采用对整体抛光装置或抛光盘进行加热的方式，抛光受热面积比较大，抛光液挥发严重。为此，在原抛光机上设计搭建了可以加热的抛光头（图 7.2），将高温控制在抛光头局部，并传给工件，实现对抛光区域的加热。如图 7.3 所示，抛光头由玻璃盘、配重块、内置电加热装置和热电偶等部分组成。为了避免强腐蚀抛光液对抛光头的腐蚀作用，抛光头底部采用耐腐蚀性优良的玻璃盘。内置电加热装置由加热板、加热槽、石棉板、垫片等组成，加热板固定于封闭的加热槽内，并通过石棉板使其与加热槽绝缘。此外，在加热板上部垫多层石棉板，并利用垫片使多层石棉板与加热槽端盖之间形成一个高度为10mm 的封闭空间，以解决热量从配重块大量散发和导线通过的问题。通过改变配重块的数量调节抛光压强，对配重块外面进行镀镍保护以提高其抗腐蚀性能。集电环固定于抛光头上部，用于加热板电流的导入和热电偶信号的导出。将被加工的金刚石膜粘贴于抛光头底部的玻璃盘表面。在金刚石膜的上部，对玻璃盘和加热槽底板钻孔，插入热电偶，并通过集电环将信号导出。外置的电加热温度调节装置根据加工区域的温度变化，通过改变加热板的电流，使加工区域的温度保持在设定温度范围内。

图 7.2　改进的化学机械抛光机

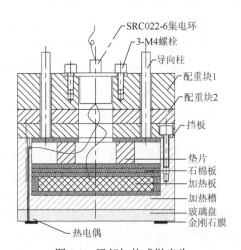

图 7.3　局部加热式抛光头

图 7.4 为采用 Research-N1 型全数字网络动态热像分析系统测得的抛光头与抛光盘的热像图。可以看出，高温区域主要集中在与工件接触的抛光头下部，十分有利于将热量及时传给工件，而抛光盘温度相对于抛光头温度低了许多，有效减少了抛光液的挥发，从一定程度上解决了传统整体加热式抛光盘存在的能源消耗大、抛光液挥发损失大、难以保证抛光液成分的稳定性等问题，有效解决了高温引起的大尺寸抛光盘变形和金刚石膜翘曲变形等难题，提高了工件抛光的面型精度。

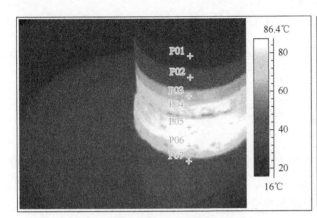

标签	温度/℃
P01	27.72
P02	42.09
P03	67.65
P04	81.95
P05	85.19
P06	83.06
P07	43.46

图 7.4　抛光系统的热像图（彩图请扫封底二维码）

7.2.3　试样的粘贴、清洗方案

金刚石膜粘贴到抛光头底部的平整性对金刚石膜表面材料的均匀去除具有很重要的影响。经过对比，采用 302 胶对金刚石膜进行粘贴效果较好，其具有一定的耐高温性，兼顾粘贴平整性。粘贴时，首先将 A、B 组分混合均匀的 302 胶均匀涂在抛光头底部，然后使用镊子将金刚石膜试样轻轻地放在涂好胶的抛光头底部，并放置在玻璃盘表面的硬质光滑纸片上，通过抛光头自身重力自动调整金刚石膜的姿态。经过 2h 的固化，金刚石膜被固定在抛光头表面，去除此前垫的纸片，露出需要抛光的金刚石膜。如果需要测温，在抛光头底部打孔，塞入热电偶，将金刚石膜贴在抛光头热电偶处，即可在抛光过程中对金刚石膜的温度进行测量。

抛光后，用塑料焊枪烘烤金刚石膜，使其温度达到 300℃以上，此时 302 胶发生软化，金刚石膜在外力作用下从玻璃盘上脱离。将其放入事先配制好的 NaOH 和 $NaCO_3$ 混合浓溶液中煮沸。5min 后金刚石膜表面的 302 胶层完全脱掉，先在去离子水中超声波清洗 20min，再用无水乙醇清洗，吹干后得到十分洁净的金刚石膜，用于后续检测表面质量和表面粗糙度。抛光后金刚石膜表面十分光滑，表面能很大，极易吸附空气中的颗粒，因此在进行 AFM 测量前应进一步清洗。

7.2.4　抛光盘的选择

抛光盘主要起到承载磨料和输送抛光液的作用。其硬度和表面粗糙度是主要的考核指标。Luo 和 Dornfeld[17]认为，单个磨粒的机械作用力可以表示为

$$f_u(z) = \pi z(z - g)H_p \qquad\qquad (7.1)$$

式中，g 为抛光盘与工件之间的界面间隙，与抛光盘的硬度 H_p、磨料的平均粒径 z_{avg} 和分布 σ 及外载机械压力 P_c 有关，可以表示为

$$g = \frac{H_p - 0.25P_c}{H_p}(z_{avg} + 3\sigma) \qquad\qquad (7.2)$$

从式（7.1）和式（7.2）中可以看出，抛光过程中机械作用力与抛光盘的硬度、表面粗糙度和磨料的硬度、分布有关。抛光盘硬度越大，单个磨粒作用于金刚石膜的划擦力越大，金刚石膜表层晶格变形越严重，但是抛光盘变形困难，磨料没有退让的余地，同时作用的磨料会减少。如果磨料粒径和分布区间过大，则同时作用于金刚石膜表面的磨料减少；反之，如果磨料粒径和分布区间小，则同时作用于金刚石膜表面的磨料增多，机械作用增加，材料去除率会增大。抛光盘表面粗糙度越大，其承载磨料的能力越强；反之，如果抛光盘表面粗糙度过小，磨料无法进入金刚石膜和抛光盘之间的界面，也就无法产生机械划擦作用。除了直接参与材料去除，粗糙的表面更多地引起流体压力的波动，使抛光盘与金刚石膜的间隙发生变化，有利于抛光液中粒子和磨屑的带进或带出[18]。

为了分析对比，试验采用 B_4C、玻璃和铸铁作为抛光盘材料，三种材料的硬度分别为莫氏 9.37、莫氏 6 和 240HB。图 7.5 是三种抛光盘的照片。其中，B_4C 表面经过粗粒度的电镀金刚石砂轮磨削，保证表面的平整度，表面粗糙度 Ra 达到 15.7μm。另外，采用激光器在 B_4C 盘表面刻蚀一些交错的、宽度约为 400μm 的槽以提高其磨料承载能力。采用喷砂处理技术使玻璃盘的表面粗糙度 Ra 达到 20μm 左右。由于铸铁具有还原性，很容易与抛光液中的酸反应，铸铁盘可以长久地保持粗糙的表面。图 7.6 是玻璃盘和 B_4C 盘的微观形貌。两种抛光盘表面都十分粗糙，有利于承载磨料和流体的流动。玻璃盘表面残留许多玻璃粉末，这些粉末硬度较低，不会对金刚石膜造成损伤。B_4C 盘表面也存在许多大小不等的破碎坑，但没有玻璃盘深。

(a) B₄C盘　　　　　　　(b) 玻璃盘　　　　　　　(c) 铸铁盘

图 7.5　不同材料的抛光盘

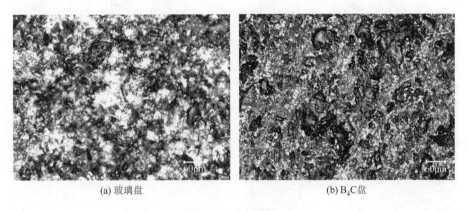

(a) 玻璃盘　　　　　　　　　　　(b) B₄C盘

图 7.6　抛光盘的微观形貌

　　为了对比玻璃盘、B_4C 盘、铸铁盘和抛光垫四种抛光盘（垫）的抛光效果，抛光试验选用尺寸为 10mm×10mm×0.5mm 的金刚石膜，经过 W10、W5、W2 的金刚石粉各研磨 2h 后，其表面粗糙度 Ra 约为 45nm，以备抛光试验使用。抛光时，抛光压强为 0.48MPa，抛光盘（垫）转速为 70r/min，抛光头转速为 23r/min，抛光温度为 50℃。

　　抛光液的主要成分为 30g 高铁酸钾（K_2FeO_4）、10ml 磷酸（H_3PO_4）、30g W2.5 B_4C 磨料和 200ml 去离子水。四种抛光盘（垫）抛光金刚石膜 4h。采用精密天平测量金刚石膜抛光前后的质量变化量，采用 Talysurf CLI 2000 型三维表面形貌仪检测表面粗糙度变化。

　　从图 7.7 中可以看出，四种抛光盘（垫）中，玻璃盘获得的材料去除率最高，其次为抛光垫，B_4C 盘和铸铁盘获得的材料去除率较低。B_4C 盘经过多次抛光后表面十分光滑（图 7.8），表面粗糙度 Ra 达到 100nm 以下。它与金刚石膜的接触界面空间很小，磨料无法进入接触区域，抛光液的流动性也不好，导致材料去除率较低。抛光垫的硬度较低，机械作用较弱。铸铁盘抛光时氧化严重，大量的氧化物混合在抛光液中，对材料去除不利。从表面粗糙度看，玻璃盘因去除材料最多而获得最低的表面粗糙度。实际上，抛光盘和抛光垫去除材料的过程不同，如图 7.9 所示。抛光垫较软，抛光过程中容易变形，材料去除后仍然残留原来的形貌，而且材料去除率低，造成抛光后表面粗糙度较大。

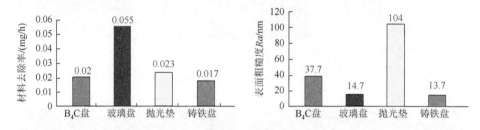

图 7.7 不同抛光盘（垫）材料对材料去除率和表面粗糙度的影响

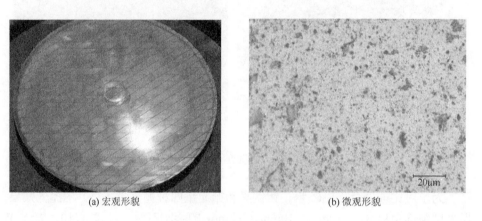

(a) 宏观形貌   (b) 微观形貌

图 7.8 B₄C 盘的表面形貌

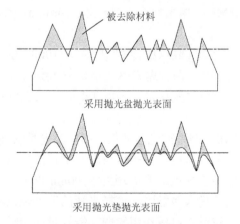

图 7.9 抛光盘和抛光垫去除材料示意图

7.3　化学机械抛光液的配制

自 1965 年美国 Monsanto 公司的 Walsh 和 Herzog[19]提出化学机械抛光技术以来，该技术已经用于硅、玻璃、蓝宝石、GaAs、CdZnTe 等各种晶体材料和金属的平坦化。化学机械抛光技术将磨粒的机械研磨作用和氧化剂的化学作用有效结合起来，可实现材料的超精密、无损伤表面加工。抛光液在很大程度上决定着化学机械抛光能够获得的抛光表面质量和抛光效率。金刚石的化学性质较为稳定，配制活性较大的抛光液对金刚石化学机械抛光尤为重要。目前除了 KNO_3、KOH、$NaNO_3$ 等熔融碱盐用于金刚石膜的化学机械抛光，还没有正规的特别是低温或常温下使用的抛光液。研制开发低温下使用的金刚石膜化学机械抛光液显得越发迫切。根据金刚石膜抛光理论，金刚石膜的化学机械抛光液应包含氧化剂、稳定剂、催化剂、pH 调节剂及磨料等。本节将分析这些组分的特性及其对抛光的影响。

7.3.1　磨料的选择

图 7.10 是金刚石磨料和 B_4C 磨料的粒径对化学机械抛光材料去除率和表面粗糙度的影响。图 7.10（a）中采用金刚石磨料抛光 CVD 金刚石膜。随着金刚石磨料粒径的增加，材料去除率增加。当向金刚石磨料研磨液中添加 K_2FeO_4 氧化剂时，材料去除率要比不加氧化剂高出近 90%，可见氧化剂对于金刚石磨料研磨也有较大的促进作用。图 7.10（b）中采用 B_4C 磨料和 $KMnO_4$ 配制的抛光液抛光 CVD 金刚石膜。抛光前 CVD 金刚石膜表面粗糙度 Ra 为 0.23μm 左右，抛光时间为 4h。可以看出，随着 B_4C 磨料粒径的增加，材料去除率先增大后减小。粒径为 2.5μm 的 B_4C 磨料获得的材料去除率最大。与金刚石磨料不同，材料去除率不随 B_4C 磨料粒径的增加而增加。这说明材料去除不单单是机械作用的结果，化学氧化起着十分重要的作用。当 B_4C 磨料粒径较大时，粒径分布较宽，抛光时参与划擦金刚石膜的 B_4C 磨料数量较少，金刚石膜表面的活化碳原子相对较少，不利于化学反应的进行。另外，由于 B_4C 磨料粒径过大，而抛光盘使用一段时间后表面粗糙度 Ra 小于 10μm，有相当数量的 B_4C 磨料无法进入接触表面，机械作用减弱。粒径较小（2.5μm）的 B_4C 磨料刚好能够进入接触界面，与金刚石膜作用力较强。粒径为 1μm 的 B_4C 磨料划擦作用较弱，基本上靠液体的流动撞击 CVD 金刚石膜表面。从图 7.11 中可以看出，粒径为 10μm 的 B_4C 磨料呈鳞片状，粒径为 2.5μm 的 B_4C 磨料呈颗粒状，粒径为 1μm 的 B_4C 磨料呈粉末状，杂质也较多，这些因素造成粒径为 1μm 的 B_4C 磨料的抛光效率较低。从以上分析可知，采用 B_4C 磨料进行化学机械抛光能够取得较好的效果，合适

的磨料粒径为 2.5μm，磨料的粒径分布对抛光效率和表面质量都有影响，在化学机械抛光过程中化学作用扮演重要的角色。

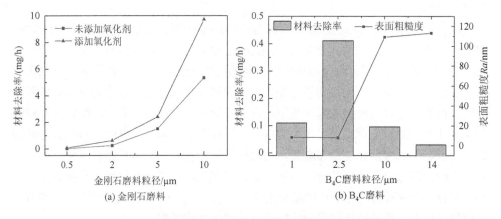

(a) 金刚石磨料　　　　　　　　　　(b) B₄C磨料

图 7.10　磨料的粒径对材料去除率和表面粗糙度的影响

(a) 粒径为10μm　　　　　(b) 粒径为2.5μm　　　　　(c) 粒径为1μm

图 7.11　不同粒径 B_4C 磨料的微观形貌

7.3.2　氧化剂的选择

标准电极电势能够反映物质在标准条件下（室温、1atm、浓度为 1mol/L、无杂质）的氧化和还原性，该值为计算的理论值，实际上很难满足这一条件。例如，室温下，高碘酸钾（KIO_4）的溶解度很小，很难达到 1mol/L；K_2FeO_4 的纯度较低，其溶液的氧化性是由多种价态的铁离子作用的结果；不同氧化剂对 H_3PO_4 的敏感度也不同。这些因素都会造成溶液氧化性的实际值与理论值有较大的差异。因此，分析比较不同氧化剂溶液氧化性的实际值有利于研究抛光液的抛光性能。

1. 不同氧化剂溶液的氧化性分析

分别取 8g $KMnO_4$、$(NH_4)_2S_2O_8$、K_2FeO_4、CrO_3、$K_2Cr_2O_7$ 和 30ml H_2O_2 六种

氧化剂加入 6 个盛有 100ml 去离子水的烧杯中，搅拌使氧化剂充分溶解。各取 5ml H_3PO_4（分析纯，浓度为 84%）加入烧杯中，采用 PARSTAT 2273 型电化学工作站分别测量六种溶液添加 H_3PO_4 前后开路电压的变化。

　　从图 7.12 中可以看出，滴加 H_3PO_4 后，CrO_3、K_2FeO_4 和 $KMnO_4$ 三种溶液表现出较强的氧化性，适合抛光使用。$(NH_4)_2S_2O_8$ 和 H_2O_2 溶液滴加 H_3PO_4 后开路电压变化较小，溶液氧化性较低，不利于抛光。$K_2Cr_2O_7$ 的溶解度较低，其酸性溶液氧化性也较低。值得注意的是，K_2FeO_4 固体的纯度远低于 $KMnO_4$ 固体的纯度，添加相同质量的固体时，$KMnO_4$ 溶液的氧化性更强，而 K_2FeO_4 的溶解度很大，可以配制浓度较高的溶液，以提高其氧化性。

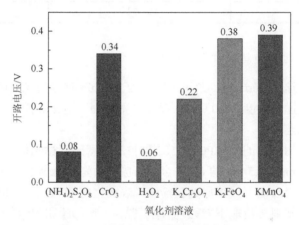

图 7.12　不同氧化剂溶液的开路电压

2. 不同氧化剂抛光液的配制

　　取 9 个容量为 500ml 的烧杯（序号为 1#～9#），按照表 7.1 的配比，首先在烧杯中倒入一定的去离子水，分别称取规定质量的氧化剂，并缓慢地添加到烧杯 1#～9# 中，同时不断地搅拌；然后添加浓度为 84% 的 H_3PO_4，放置一段时间；最后称量 30g W2.5 的 B_4C 磨料并添加到烧杯中。除氧化剂为 K_2FeO_4 和 $KMnO_4$ 的烧杯外，其余烧杯在超声波清洗器中振荡 10min 以利于磨粒的分散。这样配置出抛光液 1#～9#，其中，抛光液 9# 不含氧化剂，抛光液 10# 只含磨料。为了保证抛光液不分解，每次抛光试验前 30min 配制相应的抛光液。

表 7.1　不同氧化剂抛光液组成

序号	氧化剂种类及含量	添加剂及体积	去离子水体积	粒径为 2.5μm 的 B_4C 磨料质量
1#	K_2FeO_4，50g	H_3PO_4，10ml	200ml	30g
2#	$KMnO_4$，20g	H_3PO_4，50ml	150ml	30g

序号	氧化剂种类及含量	添加剂及体积	去离子水体积	粒径为 2.5μm 的 B_4C 磨料质量
3#	Na_2MoO_4，50g	H_3PO_4，10ml	150ml	30g
4#	$K_2Cr_2O_7$，10g	H_3PO_4，50ml	150ml	30g
5#	CrO_3，30g	H_3PO_4，50ml	150ml	30g
6#	KIO_4，30g	H_3PO_4，15ml	200ml	30g
7#	H_2O_2，50ml	—	200ml	30g
8#	$(NH_4)_2S_2O_8$，50g	—	200ml	30g
9#	—	H_3PO_4，10ml	200ml	30g
10#	—	—	—	50g

3. 抛光试验过程与结果讨论

当抛光盘转速为 70r/min、抛光头转速为 23r/min 时，抛光盘磨损均匀，抛光头运动平稳；当抛光温度为 50℃时，抛光效率较高，抛光液挥发不太严重。以此作为抛光试验工艺参数。

试验设备采用改进的 UNIPOL-1502 型自动精密研磨抛光机，试验材料采用尺寸为 10mm×10mm×0.5mm 的 CVD 金刚石膜。预先采用 W10、W5、W2 金刚石粉依次研磨，使其表面不残留原始粗糙峰，表面粗糙度 Ra 达到 40nm 左右。

抛光后采用塑料焊枪取下 CVD 金刚石膜，在 NaOH 和 Na_2CO_3 混合浓溶液中煮沸，去除 302 胶层，超声波清洗后吹干。用 Sartorius CP225D 型精密天平称量抛光前后 CVD 金刚石膜的质量，计算材料去除率，单次材料去除率过小的试验通过三次试验累加计算材料去除率（下同）；用 Olympus MX40 型光学显微镜和 Talysurf CLI 2000 型三维表面形貌仪观察抛光后 CVD 金刚石膜的表面形貌并检测抛光前后 CVD 金刚石膜的表面粗糙度。

从图 7.13 中可以看出，在 10 种抛光液中，抛光液 1#、2#、5#和 6#获得的材料去除率较高，分别为 0.055mg/h、0.041mg/h、0.048mg/h、0.045mg/h。这些抛光液所含氧化剂分别是 K_2FeO_4、$KMnO_4$、CrO_3 和 KIO_4。它们均具有很强的氧化性，其离子成键结构均呈畸变扭曲的四面体。氧原子围绕在大分子周围，有利于与金刚石结合。所含氧化剂分别为 K_2FeO_4、$KMnO_4$、CrO_3 的三种抛光液的黏度较大，能够带动磨料流动，机械作用增强。抛光液 8#、9#和 10#获得的材料去除率较低。抛光液 8#中氧化剂为 $(NH_4)_2S_2O_8$。$(NH_4)_2S_2O_8$ 在光照和加热作用下十分容易分解，导致其氧化性较低，并且 $(NH_4)_2S_2O_8$ 抛光液的黏度较小，带动磨料能力较低。这些因素造成抛光液 8#的材料去除率较低。$K_2Cr_2O_7$ 的溶解度较小，H_2O_2 浓度不到 30%，因此抛光液 4#、7#获得的材料去除率也较低。Charrier 等[20]研究了 Ce^{4+}、

MnO_4^-、H_2O_2、$S_2O_8^{2-}$ 氧化金刚石膜，发现 Ce^{4+} 和 MnO_4^- 较容易获得氧终止的金刚石膜表面，它们对金刚石膜的亲和性较好，H_2O_2 和 $S_2O_8^{2-}$ 对金刚石膜的亲和性较差，尽管 $S_2O_8^{2-}$ 氧化性较强，但其获得氧终止金刚石膜表面的能力较差。水溶液中的金刚石膜表面会形成一层双电层，阻碍氧化剂与金刚石膜发生化学反应。氧化剂对金刚石膜的亲和性越好，就越容易氧化金刚石膜。因此，化学机械抛光液不但应具有较强的氧化性，而且应与金刚石膜有较好的亲和性。抛光液 9#中不含氧化剂，抛光液 10#中只有磨料，这两种抛光液没有化学作用，材料去除率极低。氧化剂氧化性、氧化剂浓度及机械活化作用对化学反应速率影响较大。因此，在配制抛光液时，应选取氧化性较强、溶解度较大、较为稳定且与金刚石膜亲和性较好的氧化剂。

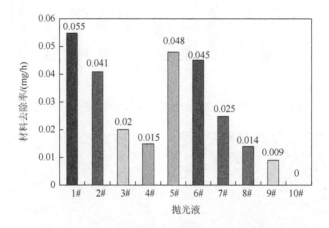

图 7.13　不同抛光液获得的材料去除率

图 7.14 是不同抛光液抛光前后 CVD 金刚石膜的表面粗糙度。抛光前，CVD 金刚石膜的表面粗糙度 Ra 为 30～60nm。抛光后，抛光液 1#和 2#获得的表面粗糙度较低，其次为抛光液 5#和 6#，分别为 8.72nm、10.6nm、14.4nm 和 14.3nm。这四种抛光液的氧化剂分别是 K_2FeO_4、$KMnO_4$、CrO_3 和 KIO_4，正好是材料去除率较高的四种抛光液。材料去除率较低的抛光液 8#、9#和 10#获得的表面粗糙度也最大。化学机械抛光残留的粗糙峰逐渐被去除，而不会引入新的大粗糙峰。因此，CVD 金刚石膜的表面粗糙度取决于原始粗糙峰被去除的情况。原始粗糙峰去除得越多，表面越光滑；反之，表面越粗糙。同样，抛光后 CVD 金刚石膜的表面形貌也可证实这一点。如图 7.15（a）所示，机械研磨后 CVD 金刚石膜表面仍十分粗糙，存在大量的破碎坑。如图 7.15（b）～（g）所示，经过 K_2FeO_4 抛光 4h 后，金刚石膜表面十分光滑，没有划痕和裂纹；经过 $KMnO_4$、Na_2MoO_4、$K_2Cr_2O_7$、CrO_3 抛光 4h 后，同样获得了光滑的表面，但是仍残留部分由机械研磨造成的破

碎坑。如果继续抛光，这些破碎坑将被去除。抛光过程中，玻璃盘具有较大的刚度，且在局部加热时抛光，金刚石膜表面只有与抛光盘接触的材料才能被去除，抛光后金刚石膜表面十分平整。从图 7.15（h）中可以看出，如果抛光液中没有氧化剂，抛光后金刚石膜表面仍十分粗糙，只有部分大粗糙峰被抛光。

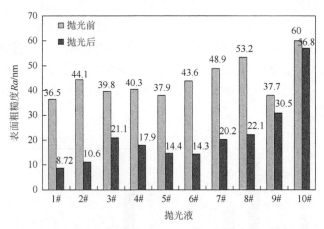

图 7.14　不同抛光液抛光前后 CVD 金刚石膜表面粗糙度

(a) 机械研磨后　　　　　　　　　　　　　　　　(b) 1#

(c) 2#　　　　　　　　　　　　　　　　(d) 3#

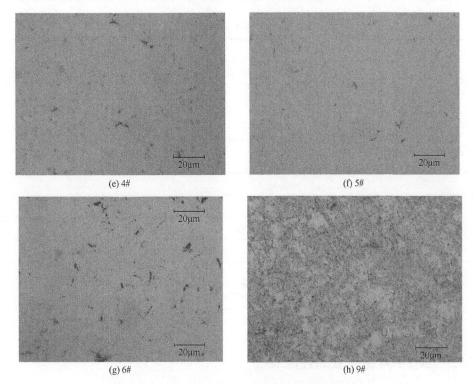

图 7.15 不同抛光液抛光后金刚石膜表面微观形貌

因此，在化学机械抛光中，CVD 金刚石膜的表面材料是在氧化剂的化学作用和磨粒及抛光盘的机械作用下去除的，只有二者同时发挥得最佳，才能获得最高的材料去除率。

根据上述分析，氧化剂为 K_2FeO_4 和 $KMnO_4$ 的抛光液能够获得较高的材料去除率和较低的表面粗糙度，满足金刚石膜化学机械抛光的要求。如表 7.2 所示，这两种抛光液也有各自的特点。例如，K_2FeO_4 的溶解度较大，可以制备浓度较高的抛光液，在碱性和酸性条件下均具有较强的氧化性，但是 K_2FeO_4 的水溶液不稳定，在酸性溶液中容易分解，目前产品制备技术并不成熟，市场产品纯度较低；$KMnO_4$ 具有较好的稳定性，产品制备技术相对成熟，市场产品纯度较高，但是氧化性不如 K_2FeO_4 高，对人体和环境有一定的危害。化学机械抛光大尺寸硅片的技术已经相对成熟并进入商业化应用阶段，但是目前抛光液的废液处理是其面临的一大问题。金刚石膜的化学机械抛光处于起步研究阶段，鉴于硅片抛光发展的现状，金刚石膜的化学机械抛光应该尽量避免这一问题。K_2FeO_4 是近年来发展的新型高效水处理产品，其具有较高的氧化性，可以杀死绝大多数细菌，去除多数重金属离子。反应后生成的 $Fe(OH)_3$ 呈絮状，具有极大的表面积，可以吸附水中的固体颗粒，起到净化水的作用。水中残留的 Fe^{3+} 又是人体必需的元素，对人体没有危害。

表 7.2　K₂FeO₄ 和 KMnO₄ 抛光液对比

指标	K₂FeO₄ 抛光液	KMnO₄ 抛光液
状态	深紫色、有金属光泽的粉末状晶体	黑紫色、蓝色、有金属光泽的粉末状晶体
耐热性	198℃分解，溶液不稳定	240℃分解，溶液较稳定
溶解度	极易溶于水	可溶于水
氧化性	酸碱性条件下均具有较强的氧化性	酸性条件下具有较强的氧化性
黏度	较大	一般
价格	约 50 元/kg	约 40 元/kg
市场产品纯度	较低（<70%）	较高（>90%）
环境危害性	绿色产品，没有任何危害	有一定的危害
抛光材料去除率	约 0.055mg/h	约 0.045mg/h
工件表面粗糙度 Ra	1～2nm	1～2nm
主要应用	氧化剂、消毒剂、新型绿色环保水处理材料、新型高能电池	氧化剂、滴定剂、消毒剂、漂白剂

7.3.3　K₂FeO₄ 抛光液的性能表征

1. K₂FeO₄ 抛光液的氧化性能

物质的电势-pH 图是根据能斯特（Nernst）方程算出电极电势随 pH 的变化而绘制的。它可以反映物质在不同 pH 下的氧化性，可以判断氧化反应的方向和产物。图 7.16（a）是铁离子的电势-pH 图。从图 7.16 中可以看出，FeO_4^{2-} 在整个 pH 范围都处于最高的电势，具有很强的氧化性，氧化性随着 pH 的升高而急剧降低。在酸性条件下，Fe^{3+} 和 Fe^{2+} 是稳定存在的产物；在碱性条件下，$Fe(OH)_3$ 和 $Fe(OH)_2$ 为稳定存在的产物。因此，化学机械抛光产生的废液被排放稀释后，pH 接近 7，电势为 0，其产物为絮状的 $Fe(OH)_3$，能够净化污水中的固体颗粒污染物。在整个 pH 范围内，高铁酸根存在四种形式：FeO_4^{2-}、$HFeO_4^-$、H_2FeO_4、$H_3FeO_4^+$。这四种形式的氧化性逐渐减弱，酸性条件下稳定性增强。在化学机械抛光过程中测得的开路电压是这四种形式综合作用的结果。

K₂FeO₄ 与酸混合时会逐步分解为 +5 价铁、+4 价铁，最后是 +3 价铁，在这个过程中溶液的氧化性逐步减弱。化学机械抛光过程中，希望抛光液进入接触面时仍能保持较强的氧化性，因此有必要研究 K₂FeO₄ 抛光液的氧化作用时间。

为了测量抛光液的氧化作用时间，配制一定浓度的 H₂SO₄ 溶液 200ml，加入少量 K₂FeO₄ 溶液，采用 S25-2 型恒温磁力搅拌器充分搅拌使溶液均匀，采用 PARSTAT 2273 型电化学工作站测量溶液的开路电压。

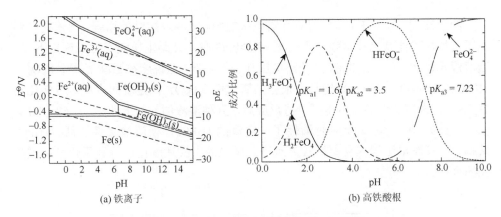

图 7.16　铁离子和高铁酸根的电势-pH 图[21]

$pE = -\log\alpha_e$，α_e 为水溶液中的电子活度；pK 为解离常数

图 7.17 显示了溶液在 300s 内开路电压的变化。从图中可以看出，在大约 70s 时向 H_2SO_4 溶液中添加 K_2FeO_4 溶液之后，溶液整体的氧化性瞬间增大又迅速减小，前后所经历的时间为 10~20s。在这段时间内，K_2FeO_4 在酸性溶液中迅速分解，溶液的氧化性迅速增大。因此，配制抛光液时应将 K_2FeO_4 与酸分离，化学机械抛光过程中滴加两种组分。从酸、碱抛光液滴到抛光盘上混合到进入接触区为 1~2s，10~20s 的时间段已经足够抛光所用。在 20s 之内必须添加新的抛光液。

pH 对抛光液的氧化性影响明显。向 200ml 去离子水中分别加入 1ml、5ml、10ml、20ml 和 40ml 体积分数为 10% 的 H_3PO_4 溶液，然后各自加入 5ml 饱和的 K_2FeO_4 溶液，分别记为 1#~5#，测量其开路电压，观察并记录加入 K_2FeO_4 前后溶液氧化性的变化，测定其 pH。

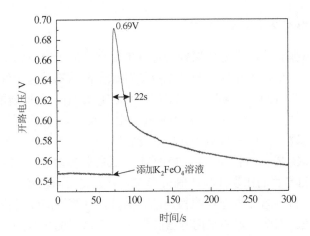

图 7.17　K_2FeO_4 溶液的氧化作用时间

图 7.18 是 pH 对 K_2FeO_4 溶液开路电压的影响。随着酸性的增强，溶液的开路电压增加，整体氧化性增强。当溶液 pH$\geqslant$0.53 时，开路电压随着时间逐步下降；当溶液 pH = 0.1 时，在 300s 内开路电压几乎不降低。这说明在强酸溶液中 FeO_4^{2-}、$HFeO_4^{-}$、H_2FeO_4、$H_3FeO_4^{+}$ 均具有很强的氧化性。FeO_4^{2-} 在短时间内就可以转化为 $H_3FeO_4^{+}$，为溶液提供大量电子。待反应后，五种溶液的 pH 分别变为 1.68、1.18、0.89、0.59、0.2，可见反应时消耗了一定量的 H_3PO_4，使溶液酸性降低。H_3PO_4 量越大，开路电压越容易保持较高水平。抛光液中酸适度过量有利于化学机械抛光的进行。

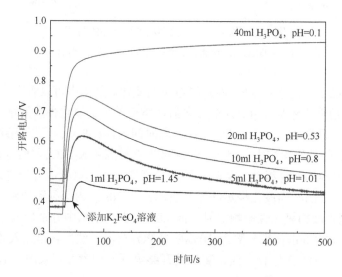

图 7.18　pH 对 K_2FeO_4 溶液开路电压的影响

2. K_2FeO_4 抛光液的物理稳定性

在化学机械抛光中，良好的磨粒悬浮性能是保证抛光质量的前提之一。抛光液的配制过程中需要添加相应的分散剂以提高抛光液的物理稳定性。常用的分散剂为异丙醇胺（C_3H_9ON）、聚乙二醇[$HO(CH_2CH_2O)_nH$]、六偏磷酸钠[$(NaPO_3)_6$]等亲水性界面活性剂。对于 K_2FeO_4 抛光液，由于 K_2FeO_4 具有强氧化性，能氧化几乎所有的有机物，因此其分散剂只能在无机非还原性的亲水性界面活性剂中选取。硅溶胶是 SiO_2 胶体微粒在水中均匀扩散形成的胶体溶液，SiO_2 颗粒的粒径为 10～20nm，有相当大的比表面积，既可形成具有大比表面积及均匀细孔的凝胶，又可均匀分散粉料，增加悬浮体的稳定性。另外，硅溶胶的黏度较低，不会影响抛光液的流动性。因此，本书采用硅溶胶作为 B_4C 磨料的分散剂。

配制抛光液时，取 60ml 去离子水，加入 3g B_4C，记为样品 A。取 10ml 硅溶胶，加入去离子水至 60ml，加入 3g B_4C，记为样品 B。将样品 A 和样品 B 置于超声波清洗器中超声振动 20min，取出后静置若干时间，观察其溶液变化情况。

从图 7.19 中可以看出，样品 B 在超声振动后，磨粒的悬浮性改善；在 60min 时，样品 A 出现较明显的分层趋势，上层溶液磨粒较少，呈灰白色的条状带；在 120min 时，样品 A 中上层灰白色区域扩大，接近溶液高度的一半；在 180min 时，样品 A 中磨粒沉淀严重，整个溶液都呈灰白色，而此时样品 B 中略有出现分层的趋势。

因此，加入硅溶胶之后磨粒的悬浮性得到了明显提高，主要是因为硅溶胶具有较强的吸附性，同时硅溶胶属于胶体分散系，分散质粒子直径为 10～20nm，质量非常小，SiO_2 粒子在不停地做布朗运动，粒子间相互碰撞的作用力和重力在一个数量级上，当相互碰撞的作用力方向与重力方向相反时便抵消了部分重力作用，其分散性明显提高。

(a) 0min

(b) 60min

(c) 120min

(d) 180min

图 7.19　不加硅溶胶和加硅溶胶抛光液的悬浮性

3. K_2FeO_4 抛光液的化学稳定性

K_2FeO_4 的稳定性一直是制约其应用的瓶颈，也是目前化学界研究的热点。高纯度的 K_2FeO_4 在常温和干燥条件下可以稳定存在，但 K_2FeO_4 遇水会马上释放出

氧气，并且生成 $Fe(OH)_3$ 沉淀，分解反应为

$$2FeO_4^{2-} + 5H_2O \longrightarrow 2Fe(OH)_3 + 4OH^- + 3/2\ O_2 \qquad (7.3)$$

影响 K_2FeO_4 的主要因素有 pH、纯度、浓度、温度、稳定剂等。

（1）pH。K_2FeO_4 溶液在酸性和中性范围稳定性较差，在碱性和强碱性范围稳定性较好。当 pH 为 10~11 或碱浓度＞3mol/L 时，稳定性最好[22]。当 pH = 11.5 时，3h 内 K_2FeO_4 的浓度只下降了 16.4%。

（2）纯度。纯度较高的 K_2FeO_4 粉末具有较好的稳定性，干燥环境下可以长时间保存。在强碱性溶液中高铁酸盐的分解随着高铁酸盐纯度的提高而减缓。高铁酸盐纯度越高，高铁酸盐分解越慢，其溶液的稳定性越好。

（3）浓度。K_2FeO_4 的初始浓度对 FeO_4^{2-} 的分解有明显的影响，溶液越稀越稳定。王立立和曲久辉[23]考察了不同浓度下 K_2FeO_4 的分解情况，浓度小于 0.03mol/L 时，K_2FeO_4 在前 60min 内分解缓慢，到达某浓度临界点之后分解突然加快。

为了分析碱浓度和 K_2FeO_4 纯度对 K_2FeO_4 溶液稳定性的影响，称取 2g NaOH，溶于 200ml 去离子水中，加入 1g K_2FeO_4 固体，记为样品 A；称取 10g NaOH，溶于 200ml 去离子水中，加入 1g K_2FeO_4 固体，记为样品 B，30min 后观察溶液的变化；样品 C 为提纯后 K_2FeO_4 母液，其中，碱和 K_2FeO_4 的浓度都饱和。

从图 7.20 中可以看出，静置 30min 之后，样品 A 由紫色变成了橙黄色，说明 K_2FeO_4 已经基本分解；样品 B 虽然也呈黄色，但颜色比较暗，说明样品 B 中 K_2FeO_4 的分解程度没有样品 A 严重；样品 C 中 NaOH 的浓度接近饱和，K_2FeO_4 处于饱和状态，而且纯度高于样品 A 和 B，从溶液的颜色可以判断，样品 C 中 K_2FeO_4 没有严重地分解，说明 NaOH 的浓度越高，K_2FeO_4 的纯度越高，越有利于 K_2FeO_4 溶液的保存。

(a) 0min　　　　　　　　　(b) 30min　　　　　　　　　(c) 20d

图 7.20　K_2FeO_4 在不同浓度碱中的稳定性（彩图见封底二维码）

（4）温度。温度越高，K_2FeO_4 越不稳定，分解速率越快。宋华和王园园[24]将 K_2FeO_4 在酸性条件下配成浓度为 1.0mol/L 的溶液，分别置于 20℃、30℃、40℃

和 60℃的恒温水浴中，结果发现，240min 时，K_2FeO_4 的浓度分别下降了 36.5%、45.3%、53.19%和 64.8%，说明温度对 K_2FeO_4 的分解有明显的促进作用。

（5）稳定剂。为了获得稳定的 K_2FeO_4 溶液，国内外学者研究了各种稳定剂。宋华等[25]研究 Na_3PO_4、$Na_2C_2O_4$ 和 CH_3COONa 对 K_2FeO_4 溶液稳定性的影响，发现 Na_3PO_4、$Na_2C_2O_4$ 和 CH_3COONa 对 K_2FeO_4 的稳定作用依次增强。CH_3COONa 可显著提高 K_2FeO_4 在水溶液中的稳定性，其浓度越高，K_2FeO_4 的稳定性越好。庄玉贵等[26]研究了 KIO_4、Na_2SiO_3、Na_2MoO_4、Na_3PO_4 对 K_2FeO_4 溶液稳定性的影响，发现 KIO_4 对 K_2FeO_4 溶液具有较好的稳定作用，Na_2SiO_3 和 Na_2MoO_4 有一定的作用，而 Na_3PO_4 对 K_2FeO_4 的分解有一定的促进作用。

根据上述分析，本书选择 Na_2SiO_3 和 CH_3COONa 为 K_2FeO_4 溶液的稳定剂，分别加入 K_2FeO_4 溶液中，考查其稳定作用及对氧化性的影响。

试验时，称取三份 1g K_2FeO_4，配制三份含有 2g NaOH 的 200ml NaOH 溶液，将 K_2FeO_4 依次加入 NaOH 溶液中，向其中两份碱性 K_2FeO_4 溶液中分别加入 1g Na_2SiO_3 和 1g CH_3COONa，记为样品 1#、2#，剩下一份碱性 K_2FeO_4 溶液不加稳定剂，记为样品 3#。用 PARSTAT 2273 型电化学工作站测量其在 300s 内开路电压的变化（表 7.3）。

表 7.3　不同添加剂对 K_2FeO_4 稳定性影响　　　　　　（单位：mV）

参数	1#	2#	3#
起始开路电压	87.4	115.0	70.6
终止开路电压	17.7	87.3	52.0
开路电压的变化	69.7	27.7	18.6

从表 7.3 中可以看出，在 300s 内，样品 2#的终止开路电压最大，说明 CH_3COONa 有一定的稳定作用。样品 1#的开路电压下降最多。对于 Na_2SiO_3 的稳定作用，学界存在争议，国内普遍认为其有稳定作用，国外也有人认为 Na_2SiO_3 对 K_2FeO_4 的分解起催化的作用，在本书中，Na_2SiO_3 对 K_2FeO_4 起到了分解作用。

7.3.4　K_2FeO_4 抛光液的成分优化

1. K_2FeO_4 抛光液氧化剂浓度的确定

氧化剂浓度试验仍在改进的 UNIPOL-1502 型自动精密研磨抛光机上进行。试验前后用天平测量 CVD 金刚石膜的质量，用 Talysurf CLI 2000 型三维表面形貌仪测量其表面粗糙度，用 Olympus MX40 型光学显微镜观察其表面形貌。

抛光试验使用尺寸为 10mm×10mm×0.5mm 的 CVD 金刚石膜，采用 W5、

W2 的金刚石粉预研磨，使 CVD 金刚石膜表面粗糙度 Ra 达到 45nm 左右。抛光盘转速为 70r/min，抛光头转速为 23r/min，抛光压强为 266.7kPa，抛光温度为 50℃。抛光盘采用玻璃盘，表面经过喷砂处理。抛光时间为 4h。

取 20g K_2FeO_4 加入盛有 100ml 去离子水的烧杯 A 中，取 30g W2.5 的 B_4C 磨料加入烧杯 B 中，并添加 100ml 去离子水和 10ml H_3PO_4，抛光时交错滴加两种组分。抛光后去胶层、清洗、擦干，以备检测。

氧化剂浓度对氧化反应速率有重要的影响。K_2FeO_4 浓度越高，氧化性越强，溶液黏度越大，带动磨料的能力越强，但流动性变差，对金刚石膜的腐蚀性也越强；K_2FeO_4 浓度越低，氧化性越弱，溶液黏度越低。如图 7.21 所示，随着 K_2FeO_4 添加量的增加，材料去除率升高，且几乎呈线性关系，这符合化学机械反应去除模型。表面粗糙度 Ra 和 K_2FeO_4 浓度的关系较为复杂。在 K_2FeO_4 添加量为 30g 时表面粗糙度 Ra 最低，为 12.9nm。之后，增加 K_2FeO_4 添加量，表面粗糙度随之增加。主要是因为 K_2FeO_4 添加量增加时氧化性增强，同时黏度增加，流动性变差，导致表面质量变差。

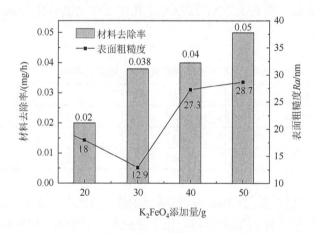

图 7.21　K_2FeO_4 浓度对材料去除率和表面粗糙度的影响

2. K_2FeO_4 抛光液 H_3PO_4 浓度的确定

H_3PO_4 浓度确定的试验条件与氧化剂浓度确定的试验条件基本一致，不同的是依次改变 H_3PO_4 的浓度进行抛光试验，最终测得金刚石膜的材料去除率。从图 7.22 中可以看出，H_3PO_4 添加量较小时抛光液的酸性较低，K_2FeO_4 的氧化性没有完全发挥出来，材料去除率较低。当 H_3PO_4 添加量较大时，抛光液 B 酸性很强，当被滴加到抛光盘上时，K_2FeO_4 立刻分解，抛光液中产生大量的气泡，影响抛光的进行，材料去除率较低。适当的 H_3PO_4 添加量是每 100ml 去离子水中添加 10～15ml H_3PO_4，这样抛光液 B 和抛光液 A 交错滴加在抛光盘表面，抛光相对稳定。

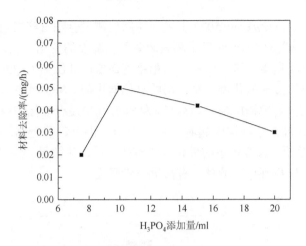

图 7.22　H_3PO_4 浓度对材料去除率的影响

3. K_2FeO_4 抛光液催化剂的确定

K_2FeO_4 在酸性条件下会很快分解,同时将水氧化为自由基氧(·O)或自由羟基(·OH)。·O 很快相互结合生成氧气逸出。延缓·O 的寿命并将其输送到金刚石膜表面将会有效提高金刚石膜表面氧化速率。因此,寻找合适的氧化催化剂将有助于金刚石膜表面材料的快速去除。目前广泛使用的氧化催化剂是非化学计量的金属氧化物,如 NiO、CeO_2、TiO_2、Cr_2O_3 等。这些金属氧化物能够吸附·O、·OH 或 O^-,实现加氧反应,促进氧化剂的分解,并将氧输送到金刚石膜表面参与化学反应。为了便于分析,本书采用 NiO、CeO_2、TiO_2、Cr_2O_3、SiO_2 等五种催化剂,分析其抛光效果。表 7.4 是五种催化剂的粒径和硬度。

表 7.4　不同催化剂的粒径和硬度

参数	TiO_2	NiO	SiO_2	CeO_2	Cr_2O_3
粒径	30nm	5~10μm	30nm	1~5μm	5~10μm
莫氏硬度	6~6.5	5.5	7.0	5~6	8~9

试验中仍采用抛光液 A、B。抛光液 A 的组分如下:K_2FeO_4 30g,CH_3COONa 2g,NaOH 5g,去离子水 150ml,催化剂 6g。抛光液 B 的组分如下:H_3PO_4 50ml,B_4C(平均粒径为 1μm)30g,去离子水 100ml。试样采用 3mm×3mm 的单晶金刚石膜,抛光前,分别用粒径为 5μm 和 2μm 的金刚石磨料各研磨试样表面 0.5h,使每次加工前金刚石膜表面粗糙度 Ra 接近,约为 150nm,表面平整。抛光盘采用玻璃盘,转速为 70r/min,抛光头转速为 23r/min,抛光压强为 1MPa,抛光时间

为 2h。抛光后采用 NewView 5022 型表面轮廓仪测量金刚石膜表面形貌。

图 7.23 是不同催化剂抛光后金刚石膜表面粗糙度的变化。可见，TiO_2 和 CeO_2 的催化效果较好，所得金刚石膜的表面粗糙度最低，其次为 Cr_2O_3 和 NiO。这四种氧化物均为过渡金属氧化物，是常用的氧化催化剂。SiO_2 作为催化剂抛光后，所得金刚石膜的表面粗糙度最大。这是因为 SiO_2 几乎没有催化作用，不能吸附·O。这说明催化在材料去除过程中起着一定的作用。由于这些金属氧化物靠表面吸附·O 达到催化效果，粒度较小的催化剂具有较好的催化效果。但催化氧化过程极其复杂，具体催化机理还不清楚，有待进一步研究。

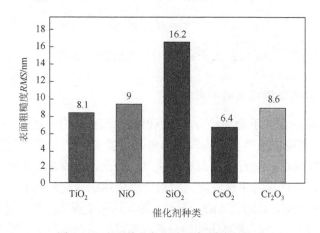

图 7.23　不同催化剂对表面粗糙度的影响

7.4　金刚石膜的化学机械抛光工艺

除了化学机械抛光液的化学作用，机械作用对抛光过程也至关重要。机械作用主要受到压强、转速、温度等抛光工艺参数的影响。调节这些参数可以协调抛光过程中化学作用和机械作用，使化学和机械各自的作用充分发挥。在化学机械抛光中，抛光盘转速和抛光压强会影响磨料的机械作用，抛光温度也会影响抛光盘的挥发程度，最终影响化学机械抛光的材料去除率。因此，本节研究工艺参数对化学机械抛光技术的影响规律，并优化工艺参数。

7.4.1　摩擦力测量装置的搭建

化学机械抛光中机械作用是通过摩擦力体现出来的。摩擦作用于工件表面的能量正比于摩擦力、速度和时间。摩擦力越大，单位时间和路程上磨料对金刚石膜表面材料做的功越大，表面化学反应的驱动力越大。因此，有必要测量化学机械抛光过程中的摩擦力。

目前，化学机械抛光摩擦力的测量方法主要有三种：滑动平台法、扭矩测量法和拉线法。Scarfo 等[27]采用滑动平台法测量晶圆化学机械抛光过程的摩擦力。如图 7.24（a）所示，将整个抛光机放在可以在 x、y 方向自由滑动的平台上，抛光头固定在地面上。抛光头作用于晶圆的摩擦力通过抛光机传递给两个滑动平台，测量两个滑动平台受到的作用力即可计算出晶圆所受摩擦力。该方法将笨重的抛光机放在滑动平台上，测量精度较低，而且所得结果为整个晶圆所受摩擦力的合力。如图 7.24（b）所示，扭矩测量法是将抛光机固定，通过测量抛光头上施加的扭矩计算出摩擦力，该方法所得结果也是摩擦力的合力。为了解决滑动平台法由设备笨重造成的精度低等问题，Matsuo 等[28]采用拉线法测量摩擦力。如图 7.24（c）所示，采用细线通过滑轮将抛光头在 x 和 y 方向上拉住，通过调节配重使抛光头平衡。配重的重量就是抛光头在 x 和 y 方向所受的力，然后求出合力。这种方法也只能计算出晶圆受到摩擦力的合力，而不能测量晶圆上某些区域的摩擦力。

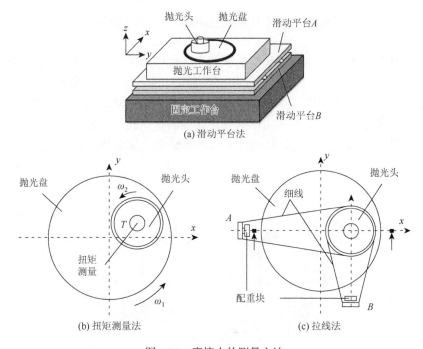

图 7.24　摩擦力的测量方法

如图 7.25 所示，如果工件上 A、B 两点受到的摩擦力之间的夹角大于 90°，A、B 两点的摩擦合力就会小于 A 点或 B 点的摩擦力。因此，抛光头或抛光机上受到的力是整个工件上摩擦力的综合反映，不能反映工件局部的摩擦力变化。局部摩擦力直接参与材料的去除，对局部摩擦力的精确测量有利于揭示化学机械抛光过程中材料去除机理，特别是机械摩擦对材料去除的贡献。由于上述三种摩擦力测量方法不能满足工件局部摩擦力测量的要求，本节提出小尺寸晶片摩擦力在线测量方法并设计了相应装置。

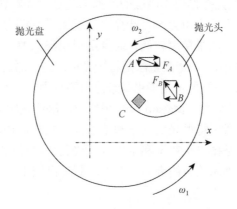

图 7.25　化学机械抛光过程摩擦力作用示意图

为了测量 CVD 金刚石膜化学机械抛光过程中的摩擦力，本节设计了相应的抛光头。如图 7.26 所示，抛光头主要由集电环、三个配重块（配重块 A、配重块 B、配重块 C）、弹性元件、应变片组成。通过调节配重块 B 的数量和高度来调节抛光压强。在配重块 A 底面加工出垂直于该面的孔，孔长度根据配重块尺寸及测试系统灵敏度要求确定，孔径比弹性元件直径略大，保证弹性元件受力变形后不

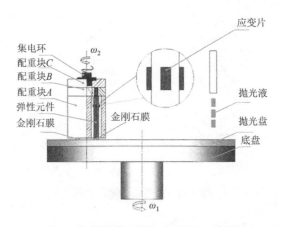

图 7.26　用于摩擦力测量的抛光头结构示意图

与孔内壁接触；在配重块 B 上加工出 M6 的螺纹孔，螺纹孔和配重块 A 的光孔同轴，以方便装夹弹性元件。抛光时将一片金刚石膜粘贴在弹性元件的端面，其余金刚石膜均匀布置于配重块 A 底面。弹性元件上沿圆周均布四个应变片 R_{x1}、R_{x2}、R_{y1}、R_{y2}，用于感知摩擦力的变化。其中，R_{x1} 和 R_{x2} 用于测量 x 方向的力，R_{y1} 和 R_{y2} 用于测量 y 方向的力。四个应变片测得的电压信号通过集电环输出，经过电桥盒、电阻应变仪，被数据采集仪测得并输入计算机中（图 7.27）。

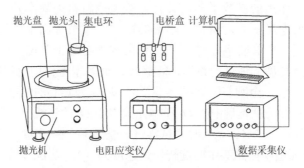

图 7.27　化学机械抛光摩擦力测量系统示意图

测得的电压信号和摩擦力之间存在如下关系：

$$U_o = \frac{1}{4} \cdot \frac{\Delta R}{R} \cdot U_\varepsilon = \frac{SL}{4WE} \cdot F \qquad (7.4)$$

式中，S 为应变片的应变；E 为弹性元件的弹性模量；W 为弹性元件的界面刚度系数；F 为摩擦力；L 为应变片与摩擦力作用点之间的距离；U_o 为输出电压。

图 7.28 是摩擦力的测量结果。可见，抛光盘和抛光头的周期运动导致 x 和 y 方向摩擦力呈周期性波动，并求出摩擦合力：

$$F_f = \sqrt{F_x^2 + F_y^2} \qquad (7.5)$$

摩擦合力比较平稳，没有大的波动，但也有一定的周期性，主要是由 CVD 金刚石膜相对于抛光盘运动方向改变引起的。试验时取 0～16s 时间段内的摩擦合力的平均值作为摩擦力的大小，有效降低了振动对测量的干扰。

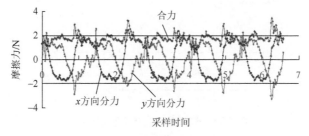

图 7.28　摩擦力测量结果

7.4.2　抛光工艺参数对抛光摩擦力的影响

1. 单位路程材料去除率的定义

在抛光过程中，当转速升高时，抛光液流体压力升高，外载荷主要由液体承担，机械摩擦作用下降，材料去除率有可能下降。但由于转速的升高，单位时间内工件受到机械作用的次数增多，又有可能造成材料去除率升高。为了消除转速的影响，只考虑摩擦力对材料去除率的影响，本节提出单位路程材料去除率（简称材料去除率）。单位路程材料去除率在数值上等于单位时间材料去除量除以金刚石膜在抛光盘上划过的路程，能够反映机械摩擦作用对材料去除的贡献。

如图 7.29 所示，金刚石膜试样 A 黏结在以 O_2 为圆心的配重块上。为了便于计算，令试样 A 位于抛光盘中心 O_1 和抛光头中心 O_2 的连线上，并处于抛光盘的外侧，取试样中心为点 A。抛光时，试样 A 一方面围绕抛光盘中心旋转（角速度为 ω_1），另一方面围绕抛光头中心旋转（角速度为 ω_2）。设 O_1O_2 的距离为 e，试样 A 与抛光头圆心 O_2 的距离为 r。当抛光 t 时间后，试样 A 绕抛光头中心 O_2 旋转了角 $\omega_2 t$，绕抛光盘中心 O_1 旋转了角 $\omega_1 t$。则 t 时刻，点 A 坐标为

$$\begin{cases} x = r\cos\left[2\pi(\omega_2 - \omega_1)t\right] + e\cos\left[2\pi(-\omega_1)t\right] \\ y = r\sin\left[2\pi(\omega_2 - \omega_1)t\right] + e\sin\left[2\pi(-\omega_1)t\right] \end{cases} \tag{7.6}$$

则该段时间内，点 A 走过的路程可表示为

$$s = \int_0^t \sqrt{(x')^2 + (y')^2}\ \mathrm{d}t \tag{7.7}$$

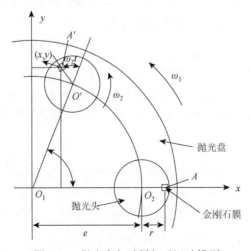

图 7.29　抛光盘与试样相对运动模型

将式（7.6）代入得金刚石膜上点 A 在 t 时刻走过的路程，得到

$$s = \int_0^t \sqrt{4\pi^2 [e^2\omega_1^2 + r^2(\omega_1 - \omega_2)^2 + 2\cos(2\pi\omega_2 t)er\omega_1(\omega_1 - \omega_2)]}\, \mathrm{d}t \qquad (7.8)$$

在摩擦力与材料去除率对比中，材料去除率均取单位路程单位时间的材料去除量：

$$\mathrm{MRRs} = M/(t \cdot s) \qquad (7.9)$$

式中，M 为 t 时间段内的材料去除量；s 为 t 时间段内金刚石膜划过抛光盘的路程。

2. 摩擦力随抛光盘转速的变化规律

图 7.30 是摩擦力和摩擦系数随抛光盘转速的变化规律，其中，抛光压强采用 266.7kPa。从图中可以看出，随着抛光盘转速的增加，摩擦力呈减小趋势。金刚石膜工件、抛光盘和抛光液组成一个摩擦体系，摩擦系数为 0.060～0.065。根据德国学者斯特里贝克（Striebeck）对摩擦的分类，该摩擦体系为混合摩擦[29]。混合摩擦同时存在干摩擦、边界摩擦和流体摩擦。增加抛光压强时，摩擦状态向边界摩擦转化，抛光盘凸起部分和磨料与工件接触，机械作用增强。增加抛光盘转速或抛光液黏度时，摩擦状态向流体摩擦转化，机械作用减弱。如图 7.31 所示，当增加抛光盘转速时，由于摩擦力的减小，机械作用减弱，材料去除率降低。

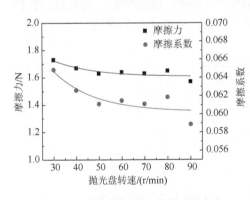

图 7.30　摩擦力和摩擦系数随抛光盘转速的变化

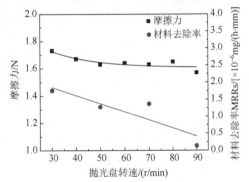

图 7.31　摩擦力和材料去除率随抛光盘转速的变化

3. 摩擦力随抛光压强的变化规律

抛光压强增加时，摩擦状态趋于边界摩擦。磨料和抛光盘对工件的机械作用增强，摩擦力增加。由于机械作用的增强，材料去除率增加。从图 7.32 中可以看

出，材料去除率的整体趋势增加，但在抛光压强为 266.7kPa 时达到最大值。原因可能是抛光压强增加时，抛光盘和金刚石膜的接触间隙减小，不利于抛光液进入界面。

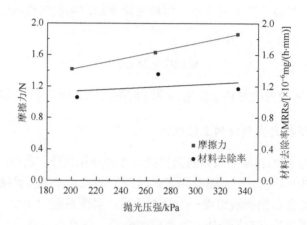

图 7.32　摩擦力和材料去除率随抛光压强的变化

4. 摩擦力随氧化剂浓度的变化规律

K_2FeO_4 的浓度增加时，抛光液的黏度增加，摩擦状态趋于流体摩擦，摩擦力减小。如图 7.33 所示，摩擦力随 K_2FeO_4 的浓度增加而缓慢降低，与理论分析相符。K_2FeO_4 的浓度增加时，抛光液的氧化性增强，材料去除率升高。

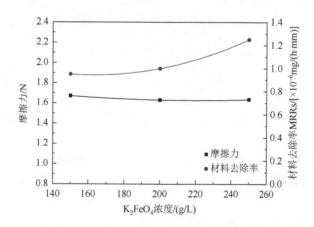

图 7.33　摩擦力和材料去除率随 K_2FeO_4 浓度的变化

7.4.3　抛光工艺参数对材料去除率的影响

在化学机械抛光体系中，除了抛光液的化学作用，机械作用也有着很重要的影响。机械作用主要受到抛光工艺参数（包括抛光压强、抛光盘转速、抛光温度等）的影响。化学机械抛光中工艺参数对材料去除的影响十分复杂。本节将研究化学机械抛光工艺参数对金刚石膜材料去除率的影响规律。

1. 抛光温度的影响

根据阿伦尼乌斯方程，当温度升高时，通常化学反应速率会加快。但是温度过高，抛光液挥发严重，K_2FeO_4 尚未进入接触界面就已经分解。另外，由于抛光液的流动性变差，机械活化作用也会减弱，促使化学反应速率降低。因此，在化学机械抛光中，材料去除不再严重依赖温度变化，而更侧重机械作用对化学反应的促进[30]。如图 7.34 所示，当抛光温度为 50℃时，材料去除率最大。温度过低，化学反应速率较慢；温度过高，机械活化作用降低，且 K_2FeO_4 容易分解，材料去除率下降。

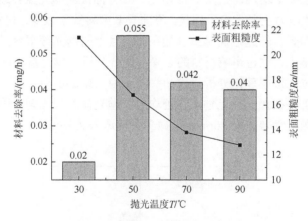

图 7.34　材料去除率和表面粗糙度随抛光温度的变化

2. 抛光压强的影响

抛光压强对化学反应的直接影响不大，主要通过机械作用影响化学反应。抛光压强一部分作用于磨料，促使磨料划擦工件表面，划擦作用越强，引入工件表面的畸变越严重，化学反应活化能降低得越多，越有利于化学反应进行；另一部分由流体压力承担，这部分压力促使磨料运动，有利于抛光的均匀性。如图 7.35 所示，当抛光压强高于 266.7kPa 时，接触间隙过小，磨料难以进入接触界面，导致抛光效率下降。

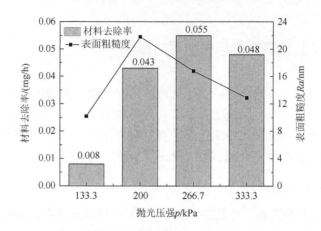

图 7.35　材料去除率和表面粗糙度随抛光压强的变化

3. 抛光盘转速的影响

抛光盘转速增加时，单位时间内磨料划擦工件表面的次数增加，机械活化作用增强，材料去除率增加，如图 7.36 所示。一方面，当抛光盘转速过高时，接触间隙变大，流体压力主要承担了外载，界面有效磨料数量减少，材料去除率降低。另一方面，当抛光盘转速过高时，滴加在抛光盘上的抛光液很容易被甩到抛光盘边缘，未参与抛光，这也影响材料的去除。综合分析，抛光盘转速为 70r/min 时较为合适。此时，根据理论分析，抛光头转速为 23r/min 时，其与抛光盘转速互质。金刚石膜工件在抛光盘上划擦轨迹均匀，抛光盘磨损均匀。因此，在抛光试验中，均采用抛光盘转速为 70r/min，抛光头转速为 23r/min。

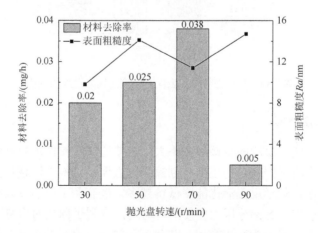

图 7.36　材料去除率和表面粗糙度随抛光盘转速的变化

4. 金刚石膜表面原始粗糙度的影响

金刚石膜表面原始粗糙度对化学机械抛光速率也有一定的影响。原始粗糙度大时，金刚石膜表层损伤严重，反应活化能较低，有利于化学反应。同时，粗糙表面的摩擦力相对于光滑表面较大，机械活化作用也会增强，材料去除率更高。经多次试验发现，当金刚石膜表面原始粗糙度 Ra 为 300nm 时，材料去除率可达 0.2mg/h 以上；当金刚石膜表面原始粗糙度 Ra 为 45nm 左右时，材料去除率停留在 0.05mg/h 左右；当金刚石膜表面原始粗糙度 Ra 小于 10nm 时，材料去除率更低。

7.4.4　化学机械抛光金刚石膜的效果

根据前面的分析，较佳的化学机械抛光工艺参数如下：抛光盘转速为 70r/min，抛光头转速为 23r/min，抛光温度为 50℃。为了验证抛光效果，本节采用优化的工艺参数对金刚石膜进行抛光。

为了便于分析，本节将经过化学机械抛光的金刚石膜与市场上购买的经过机械抛光的单晶金刚石膜进行对比。图 7.37 是经过两种技术抛光后的金刚石膜表面形貌。可以看出，经过机械抛光的金刚石膜表面存在许多划痕。脆塑转变是机械抛光的主要去除机理。镶嵌在抛光盘表面的金刚石颗粒划擦金刚石膜工件表面，使材料去除，并产生许多划痕。化学机械抛光依靠机械和化学的协同作用去除材料，且磨料在抛光时做无规则运动，金刚石膜表面没有任何划痕。如图 7.38 所示，采用 NewView 5022 型表面轮廓仪测量金刚石膜表面轮廓形貌。机械抛光后金刚石膜表面粗糙度 Ra 为 1.042nm，但 PV 高达 289.620nm。表面的深划痕起到应力倍增器的作用，使金刚石膜的断裂强度降低，金刚石膜的强度和耐磨性降低。化学机械抛光后金刚石膜表面轮廓过渡平缓，没有较深的划痕，表面粗糙度 Ra 达到 0.478nm，PV 为 5.913nm。化学机械抛光的金刚石膜表面损伤远低于机械抛光的金刚石膜表面损伤，金刚石膜的强度和耐磨性极大提高。

(a) 化学机械抛光　　　　　　　　　(b) 机械抛光

图 7.37　化学机械抛光和机械抛光后金刚石膜表面形貌

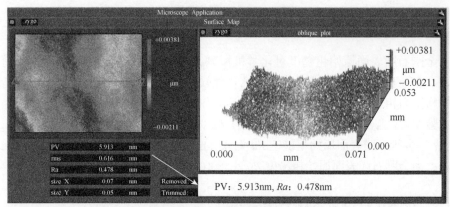

(a) 化学机械抛光

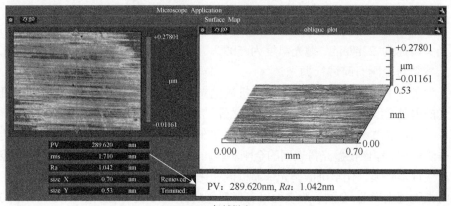

(b) 机械抛光

图 7.38　化学机械抛光和机械抛光金刚石膜的表面轮廓形貌（彩图见封底二维码）

图 7.39 是 K_2FeO_4 抛光液抛光 8h 后 CVD 金刚石膜表面的 AFM 形貌。与机械抛光不同，化学机械抛光后 CVD 金刚石膜表面没有纳米沟槽，表面平整，高低区域过渡得很平缓。表面粗糙度 Ra 最低达到 0.187nm，两条线（line1 和 line2）粗糙度 Ra 分别为 0.131nm 和 0.135nm。从表面轮廓线可以看出，其水平特征尺寸为 125～1684nm，约等于磨料的作用尺寸，说明磨料的活化作用十分重要；纵向特征尺寸为 0.5nm 左右，约为 4 个碳原子层，金刚石膜局部表面十分光滑。

图 7.40（a）是化学机械抛光后金刚石膜试样，尺寸为 10mm×10mm×0.4mm，其透光性分析如图 7.40（b）所示。可见整个金刚石膜表面被均匀去除，表面十分光滑。在 500～4000μm，经过双面抛光的金刚石膜都具有很好的透光性。

图 7.39　化学机械抛光后 CVD 金刚石膜表面的 AFM 形貌

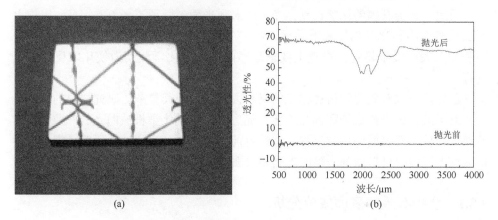

图 7.40　化学机械抛光后金刚石膜试样及其透光性分析

7.5　金刚石膜的化学机械抛光机理

　　化学机械抛光主要利用被加工材料与抛光液之间的化学反应和工件表面与磨粒之间的机械作用去除材料，其过程复杂，涉及抛光液和磨粒在抛光盘和工件间的两相流动，以及工件、磨粒和抛光盘三者间的物理、化学作用。以 Si、Cu 为例，其化学机械抛光去除机理一般是，抛光液与工件反应生成一层软质层，厚度为几纳米，然后在磨料的机械划擦作用下去除材料，实现工件的抛光[31]。在这个过程中，机械作用和化学作用相对独立，化学反应过程是一个热力学平衡过程。与此不同，金刚石膜的化学机械抛光去除机理更注重机械摩擦对化学作用的激励。通过机械作用在工件材料表面引入机械功，降低化学反应活化能，使化学反应得以进行或加速。在此过程中，机械功作为高品位的能量形式参与了化学反应，化学反应中有非体积功，是一个机械和化学协同作用的热力学非平衡过程。机械冲击和摩擦作用将能量引入工件表面并参与化学反应，通过化学反应释放，是一个耗散的熵增加过程。在这个过程中，经典化学热力学理论上不能进行的化学反应也有可能进行，经典化学动力学理论上发生十分缓慢的化学反应也可在瞬间完成。金刚石的氧化或石墨化反应是一个化学热力学可行、化学动力学上极其缓慢的过程，在化学动力学上加快化学反应将是金刚石快速去除的关键。根据前面的分析，磨料、抛光盘及抛光工艺是机械激励作用的影响因素，磨料和抛光盘硬度具有一定的阈值，而抛光工艺是协调机械作用和化学作用的关键参数。

另外，机械激励作用下的化学反应是在溶液中进行的，界面反应将是金刚石膜化学机械抛光过程必须考虑的因素。抛光液中氧化剂对金刚石膜的湿润性和氧化性，以及催化剂对化学反应的催化作用会极大地影响材料去除率。氧化物分子如何突破金刚石膜表面双电层的限制以便氧化金刚石膜也是必须考虑的因素。

因此，金刚石膜的化学机械抛光呈现宏观平衡、微观不平衡的特征。宏观上要求机械作用和化学作用相互协调，抛光工艺与抛光液性质稳定，保证材料去除和加工表面质量稳定；微观上要求足够的机械和化学驱动力使化学反应快速进行。

总之，金刚石膜化学机械抛光的材料去除机理极其复杂。研究材料的去除机理有助于改善抛光液成分和抛光工艺，促进金刚石膜化学机械抛光的产业化。本节通过分析工件表面的化学过程，并结合前面的理论分析和试验研究，揭示化学机械抛光过程中材料微观去除的本质和表面形成的机理。

7.5.1　金刚石膜的表面成分分析

1. X 射线衍射分析

图 7.41 是抛光后金刚石膜表面的 X 射线衍射图。从图中可以看出，金刚石膜呈以<220>晶向为主、<111>和<311>晶向并存的三向晶系。金刚石膜表面除金刚石峰外不含其他峰，说明抛光清洗后，金刚石膜表面没有残留任何杂质。相比较其他抛光技术，化学机械抛光技术更为清洁，适合作为最终抛光工序。

2. 拉曼光谱分析

拉曼光谱不但能够辨别不同形式的碳，而且可以分析金刚石膜表面材料的应力情况。从图 7.42 中可以看出，抛光后金刚石膜表面只存在金刚石特征峰，没有石墨特征峰，说明在抛光过程中金刚石以氧化的形式去除。抛光前，金刚石特征峰与标准金刚石特征峰（$1332cm^{-1}$）有一定的偏移，抛光后几乎没有偏移。这是因为抛光前金刚石膜表面较为粗糙，晶粒之间存在压应力；抛光后金刚石膜表面应力得以释放。抛光后金刚石的半峰宽（full wave at half maximum，FWHM）有所减小，金刚石膜表面原有晶型较差的材料已被去除。

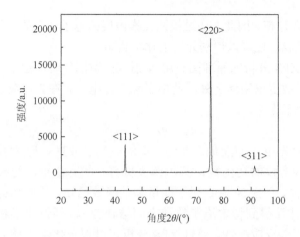

图 7.41　抛光后金刚石膜表面 X 射线衍射图

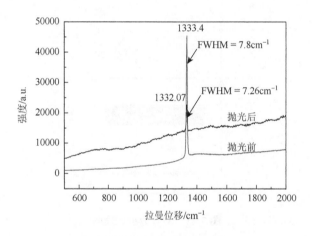

图 7.42　抛光前后金刚石膜的拉曼光谱分析

3. X 射线光电子能谱（X-ray photo-electron spectroscopy，XPS）分析

不同元素处于原子内层的电子结合能各不相同，而且各元素之间相差很大，容易识别（从 Li 的 55eV 增加到 F 的 1373eV）。因此，通过考查内层的电子结合能可以鉴定样品中的化学元素。另外，给定原子内层的电子结合能还与该原子的化学结合状态及其化学环境有关，随着该原子所在分子的不同，该内层电子的光电子峰会有位移，称为化学位移（chemical shift）。这是由于内层的电子结合能除主要取决于原子核电荷而外，还受周围价电子的影响。电负性比该原子大的原子趋向于把该原子的价电子拉向近旁，使该原子核同其 1s 电子牢固结合，从而增加电子结合能。例如，F 具有很强的电负性，F 与 C 结合时 C 内层 1s 电子的结合能

要比 C 与 C 结合时高。因此，通过检测元素内层的电子结合能，不仅可以测试材料表面的元素组成，还可以识别元素的化学状态。

图 7.43 是 XPS 分析的原理图。用 X 射线照射固体时，由于光电效应，原子某一能级的电子被击出物体之外，此电子称为光电子。在光电离过程中，固体物质的结合能可表示为

$$E_k = h\nu - E_b - \phi_s \tag{7.10}$$

式中，E_k 为出射光电子的能量；$h\nu$ 为 X 射线光子能量；E_b 为特定原子轨道上的结合能；ϕ_s 为谱仪的功函数，其由谱仪材料和状态决定，与被测材料无关。对于一台 XPS 仪，入射 X 射线光子能量和功函数已知，只要测得出射光电子的能量 E_k 就可以计算得到特定原子轨道上的结合能 E_b。经过化学机械抛光的金刚石膜表面残留化学反应产物，通过 XPS 分析可以揭示化学机械抛光过程的化学反应机理。

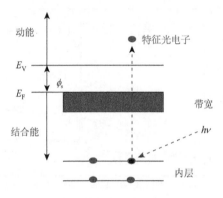

图 7.43　XPS 分析原理图

E_V 为真空能级，E_F 为费米能级

1）样品准备与检测仪器

为了揭示化学机械抛光过程的材料去除机理，分别配制酸性、碱性及含有 Cr_2O_3 催化剂等三种 K_2FeO_4 抛光液，分别对三片金刚石膜 A、B、C 抛光 4h，抛光后用水轻轻冲洗、吹干，用于 XPS 分析。XPS 分析采用美国 Thermo VG 公司的 ESCALAB250 型多功能表面分析系统。靶材采用 $AlK\alpha = 1486.6eV$，试验时真空度为 $5.1\times10^{-8}Mbar$。

2）酸性抛光液抛光

图 7.44 为酸性抛光液抛光后金刚石膜 A 表面的 XPS 全扫描分析。从图中可以看出，XPS 分析中主要存在 C1s 峰、O1s 峰、Cl2p 峰、Ba3d 峰和 Fe2p 峰。Cl 是由 K_2FeO_4 制备过程中引入的杂质，Ba 是金刚石膜中的微量杂质。抛光液中可

能引入金刚石膜表面的元素有 O、H 和 Fe，XPS 不能对 H 进行分析。C1s 和 O1s 的谱峰最强，说明金刚石膜表面碳元素最可能以氧化物形式存在。

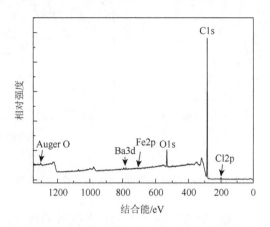

图 7.44　金刚石膜 A 表面 XPS 全扫描分析

对 C1s、O1s 和 Fe2p 进行 XPS 高分辨扫描，以金刚石 C—C 官能团 285eV 峰进行内标定。如图 7.45（a）所示，经过分峰拟合后，C1s 分别在 285eV、285.6eV、287.1eV 和 289.4eV 位置有四个峰。根据 Ghodbane 等[32]对掺硼多晶金刚石表面 XPS 分析，C—O—C 官能团的 C1s 结合能约为 285.8eV，C＝O 官能团的 C1s 结合能约为 287.7eV，HO—C＝O 官能团的 C1s 结合能约为 288.8eV。Min 等[33]对 DLC 表面氧化官能团分析认为，C—C/C—H 官能团的 C1s 结合能约为 285eV，C—O 官能团的 C1s 结合能约为 286.5eV，C＝O 官能团的 C1s 结合能约为 287.8eV，O—C＝O 官能团的 C1s 结合能约为 289.4eV。对比图 7.45（a）中 C1s 峰的位置，285eV、285.6eV、287.1eV 和 289.4eV 四处的 C1s 峰分别是 sp^3 C—C、C—O、C＝O 和 O—C＝O 官能团。

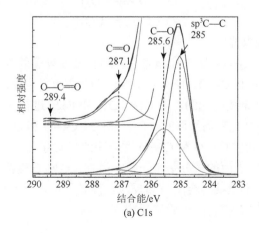

(a) C1s

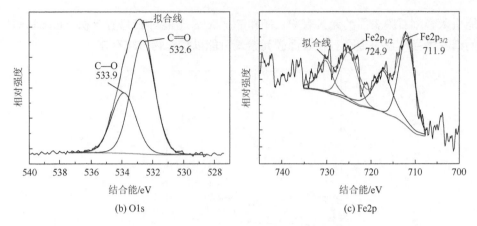

图 7.45　金刚石膜 A 表面 XPS 高分辨扫描分析

在含 C、H、O 元素的聚合物中，C—O 官能团 O1s 的结合能为 $533.60\sim534.02\text{eV}$，C=O 官能团 O1s 的结合能为 $532.52\sim532.64\text{eV}$[34]。图 7.45（b）中，O1s 在 532.6eV 和 533.9eV 位置有两个峰，分别为 C=O 和 C—O 官能团 O1s 对应的结合能。

从图 7.45（c）中可以看出，抛光后金刚石膜表面存在极少量的 Fe 元素。如果金刚石膜表面经过清洗，则很难测出 Fe 元素的存在。因此，Fe 元素不直接参与金刚石膜表面的反应，K_2FeO_4 只是提供一个强氧化环境。

根据以上分析，抛光后金刚石膜表面主要存在金刚石 C—C 官能团及 C—O、C=O 和 O—C=O 官能团。K_2FeO_4 不直接参与化学反应，而是提供氧化环境。高铁酸盐具有很强的氧化性，在酸性环境中能够将水分解成具有强氧化性的 $\cdot O$[35]，$\cdot O$ 与金刚石反应生成氧化物。

$$2FeO_4^{2-} + 5H_2O + 4H^+ = 2Fe(OH)_3\downarrow + 4H_2O + 3\cdot O \tag{7.11}$$

$$\cdot O + \cdot O = O_2\uparrow \tag{7.12}$$

$$2\cdot O + C = CO_2\uparrow \tag{7.13}$$

3）碱性抛光液抛光

图 7.46 是碱性 K_2FeO_4 抛光液抛光后金刚石膜 B 表面的 XPS 全扫描分析。金刚石膜表面主要元素有 C、O、Na、Cl。Na 和 Cl 主要是由配制抛光液时 KOH 药品中存在部分 NaCl 杂质引起的。对 C1s、O1s 和 Fe2p 进行 XPS 高分辨扫描，如图 7.47 所示，发现 C 元素仍然以 C—C、C—O、C=O 和 O—C=O 等官能团的形式存在，而 O 元素以 C=O 和 C—O 官能团的形式存在。这些官能团和酸性抛光液抛光后金刚石膜表面的成分基本一致。另外，金刚石膜表面几乎检测不到 Fe 元素，说明 K_2FeO_4 不直接与金刚石膜反应，而是先将水中的氧氧化为 $\cdot O$ 或 $\cdot OH$，这些官能团再与金刚石膜表面碳原子反应。

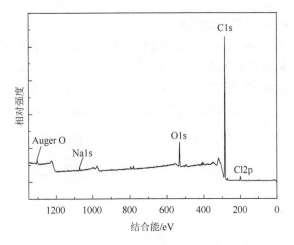

图 7.46　金刚石膜 B 表面 XPS 全扫描分析

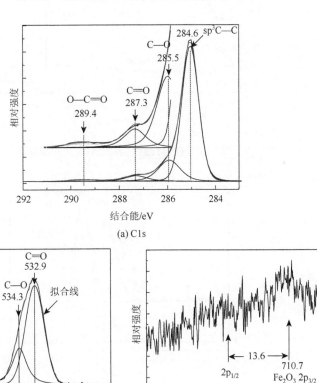

图 7.47　金刚石膜 B 表面 XPS 高分辨扫描分析

4）加 Cr_2O_3 的酸性抛光液抛光

如图 7.48 和图 7.49 所示，当酸性抛光液中添加催化剂 Cr_2O_3 时，金刚石膜表面官能团几乎和酸性抛光液一样。Cr 原子不参与与金刚石膜的反应。催化剂的作用是吸附由 K_2FeO_4 产生的·O，降低·O 结合成氧气的概率，输送·O 到金刚石膜表面，使·O 与金刚石膜反应。因此，抛光后金刚石膜表面很难残留铬离子或铁离子。

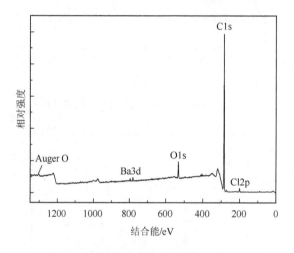

图 7.48　金刚石膜 C 表面 XPS 全扫描分析

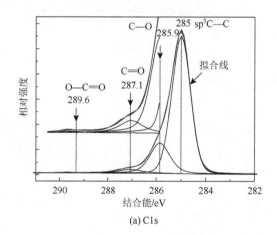

(a) C1s

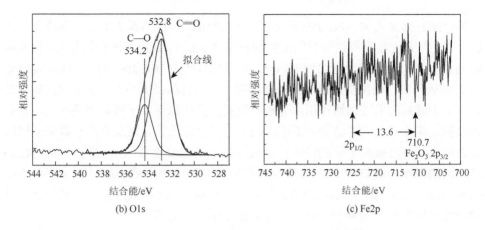

(b) O1s　　　　　　　　　　　　(c) Fe2p

图 7.49　金刚石膜 C 表面 XPS 高分辨扫描分析

7.5.2　金刚石膜表层的 XPS 深度分析

为了分析金刚石膜表面晶格畸变对化学反应的影响，对金刚石膜表面进行深度扫描。其过程如下：首先，采用离子束刻蚀机冲击金刚石膜表面，去除微区材料；然后，对刻蚀过的表面进行 XPS 分析。如果刻蚀速率恒定，则不同的刻蚀时间对应不同的刻蚀深度。对不同深度材料进行 XPS 分析，就可以得到金刚石表层材料成分随深度的变化。试验采用 Ar^+ 对金刚石膜进行刻蚀，在刻蚀时间为 0s、10s、20s、40s、60s、80s 和 100s 时对表面进行 XPS 分析。图 7.50 为不同刻蚀时

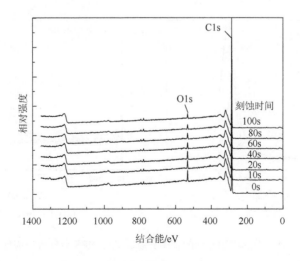

图 7.50　不同刻蚀时间的金刚石膜 A 表面 XPS 全扫描分析

间的金刚石膜 A 表面 XPS 全扫描分析，可以看出，金刚石膜表面的主要成分还是 C 和 O。图 7.51 是不同刻蚀时间的金刚石膜 A 表面 XPS 高分辨扫描分析。当刻蚀时间为 0s 时，C1s 结合能约为 285eV；当刻蚀时间为 10～100s 时，C1s 结合能变为 286eV 左右。这说明金刚石膜层碳结构与下层材料有所不同。在化学机械抛光时，由于磨料的机械划擦作用，金刚石膜表面晶格畸变，不再是规整的金刚石晶格结构，碳原子之间的结合力变小，C1s 的结合能增大。这层金刚石碳原子间结合力较小，容易被离子束刻蚀去除。根据离子刻蚀的速率，10s 内离子束刻蚀金刚石膜的深度不超过 2nm，说明带有晶格畸变的金刚石膜表层材料厚度不超过 2nm。如图 7.51（b）所示，随着刻蚀深度的增加，O1s 峰高度降低，说明金刚石膜表层材料的 O 含量减小。O 是由抛光液中引入的元素。

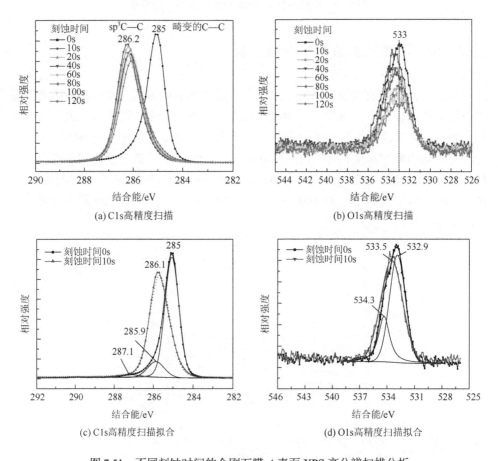

图 7.51　不同刻蚀时间的金刚石膜 A 表面 XPS 高分辨扫描分析

如图 7.51（c）和（d）所示，刻蚀时间为 0s 时，金刚石膜表面 C1s 和 O1s

都有多个峰，正如前面所述，表面存在 C—C、C—O、C=O 和 O—C=O 等多种官能团。当刻蚀时间为 10s 时，C1s 和 O1s 几乎是单峰，说明刻蚀后金刚石膜表面几乎为 C—C 官能团，有少量的 C—O 官能团。

7.5.3　化学机械抛光的材料去除机理

根据以上分析，金刚石膜表面材料主要以氧化形式去除，表面的氧化官能团有 C—O、C=O 和 O—C=O 等形式。Gaisinskaya 等[36]对激光切割后金刚石膜表面进行分析，认为表面的碳-氧化学态主要以 C=O、C—O—C 和 C—OH 等形式出现，氧化层厚度约为 2.2nm，和 XPS 深度检测结果接近。Charrier 等[20]分析 Ce^{4+}、MnO_4^-、H_2O_2 和 $S_2O_8^{2-}$ 对金刚石膜的氧化，发现氧化处理后金刚石膜表面主要覆盖 C=O、C—O—C 和 C—OH 等官能团。Simon 等[37]进一步研究认为，酸性 Ce^{4+}/H_2SO_4 溶液处理金刚石膜表面，金刚石膜表面主要以 C—O—C 形式存在；碱性 $Fe(CN)_6^{3-}$ / KOH 溶液处理金刚石膜表面，金刚石膜表面主要以 C—OH 形式存在。根据以上分析，如图 7.52 所示，化学机械抛光后，金刚石膜表面晶格存在一定的畸变，并覆盖着 C—C、C—OH、C—O—C、C=O 和 O=C—OH 官能团。金刚石膜表面这些官能团的存在量依次减少。除了 C—C 官能团，C—OH 官能团最多，O=C—OH 官能团最少。

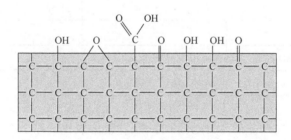

图 7.52　抛光后金刚石膜表面碳-氧化学态示意图

综合理论分析和试验研究，利用 K_2FeO_4 抛光液化学机械抛光金刚石膜的微观材料去除机理如下：K_2FeO_4 在酸性条件下将水氧化为·O，·O 吸附在金刚石膜表面并氧化碳原子。K_2FeO_4 分子中的氧原子和催化剂表面吸附的·O 参与氧化反应。氧化过程逐步展开，以 C—OH、C—O—C、C=O 和 O=C—OH 等多种官能团形式存在[38]。B_4C 磨料划擦金刚石膜表面起到活化金刚石碳原子的作用，降低 C—C 结合能和反应活化能，使化学反应更容易进行。催化剂起到延缓·O 寿命并将其运输到金刚石膜表面的作用。粒度均匀、细小的过渡金属氧化物粉末有良好的催化效果。

7.6   金刚石的高温化学机械抛光

除了采用 H_2O_2、$KMnO_4$ 等强氧化剂配制抛光液在室温或近室温条件下对金刚石膜进行抛光,早期许多学者也采用熔融态硝酸盐对金刚石膜进行抛光。因为抛光温度较传统化学机械抛光温度高,这里称为高温化学机械抛光。高温化学机械抛光技术最早被 Thornton 和 Wilks[2]用于金刚石膜的抛光,他们将 KNO_3 溶液涂覆在铸铁盘上,并加热至 180℃,与经过机械抛光的单晶金刚石膜对磨。不同氧化剂的熔融温度差别较大,因此,国内外学者研究了不同氧化剂对抛光金刚石膜的影响。常用的氧化剂有 $NaNO_3$、KNO_3、$LiNO_3$ 和 KOH。表 7.5 为不同氧化剂的熔点。

表 7.5   不同氧化剂的熔点

成分	质量比	熔点/℃
NaOH	—	318
$NaNO_3$	—	308
KNO_3	—	324
KOH	—	360
$LiNO_3$	—	255
NaOH + KNO_3	1:1	300
KNO_3 + $LiNO_3$	(0.57~0.60):1	130

Kühnle 和 Weis[3]采用 $NaNO_3$ 和 KNO_3 作混合氧化剂在 250~350℃对单晶金刚石膜进行抛光,获得了表面粗糙度 Ra 为 0.2nm 的超光滑表面,通过观测单晶金刚石膜表面的微沟槽,判断化学机械抛光的材料去除率可以达到 0.5μm/h。

为了降低抛光温度,减小抛光液挥发对环境造成的危害,Wang 等[7]比较了不同混合熔融盐对抛光的影响。如图 7.53 所示,其采用可以加热的抛光机(抛光盘转速可达 1.7~1350r/min),抛光盘转速为 81r/min,对金刚石膜进行抛光 3h,抛光温度约为 350℃。如图 7.54 所示,氧化剂对金刚石膜的材料去除率有较为显著的影响。KNO_3 和 $LiNO_3$ 混合熔融盐获得了 $1.2mg/(cm^2 \cdot h)$ 的最高材料去除率。从表 7.5 中也可以看出,KNO_3 和 $LiNO_3$ 混合熔融盐的熔点最低。在 350℃的抛光温度下,KNO_3 和 $LiNO_3$ 混合熔融盐的电离程度要大于其他熔融盐,OH^-、NO_3^- 等氧化性离子与金刚石膜之间的化学反应更加充分。

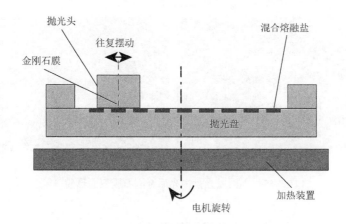

图 7.53　高温化学机械抛光装置示意图[7]

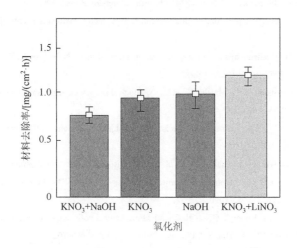

图 7.54　不同氧化剂对材料去除率的影响[7]

Wang 等[7]还比较了抛光盘材料、抛光盘转速、抛光压强对抛光的影响。研究得出，铸铁盘得到的材料去除率明显高于铝盘。图 7.55 为两种抛光盘抛光后金刚石膜表面形貌。可以看出，铝盘抛光后金刚石膜表面残留原始晶面，金刚石膜原始表面并没有被刻蚀完全；铸铁盘抛光后金刚石膜表面的金字塔形结构被完全去除。造成这一结果的原因有两个：一个是较软的铝盘与金刚石膜之间的机械作用较弱；另一个是金刚石膜表面金字塔形结构在铝盘表面划擦，使铝盘表面产生许多沟槽，影响了与金刚石膜的接触和刻蚀。另外，材料去除率随着抛光盘转速的增加而明显增加，随着抛光压强的增加而增加。抛光后金刚石膜表面粗糙度 Ra 从 8~17μm 降为 0.4μm，材料去除率达到 1.7~2.3μm/(cm^2·h)。材料去除主要是金刚石膜表面氧化、石墨化及机械摩擦微破碎的综合作用结果。

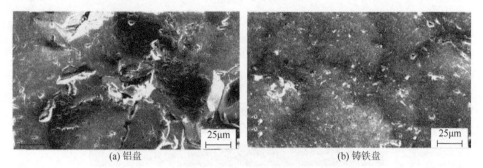

(a) 铝盘　　　　　　　　　　　　　　(b) 铸铁盘

图 7.55　不同抛光盘抛光后金刚石膜表面形貌[7]

参 考 文 献

[1]　Tolansky S. Physical Properties of Diamond[M]. Oxford：Clarendon Press，1965.

[2]　Thornton A G，Wilks J. The polishing of diamonds in the presence of oxidising agents[J]. Diamond Research，1974：39-42.

[3]　Kühnle J，Weis O. Mechanochemical superpolishing of diamond using NaNO₃ or KNO₃ as oxidizing agents[J]. Surface Science，1995，340（1-2）：16-22.

[4]　Bhushan B，Subramaniam V V，Malshe A，et al. Tribological properties of polished diamond films[J]. Journal of Applied Physics，1993，74（6）：4174-4180.

[5]　Cheng H H，Chen C C. Chemical-assisted mechanical polishing of diamond film on wafer[J]. Materials Science Forum，2006，505：1225-1230.

[6]　Ollison C D，Brown W D，Malshe A P，et al. A comparison of mechanical lapping versus chemical-assisted mechanical polishing and planarization of chemical vapor deposited（CVD）diamond[J]. Diamond and Related Materials，1999，8（6）：1083-1090.

[7]　Wang C Y，Zhang F L，Kuang T C，et al. Chemical/mechanical polishing of diamond films assisted by molten mixture of LiNO₃ and KNO₃[J]. Thin Solid Films，2006，496（2）：698-702.

[8]　Cheng C Y，Tsai H Y，Wu C H，et al. An oxidation enhanced mechanical polishing technique for CVD diamond films[J]. Diamond and Related Materials，2005，14（3-7）：622-625.

[9]　陈启晟. 化学辅助机械式抛光金刚石膜之研磨液作用[D]. 台北：台湾"清华大学"，2005.

[10]　Hsieh C H，Tsai H Y，Lai H T，et al. Comparison between mechanical method and chemical-assisted mechanical method for CVD diamond film polishing[C]. Melbourne：Nano-and Microtechnology：Materials，Processes，Packaging，and Systems，2002，4936：337-344.

[11]　Haisma J，Frank J H M，van der Kruis，et al. Damage-free tribochemical polishing of diamond at room temperature：A finishing technology[J]. Precision Engineering，1992，14（1）：20-27.

[12]　Horio K I，Hyohdoh M，Kasai T. Smoothing of single-crystal diamond with some soft powders[J]. The Japan Society for Abrasive Technology，2000（44）：408-413.

[13]　Derry T E，Makau N W. Carbon atom exchange between the diamond surface and lubricant during polishing[J]. Diamond and Related Materials，2006，15（1）：160-163.

[14]　Hah S R，Fischer T E. Tribochemical polishing of silicon nitride[J]. Journal of the Electrochemical Society，1998，145（5）：1708-1714.

[15]　Zhu Z，Muratov V，Fischer T E. Tribochemical polishing of silicon carbide in oxidant solution[J]. Wear，1999，225：848-856.

[16]　邱思齐. CVD 金刚石膜表面抛光技术之研究——热化学抛光及化学机械抛光[D]. 台北：台湾"清华大学"，2004.

[17]　Luo J，Dornfeld D A. Effects of abrasive size distribution in chemical mechanical planarization：Modeling and verification[J]. IEEE Transactions on Semiconductor Manufacturing，2003，16（3）：469-476.

[18]　张朝辉，杜永平，常秋英，等. 化学机械抛光中抛光垫作用分析[J]. 北京交通大学学报，2007，31（1）：18-21.

[19]　Walsh R J，Herzog A H. Process for polishing semiconductor materials：US，3170273[P]. 1965-02-23.

[20]　Charrier G，Lévy S，Vigneron J，et al. Electroless oxidation of boron-doped diamond surfaces：Comparison between four oxidizing agents：Ce^{4+}，MnO_4^-，H_2O_2 and $S_2O_8^{2-}$ [J]. Diamond and Related Materials，2011，20（7）：944-950.

[21]　Sharma V K. Oxidation of inorganic contaminants by ferrates（VI，V，and IV）——kinetics and mechanisms：A review[J]. Journal of Environmental Management，2011，92（4）：1051-1073.

[22]　Wood R H. The heat，free energy and entropy of the ferrate（VI）ion[J]. Journal of the American Chemical Society，1958，80（9）：2038-2041.

[23]　王立立，曲久辉. 高铁稳定性及其影响因素的研究[J]. 东北电力大学学报，1999，19（1）：6-10.

[24]　宋华，王园园. 高铁酸钾在中性、酸性介质中的稳定性[J]. 化学通报，2008，71（9）：696-700.

[25]　宋华，宋亚瑞，柳艳修，等. 高铁酸钾在不同介质中的稳定性[J]. 化学通报，2005，8：1-5.

[26]　庄玉贵，颜文强，许冬梅，等. 高铁酸盐稳定剂的筛选[J]. 福建师范大学福清分校学报，2006，2：40-43.

[27]　Scarfo A M，Manno V P，Rogers C B，et al. In situ measurement of pressure and friction during CMP of contoured wafers[J]. Journal of the Electrochemical Society，2005，152（6）：G477-G481.

[28]　Matsuo H，Ishikawa A，Kikkawa T. Role of frictional force on the polishing rate of Cu chemical mechanical polishing[J]. Japanese Journal of Applied Physics，2004，43（4）：1813-1819.

[29]　温诗铸. 摩擦学原理[M]. 北京：清华大学出版社，1990.

[30]　Heinicke G. Tribochemistry[M]. Berlin：Akademie-verlag，1984.

[31]　陈志刚，陈杨，陈爱莲. 硅晶片化学机械抛光中的化学作用机理[J]. 半导体技术，2006，31（2）：112-114.

[32]　Ghodbane S，Ballutaud D，Omnès F，et al. Comparison of the XPS spectra from homoepitaxial {111}，{100} and polycrystalline boron-doped diamond films[J]. Diamond and Related Materials，2010，19（5）：630-636.

[33]　Min Y，Marino M，Bojan V，et al. Quantification of oxygenated species on a diamond-like carbon（DLC）surface[J]. Applied Surface Science，2011，257（17）：7633-7638.

[34]　黄惠忠. 表面化学分析[M]. 上海：华东理工大学出版社，2007.

[35]　李娜. 高铁酸钾同时去除微污染水中有机物和重金属的研究[D]. 太原：太原理工大学，2010.

[36]　Gaisinskaya A，Akhvlediani R，Edrei R，et al. Chemical composition，thermal stability and hydrogen plasma treatment of laser-cut single-crystal diamond surface studied by X-ray Photoelectron Spectroscopy and Atomic Force Microscopy[J]. Diamond and Related Materials，2010，19（4）：305-313.

[37]　Simon N，Charrier G，Etcheberry A. Electroless oxidation of diamond surfaces in ceric and ferricyanide solutions：An easy way to produce "C—O" functional groups [J]. Electrochimica Acta，2010，55：5753-5759.

[38]　苑泽伟. 利用化学和机械协同作用的 CVD 金刚石抛光机理与技术[D]. 大连：大连理工大学，2012.

第8章　金刚石膜的光催化辅助抛光技术

化学机械抛光技术是硅、蓝宝石等半导体材料常用的平坦化技术。采用化学机械抛光技术可使金刚石膜获得表面粗糙度 Ra 低于 1nm、损伤层小于 2nm 的超光滑、低损伤表面。然而，由于抛光后金刚石膜表面具有很强的吸附能力，在抛光液中金刚石膜表面会形成双电层，阻碍了抛光液中氧化剂与金刚石膜发生持续的氧化还原反应。此外，抛光过程中添加强氧化性的抛光液以获得较高的材料去除率，容易出现抛光液挥发严重、氧化剂快速分解、设备腐蚀严重、污染环境等问题。强氧化剂在搬运、储存及抛光液配制过程中极容易发生还原反应而失效。因此，针对化学机械抛光存在的这些问题，光催化辅助抛光技术通过将光能或电能转化为化学能以实现金刚石膜材料的去除。

8.1　光催化辅助抛光原理

TiO_2 的禁带宽度为 3.20eV，吸收波长为 387.5nm 的紫外线能量后，处于价带的电子就会被激发到导带上去，在 TiO_2 颗粒表面会产生电子和空穴[1, 2]。TiO_2 光生空穴的标准氧化还原电位（oxidation-reduction potential，ORP）为 3.20V，比常用的氧化剂 O_3（2.07V）、K_2FeO_4（2.20V）、$KMnO_4$（1.70V）、Cl_2（1.36V）高得多，具有很强的氧化性，可以将吸附在 TiO_2 颗粒表面的 OH^- 和 H_2O 进行氧化，生成具有强氧化性的·OH（标准 ORP 为 2.76V）。如图 8.1 所示，如果将 TiO_2 颗粒表面的电

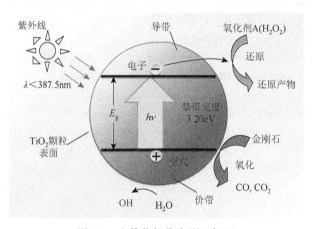

图 8.1　光催化氧化金刚石机理

子及时中和，则 TiO_2 颗粒表面的光生空穴和·OH 可以用来氧化大多数有机物和无机物[3,4]。如果将 TiO_2 颗粒配制成抛光液或制备成抛光盘，在紫外线照射下，可以氧化金刚石膜，实现金刚石膜表面材料的原子级去除。

图 8.2 为光催化辅助抛光金刚石膜示意图，利用 TiO_2 在光催化条件下产生的具有强氧化性的空穴和·OH 与金刚石膜发生氧化还原反应，达到原子级去除金刚石膜的目的。此外，借助 TiO_2 颗粒的机械运动，优先选择凸点去除，增大空穴和·OH 与金刚石膜的接触概率，获得超光滑表面，加快化学反应速率及材料去除率。通过调节紫外灯功率和抛光液中 TiO_2 的浓度以改变溶液氧化性，避免了传统通过升温调节而造成抛光液挥发严重、氧化剂分解严重、环境污染、腐蚀设备等问题，同时，由于采用硬度较金刚石低的 Al_2O_3 盘与 TiO_2 催化剂，消除了由接触应力过大造成的金刚石膜表面缺陷和损伤，实现金刚石膜高效、高精度、无损伤抛光。

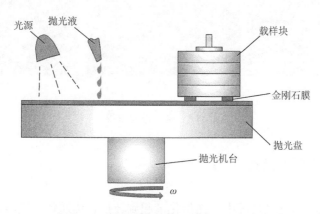

图 8.2　光催化辅助抛光金刚石示意图

8.2　光催化辅助抛光液的配制

光催化反应效率主要取决于电子和空穴的分离，以及其向催化剂表面的迁移速率和被反应物捕获而发生氧化还原的速率，以及催化剂粒径、晶型、光源与光强、pH、电子捕获剂等。此外，还要满足光催化辅助抛光金刚石膜的要求。因此，光催化辅助抛光液主要包含光催化剂、磨料、电子捕获剂、pH 调节剂等。以下根据化学机械抛光理论与光催化氧化理论对抛光液的主要成分进行确定。

8.2.1　磨料的选择

磨料是抛光液的重要组成部分。在化学机械抛光金刚石膜的过程中，磨料的主要作用是活化金刚石膜表面碳原子。磨料硬度高，活化力度大，使金刚石膜表层晶格发生畸变，为化学氧化提供能量。磨料硬度低，机械活化作用很弱，化学反应速率很小，且机械作用不足以去除材料，导致材料去除率很低。目前常用的抛光金刚石膜的磨料有 B_4C、SiC、Al_2O_3 和金刚石磨料等。纳米级 B_4C 制造成本较高，且粒度型号较少。SiC 磨料价格相对低廉，但硬度较低，可在精抛时使用。金刚石磨料具有超细、超硬等特性，粗磨时可有效提高材料去除率，因此将其作为粗加工磨料[5]。精抛时，为了减少表面微裂纹和亚表面损伤，采用硬度相对较低的 Al_2O_3 磨料，同时 Al_2O_3 磨料制备工艺成熟，价格低廉，无毒，而且具有较高的化学稳定性[6, 7]。常用磨料微观形貌如图 8.3 所示。

(a) 金刚石　　　　　　　　(b) Al_2O_3　　　　　　　　(c) SiC

图 8.3　磨料微观形貌

8.2.2　光催化剂的选择

在光催化辅助抛光过程中，光催化剂起到转换和传递紫外线能量的作用。催化剂吸收紫外线能引发分子转换或反应，部分能量吸附在催化剂表面，在与被抛光材料接触时发生化学反应。因此，光催化剂的转化效率直接影响抛光的材料去除率。常用的光催化剂有 TiO_2、ZrO_2、ZnO、CeO_2 等。由于 TiO_2 具有无毒、催化活性高、氧化性强、化学稳定性好等特点，经过多年的市场研发，其获得了广泛应用。

TiO_2 按照原子排列方式可分为锐钛矿型 TiO_2、金红石型 TiO_2 和板钛矿型 TiO_2 三种结晶形态（图 8.4）。一般而言，金红石型 TiO_2 的 ORP（3.03eV）低于锐钛矿型 TiO_2（3.20eV），氧化还原能力相对较弱，并且催化活性偏低[8]，因此本书所提 TiO_2 均指锐钛矿型 TiO_2。另外，研究表明，锐钛矿型与金红石型混晶 TiO_2 比单晶 TiO_2 具有更高的光催化效率[9]。P25 型混晶 TiO_2（简记为 P25）由德国 Degussa 公司生产，平均粒径约 25nm，BET 比表面积（BET 比表面积测试法由 Brunauer、Emmett 和 Teller 三位科学家提出）为 $50m^2/g$，锐钛矿型 TiO_2 与金红石型 TiO_2 质量之比约为 80∶20。

(a) 金红石型　　　　　　(b) 锐钛矿型　　　　　　(c) 板钛矿型

图 8.4　TiO₂ 三种晶型示意图

除了 TiO₂，ZrO₂、CeO₂、ZnO 也是常用的光催化剂。图 8.5 为常用光催化剂的微观形貌。表 8.1 为常用光催化剂的性质。

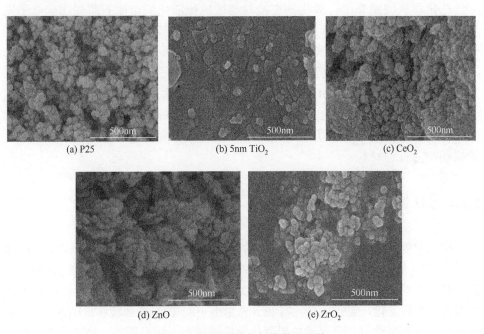

(a) P25　　　　　　　　(b) 5nm TiO₂　　　　　　　(c) CeO₂

(d) ZnO　　　　　　　　　　(e) ZrO₂

图 8.5　常用光催化剂的微观形貌

表 8.1　常用光催化剂的性质

光催化剂	莫氏硬度	禁带宽度/eV	波长/nm
P25	金红石型 6～6.5 锐钛矿型 5.5～6.0	3.37	367.95
5nm TiO₂	锐钛矿型 5.5～6.0	3.20	387.5
CeO₂	6	2.58	480.62
ZnO	4.5	3.37	367.95
ZrO₂	9	5	280

光催化剂的粒径与其光催化活性有密切关系。粒径越小，比表面积越大，光催化剂的禁带越宽，光生电子-空穴的氧化还原能力越强。此外，粒径减小还引起光生载流子从粒子内部到粒子表面迁移速率的提高，使得内部复合概率减小，增强光催化活性。但光催化活性并不总是随着粒径的减小而增加，需根据降解物选择最佳粒径。为了比较光催化效果，分别采用粒径为 5nm TiO_2、10nm TiO_2、20nm TiO_2、P25 和 ZnO 进行试验。

8.2.3　电子捕获剂的选择

在化学机械抛光中，氧化剂直接与经过机械活化的金刚石膜表面碳原子发生氧化还原反应，形成 CO 或 CO_2 释放出来，达到去除金刚石膜的目的。在 TiO_2 光催化反应过程中，空穴和电子形成后存活时间较短，存在快速复合现象。加入适量的电子捕获剂可以俘获大量电子，减小电子-空穴复合概率，使大量空穴直接参与氧化或间接生成·OH 氧化，有效提高光催化反应速率。H_2O_2 与 K_2FeO_4 具有很强的氧化性，而且在反应过程中不产生任何对人体有害的物质、无毒无臭、价格低廉，结合化学机械抛光、市场前景及环境危害性等，将二者列为电子捕获剂的首选材料。

8.2.4　pH 调节剂的选择

在化学机械抛光中，pH 对抛光液的稳定性和氧化性具有很大的影响。pH 也会影响 TiO_2 催化剂的聚集度、价带与导带的位置及表面吸附等。在高 pH 时，溶液中存在大量 OH^-，TiO_2 促进空穴从 TiO_2 颗粒内部转移到表面。在低 pH 时，TiO_2 表面会产生质子化，带正电荷，有利于光生电子向 TiO_2 表面转移。H_3PO_4 具有不易挥发、分解等优点，且已被应用到化学机械抛光金刚石膜中，适合作为光催化辅助抛光的 pH 调节剂。

8.2.5　光催化辅助抛光液的氧化性表征

根据前面分析，光催化辅助抛光液的主要成分应包含光催化剂（5nm TiO_2、10nm TiO_2、20nm TiO_2、P25、ZnO）、电子捕获剂（H_2O_2、K_2FeO_4）、pH 调节剂（H_3PO_4）、磨料（金刚石微粉、Al_2O_3 粉）。以下通过氧化还原定位和甲基橙（$C_{14}H_{14}N_3SO_3Na$）氧化法表征光催化辅助抛光液的氧化性。

ORP 可以反映水溶液中所有物质表现出来的宏观氧化还原性。ORP 越高，氧化性越强；ORP 越低，还原性越强。ORP 为正表示溶液显示出一定的氧化性；ORP 为负则表示溶液显示出一定的还原性。

图 8.6 为不同光催化剂辅助抛光液的 ORP。从图中可以看出，P25 受紫外线辐射后 ORP 下降最为明显，说明其氧化物最为活跃，分解较快。由于紫外线穿透纯水并直接照射到电极表面，纯水的 ORP 升高。ZnO 的 ORP 略低于 TiO_2，并且 ZnO 化学性质不稳定，经过紫外线照后光生电子-空穴会与不稳定的 Zn^{2+} 发生反应从而生成其他物质，发生光腐蚀现象。

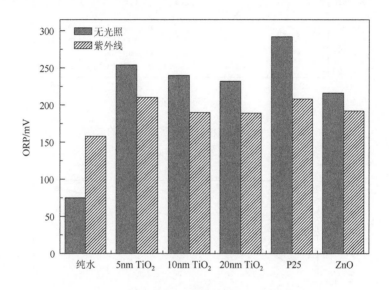

图 8.6　紫外线对不同催化剂 ORP 的影响

图 8.7 为 TiO_2 与紫外线单独作用和投加一定量 H_2O_2、H_3PO_4 后 TiO_2 与紫外线作用的 ORP 比较。从图中可以看出，TiO_2 的 ORP 要高于 TiO_2 与紫外线单独作用的 ORP，说明有一定量的氧化物被紫外线分解；加入适量的 H_2O_2 与 H_3PO_4 使得 TiO_2 与紫外线作用的 ORP 迅速提升，而且随着 TiO_2 投加量的增加，其 ORP 较为稳定。相比较而言，加入 0.2g TiO_2 时各种条件下 ORP 的变化幅度最大。

图 8.8 为在 TiO_2 与紫外线作用下 H_2O_2 和 K_2FeO_4 两种电子捕获剂对溶液 ORP 的影响。从图中可以看出，H_2O_2 对 TiO_2 的氧化性影响较为稳定，在初始阶段溶液 ORP 快速升高到 405mV；投加 1ml 的 H_2O_2 后溶液 ORP 趋向稳定；投加 0.5ml 的 K_2FeO_4 后溶液 ORP 为 369mV。这可能是由于初始阶段没有快速发生化学反应，捕捉光生电子效率较低，随着电子捕获剂投加量的增加和时间的推移，溶液 ORP 逐渐增大。

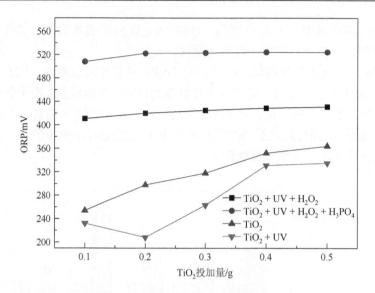

图 8.7　TiO$_2$ 投加量对不同溶液 ORP 的影响

UV 指紫外线（ultraviolet）

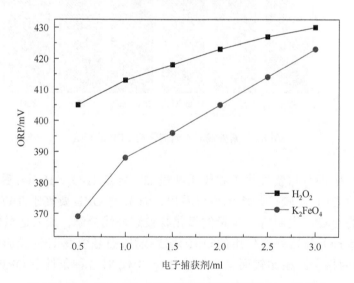

图 8.8　H$_2$O$_2$ 和 K$_2$FeO$_4$ 两种电子捕获剂对溶液 ORP 的影响

　　ORP 能够反映水溶液中所有物质表现出来的宏观氧化还原性。在光催化辅助抛光液中，光催化产生的·OH 等强氧化性官能团一般在 TiO$_2$ 颗粒表面，测量得到的 ORP 偏小。为了更为直观地表征抛光液的氧化性，本节选择甲基橙作为表征试剂。甲基橙为常用的水溶性染料，溶解在水中可使水溶液变为橙色。甲基橙如果被光催化产生的·OH 氧化，其水溶液则会褪色。通过观测水溶液的颜色可以判断抛光液氧化性。

试验时，取 0.5g P25 投加到 200ml、浓度为 20mg/L 的甲基橙溶液中，添加一定量的 H_2O_2（质量分数为 30%）提高光催化剂的氧化速率，适当选择少量的 $(NaPO_3)_6$ 作为分散剂。配制好溶液后，用超声波清洗器振动 20~30min，使得光催化剂、H_2O_2、H_3PO_4 等物质分散均匀。振动完毕后采用 pH 计记录数据，将溶液置于防紫外线箱内部的磁力搅拌器上匀速搅拌，开启汞灯光源，每隔 15min 观测一次，隔 30min 取出拍摄照片，试验时间共计 1h。观测时需要佩戴紫外线防护镜，防止眼睛受损。试验装置见图 8.9。

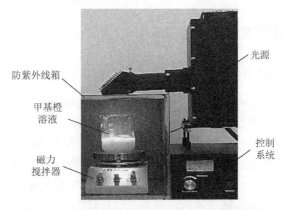

图 8.9　光催化辅助抛光液氧化性表征试验装置

图 8.10 是添加甲基橙的抛光液褪色过程。图 8.10（a）为配制好的初始 TiO_2 光催化溶液，图 8.10（b）为投加甲基橙后 TiO_2 光催化溶液。在经过紫外线照射 30min 后，甲基橙溶液出现明显的脱色现象，如图 8.10（c）所示。再次放入防紫外线箱中，经由紫外线照射 60min 后，甲基橙溶液几乎完全脱色，如图 8.10（d）所示。由于大部分紫外线会受到溶液中催化剂、染料、杂质等物质遮蔽的影响，试验采用的光照方式为顶部垂直照射，所以溶液配制不宜过多，溶液越少，光催化氧化速率越高。

(a) 初始溶液　　　(b) 加入甲基橙后　　(c) 紫外线照射30min后　(d) 紫外线照射60min后

图 8.10　添加甲基橙的抛光液褪色过程（彩图见封底二维码）

　　将试验结果与半导体光催化氧化机理结合进行分析，TiO_2 光催化剂吸收到紫外线能量后，在溶液中及光催化剂表面形成了大量的光生空穴并间接产生·OH，光生空穴与·OH 均具有强氧化性。在光催化反应中，光生空穴和·OH 将与吸附在 TiO_2 颗粒表面和溶液中的甲基橙等有机物产生化学反应，使部分甲基橙直接降解成 CO_2 和 H_2O，最终产生脱色现象。

8.3　金刚石膜的光催化辅助抛光

8.3.1　光催化辅助抛光方法与装置

1. 抛光工艺参数与试验装置

　　光催化辅助抛光试验装置如图 8.11 所示。抛光设备为 UNIPOL-1202 型自动精密研磨抛光机，抛光盘材料为 Al_2O_3。具体步骤如下：将三片多晶 CVD 金刚石膜（尺寸为 5mm×5mm×1mm）用石蜡黏结到直径为 90mm 的载物盘上，并使其等距离分布；通过配重块数量来调节抛光压强，粗磨时间为 30min，磨料为金刚石微粉（平均粒径为 1～3μm），主要目的是将金刚石膜表面多余材料去除；粗抛结束后，采用光催化辅助抛光技术进行加工，每隔 2h 对金刚石膜的质量和表面形貌进行一次检测。抛光时间为 4h，抛光盘转速为 60r/min，抛光压强为 1.09MPa。

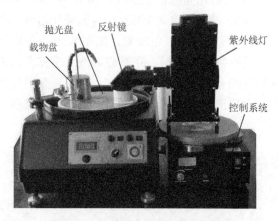

图 8.11　光催化辅助抛光试验装置

2. 紫外线光源的选择

　　光催化是以 n 型半导体的能带理论为基础，以 n 型半导体作为敏化剂的一种光敏氧化法。常用的金属氧化物和硫化物 n 型光催化半导体有 TiO_2、CeO_2、CdS、

ZrO_2、ZnO、WO_3 和 SnO_2 等，其禁带宽度如图 8.12 所示。价带上的电子发生跃迁所需的光能量即波长（λ_g）与禁带宽度（E_g）之间的关系如下：

$$\lambda_g(nm) = \frac{1240}{E_g(eV)} \tag{8.1}$$

据此计算出波长分别为 387.5nm、480.6nm、516.7nm、248nm、368nm、457.1nm 和 326.3nm，大部分波长在紫外线区。因此，参与光催化反应的光生电子-空穴对只能由波长为 10~380nm 光子能量高的紫外线激发。太阳光的能量主要集中在可见光区（约占 45%），紫外线区仅占太阳光辐射的 5%左右。为了提供光催化辅助抛光过程中光催化剂被激发所需要的能量，需要选用合适的人造光源。

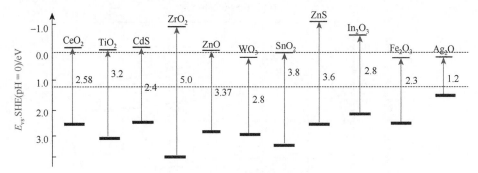

图 8.12　常见半导体能带结构

E_{vs} 为电势；SHE 为标准氢电极

选择光源时，不仅要考虑光谱范围，还要考虑光源输出功率、光斑尺寸、光照距离、散热方式和光源装置与其他设备组合的方便性等因素。目前能够产生紫外线的光源种类有氙灯、氘灯、溴钨灯、复合光源和汞灯等[10-12]，其光源发出的波长范围如表 8.2 所示。图 8.13 为不同光源的光谱辐射度曲线。氙灯光源和溴钨灯光源在紫外线区分布的波长范围小，此光源发出的光大部分是不能用作半导体光催化试验的，光的利用率低；氘灯光源的波长分布为 200~400nm，几乎全在紫外线区，但氘灯的功率小，其功率仅可达到 30W，满足光催化试验要求的大功率型氘灯光源极为昂贵；将溴钨灯光源与氘灯光源相结合研究出的复合光源并没有解决波长范围与输出功率的问题，不能满足本书的光催化辅助抛光试验的需求。

表 8.2　光源发出的波长范围　　　　　　　　（单位：nm）

光源类型	波长范围	光源类型	波长范围
氙灯光源	200~1800	复合光源	200~2500
氘灯光源	200~400	汞灯光源	200~600
溴钨灯光源	350~2500		

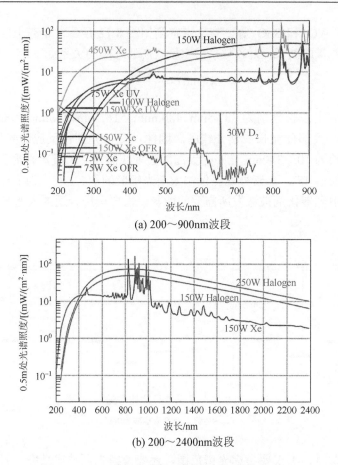

(a) 200～900nm波段

(b) 200～2400nm波段

图 8.13　不同光源的光谱辐射度曲线

Halogen 指卤素光源

　　汞灯光源是目前光催化采用比较多的光源。光催化试验的光源多选用中压汞灯光源，其他的光源还有高压汞灯光源、低压汞灯光源和氙灯光源等。TiO_2 价带与导带的禁带宽度为 3.2eV，只有 $\lambda \leqslant 387.5nm$ 的入射光才能使其激发产生光生电子和空穴。通过对大量光催化试验中所用光源的对比，优先选择紫外线有效区能量较大的汞灯（200～600nm）与氙灯（200～1800nm）光源。汞灯光源价格相对较低，而且短于 387.5nm 的波长较多。图 8.14（a）为 Merc-1000W 型汞灯光源的实物图，其最大功率可以达到 1000W，通过控制器可以改变汞灯光源的输出功率。图 8.14（b）为 Merc-1000W 型汞灯光源的光谱图，可以看出一半以上的光谱波长短于 387.5nm，保证光催化过程中 TiO_2 吸收足够的紫外线。

　　汞灯光源经过长时间照射，会使抛光盘表面具有明显的温升，抛光液挥发严重。为了避免过高温升，紫外线光源也采用 LED 紫外线光源，该光源具有冷

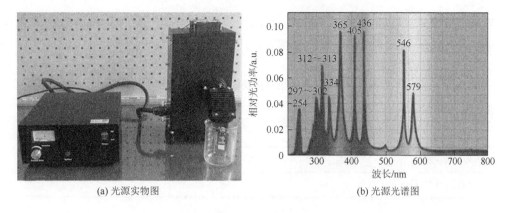

(a) 光源实物图　　　　　　　　　　　　(b) 光源光谱图

图 8.14　Merc-1000W 型汞灯光源实物图与光谱图

却装置,可以避免灯口和抛光盘过热。LED 紫外线光源发出的波长为 300~400nm,大约有 50% 的紫外线波长短于 365nm,该波长能有效地激发光催化剂发生带间跃迁。图 8.15 为 JZ-Y02B-10040BL4C-GH-48-1 型 LED 紫外线光源实物图及其光谱图,设备使用的工作电源为 220V 交流电,频率为 50Hz,工作温度为 1~55℃,带载功耗约为 550W,散热方式为风冷式冷水机散热,光功率密度在 0~3500W/cm² 可调。

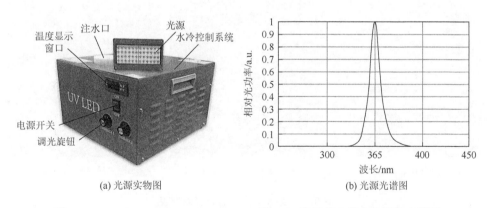

(a) 光源实物图　　　　　　　　　　　　(b) 光源光谱图

图 8.15　JZ-Y02B-10040BL4C-GH-48-1 型 LED 紫外线光源实物图与光谱图

8.3.2　光照条件与电子捕获剂对抛光的影响

为了测量光照条件与电子捕获剂对光催化辅助抛光的影响,分别设计三组抛光试验进行对比。试验继续沿用三块金刚石膜,预先采用平均粒径为 6~12μm 的金刚石微粉统一粗研,然后采用正反交错的方式进行抛光,采用 OLS4100 奥林巴斯激光共聚焦显微镜观测晶型形貌，采用法国 STIL 公司生产的 MicroMeasure 三维轮廓仪测量其表面粗糙度，抛光试验设计见表 8.3。

表 8.3　不同电子捕获剂抛光液的成分

抛光液成分	抛光液 1#	抛光液 2#	抛光液 3#
光催化剂	P25	P25	P25
电子捕获剂	H_2O_2	H_2O_2	K_2FeO_4
是否有紫外线照射	√	×	√

图 8.16 为采用三种抛光液抛光后金刚石膜表面形貌。图 8.16（a）为抛光液 1#抛光后金刚石膜表面形貌，发亮区域为抛光后形成的光滑平坦表面，黑色区域为尚未抛光到的凹坑，抛光液 1#获得了较为光滑的表面。图 8.16（b）中黑色区域居多，在无紫外线照射作用下，抛光液去除效果极差。图 8.16（c）为紫外线照射下 K_2FeO_4 抛光后的金刚石膜表面形貌，其抛光效果不如紫外线照射下 H_2O_2 的抛光效果，其原因是 K_2FeO_4 容易分解，且 K_2FeO_4 溶液有颜色，影响了紫外线的吸收。

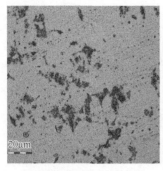 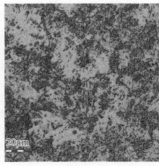 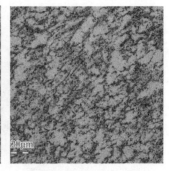

(a) 紫外线照射 + H_2O_2　　　　(b) 无紫外线照射 + H_2O_2　　　　(c) 紫外线照射 + K_2FeO_4

图 8.16　抛光后金刚石膜表面形貌

8.3.3　光催化剂对抛光的影响

为了验证光催化剂对光催化辅助抛光的影响规律，分别配制无光催化剂、5nm TiO_2 和 P25 三种抛光液，如表 8.4 所示。抛光前金刚石膜的表面粗糙度 Ra 约为 33nm。由于 5nm TiO_2 粒径较小，具有很大的表面能，投入抛光液中即可快速溶解，且在加入 H_2O_2 后发生活化反应，颜色变黄，对光催化活性有一定影响；P25 的稳定性好，可长时间存储，而且粒径为 30nm 左右，适合抛光。抛光压强为 0.37MPa，抛光盘转速为 40r/min，抛光盘材料为喷砂玻璃、Al_2O_3，紫外线功率为 1000W，抛光时间为 8h。

表 8.4　不同光催化剂辅助抛光液的成分

抛光液成分	抛光液 4#	抛光液 5#	抛光液 6#
光催化剂	无光催化剂	5nm TiO_2，0.6g	P25，0.6g
电子捕获剂	H_2O_2，3ml	H_2O_2，3ml	H_2O_2，3ml
pH 调节剂	H_3PO_4，pH = 2.5	H_3PO_4，pH = 2.5	H_3PO_4，pH = 2.5
分散剂	$(NaPO_3)_6$，0.5g	$(NaPO_3)_6$，0.5g	$(NaPO_3)_6$，0.5g
磨料	30nm Al_2O_3，6g	30nm Al_2O_3，6g	30nm Al_2O_3，6g
水	去离子水，200ml	去离子水，200ml	去离子水，200ml

图 8.17 为三种抛光液抛光后的金刚石膜表面粗糙度。从图中可以看出，在相同时间内，无光催化剂的抛光液 4#抛光后金刚石膜的表面粗糙度下降较慢。其主要原因为，没有光催化剂，光催化作用较弱，抛光液氧化性较差，材料去除率极慢。5nm TiO_2 配制的抛光液 5#的 ORP 最高，氧化性最强，在初始 4h 内材料表面粗糙度下降较快；但随着抛光液的逐渐分解，抛光 4h 后金刚石膜表面粗糙度下降相对减缓。P25 配制的抛光液 6#在三种抛光液中抛光效果最好，表面粗糙度 Ra 从 33.6nm 下降到 2.6nm。这可能是由于 P25 的粒径与 Al_2O_3 磨料接近。抛光时位于 TiO_2 表面的强氧化性物质可以更好地传递到金刚石膜表面，与金刚石膜表面的碳原子进行化学反应，生成氧化物，且 P25 的光催化活性较为稳定，

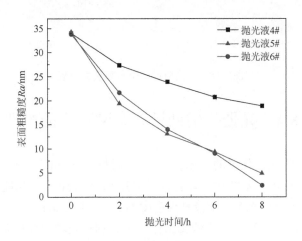

图 8.17　抛光液对金刚石膜表面粗糙度的影响

可以长期保持稳定的材料去除率，最终获得了较为光滑的金刚石膜表面。图 8.18 为抛光前金刚石膜的原始表面形貌和三种抛光液抛光后金刚石膜的表面形貌。相对于机械抛光技术，光催化辅助抛光由于具有较强的化学作用，金刚石膜表面没有明显的划痕。

(a) 抛光前　　　　　　　　　　(b) 抛光液4#抛光8h后

(c) 抛光液5#抛光8h后　　　　　　　　(d) 抛光液6#抛光8h后

图 8.18　抛光前后金刚石膜表面形貌

8.4　光催化辅助抛光金刚石膜的机理

为了深入研究光催化辅助抛光金刚石膜的材料去除机理，对抛光后金刚石膜表面的成分进行检测。XPS 检测设备采用 ESCALAB250 型多功能表面分析系统。靶材采用 $AlK\alpha = 1486.6eV$，试验时真空度为 $3.0 \times 10^{-8} Mbar$。

图 8.19 为不添加 TiO_2 和光催化条件下对金刚石膜表面进行抛光后的 XPS 全扫描分析。从图中可以看出，XPS 中主要存在 C1s 峰、O1s 峰、Cl2p 峰和 Na1s

峰。Cl 和 Na 是调节抛光液 pH 时引入的元素。C1s 峰和 O1s 峰较强，对 C1s 和 O1s 进行高分辨扫描。图 8.20 是对 C1s 和 O1s 进行 XPS 高分辨扫描的结果。以金刚石 C—C 官能团 285eV 峰进行内标定。从图中可以看出，C1s 在 285eV 和 285.6eV 位置有两个峰。285eV 处峰为金刚石 C—C 官能团。根据 Ghodbane 等[13] 对掺硼金刚石表面的 XPS 分析，285.6eV 处峰为 C—O 官能团。结合 O1s 533.4eV 处峰，金刚石膜表面存在 C—O 官能团。这是抛光过程中金刚石膜表面吸附氧或水后形成的官能团。

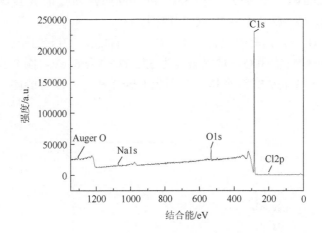

图 8.19 采用水抛光的金刚石膜表面 XPS 全扫描分析

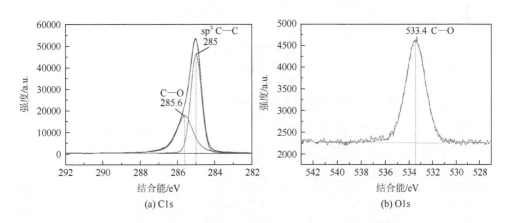

(a) C1s

(b) O1s

图 8.20 采用水抛光的金刚石膜表面 XPS 高分辨扫描分析

图 8.21 是添加 P25 光催化剂和光催化条件下金刚石膜表面进行抛光后的 XPS 全扫描分析。从图中可以看出，金刚石膜表面存在 Na1s、O1s、C1s、

Cl2p 峰。Cl 和 Na 是调节抛光液 pH 时引入的元素。图 8.22 为 C1s、O1s、Na1s、Cl2p 的高分辨扫描分析。从图 8.22(a)中可以看出，C1s 分别在 285eV、285.6eV、287.5eV 和 289.3eV 位置有四个峰。根据 Ghodbane 等[13]对掺硼多晶金刚石表面 XPS 分析研究，C—O—C 的 C1s 结合能约为 285.8eV，C=O 的 C1s 结合能约为 287.7eV，HO—C=O 的 C1s 结合能约为 288.8eV。C—C/C—H 的 C1s 结合能约为 285eV，C—O 的 C1s 结合能约为 286.5eV，C=O 的 C1s 结合能约为 287.8eV，O—C=O 的 C1s 结合能约为 289.4eV。对比图 8.18 (a) 中 C1s 峰的位置，285eV、285.6eV、287.5eV 和 289.3eV 四处的 C1s 峰分别是 sp^3 C—C、C—O、C=O 和 O—C=O 官能团。

在含 C、H、O 元素的聚合物中，C—O 官能团 O1s 的结合能为 533.6～534.02eV，C=O 官能团 O1s 的结合能为 532.52～532.64eV。图 8.22(b)中，O1s 在 532.5eV 和 533.4eV 有两个峰，分别为 C=O 和 C—O 官能团 O1s 对应的结合能。

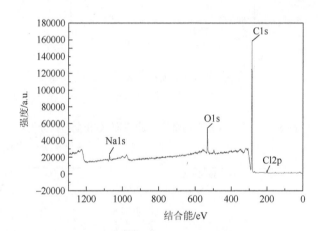

图 8.21　光催化辅助抛光金刚石膜表面 XPS 全扫描分析

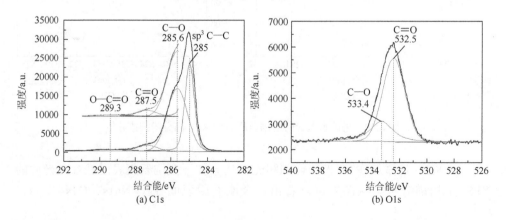

(a) C1s　　　　　　　　　　　　　　(b) O1s

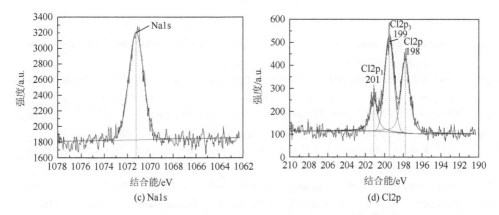

(c) Na1s　　　　　　　　　(d) Cl2p

图 8.22　光催化辅助抛光金刚石膜表面 XPS 高分辨扫描分析

从图 8.22（c）中可以看出，抛光后金刚石膜表面存在极少量的 Na 元素和 Cl 元素，这两种元素主要是配制抛光液时调节 pH 引入的。此外，根据分析，抛光液中重要的成分——光催化剂 TiO_2 并没有在测量结果中发现。XPS 线中没有发现 Ti 峰。这说明 TiO_2 没有直接参与金刚石膜的化学反应，而是提供氧化官能团的环境。

根据以上分析，抛光后金刚石膜表面主要存在金刚石 C—C 官能团，以及 C—O、C═O 和 O—C═O 官能团。TiO_2 不直接参与化学反应，而是提供氧化环境。TiO_2 表面在紫外线照射条件下会生成具有很强氧化性的空穴，空穴在酸性环境中能够将水分解成具有强氧化性的·OH，·OH 与金刚石膜反应生成氧化物，以实现金刚石膜的材料去除。磨料的划擦起到促进化学反应的作用。反应过程如下：

$$TiO_2 + h\nu \xrightarrow{\ TiO_2\ } (h^+ \cdots e^-)$$

$$TiO_2(h^+) + OH^- \xrightarrow{\ TiO_2\ } \cdot OH$$

$$TiO_2(h^+) + H_2O \xrightarrow{\ TiO_2\ } \cdot OH + H^+$$

$$e^- + O_2 \longrightarrow O_2^-$$

$$\cdot O + \cdot O \Longequal O_2 \uparrow$$

$$2 \cdot OH + C \Longequal CO \uparrow + H_2O$$

$$4 \cdot OH + C \Longequal CO_2 \uparrow + 2H_2O$$

$$2 \cdot O + C \Longequal CO_2 \uparrow$$

参 考 文 献

[1]　高濂，郑珊，张青红，等. 纳米氧化钛光催化材料及应用[M]. 北京：化学工业出版社，2002.

[2]　周武艺，曹庆云，唐绍裘. 提高纳米二氧化钛可见光光催化活性研究的进展[J]. 硅酸盐学报，2006，34（7）：

861-867.

[3]　Wang Y，Wang Q，Zhan X，et al. Visible light driven type II heterostructures and their enhanced photocatalysis properties：A review[J]. Nanoscale，2013，5（18）：8326-8339.

[4]　Puma G L，Bono A，Krishnaiah D，et al. Preparation of titanium dioxide photocatalyst loaded onto activated carbon support using chemical vapor deposition: A review paper[J]. Journal of Hazardous Materials，2008，157：209-210.

[5]　赵加硕. 金刚石多晶磨料的制备及其性能研究[D]. 天津：天津大学，2012.

[6]　陈冲. 单晶金刚石及金刚石膜化学机械法抛光研究[D]. 广州：广东工业大学，2005.

[7]　王沛，朱峰，王志强. 纳米金刚石抛光液中磨料的可控性团聚研究现状[J]. 金刚石与磨料磨具工程，2014（6）：64-68.

[8]　岳林海，水淼，徐铸德. 二氧化钛微晶结构和光催化性能关联性研究[J]. 化学学报，1999，57(11)：1219-1225.

[9]　Scanlon D O，Dunnill C W，Buckeridge J，et al. Band alignment of rutile and anatase TiO$_2$[J]. Nature Materials，2013，12（9）：798-801.

[10]　Yamashita H，Ichihashi Y，Harada M，et al. Photocatalytic degradation of 1-octanol on anchored titanium oxide and on TiO$_2$ powder catalysts[J]. Journal of Catalysis，1996，158（1）：97-101.

[11]　Derikvandi H，Nezamzadeh-Ejhieh A. A comprehensive study on electrochemical and photocatalytic activity of SnO$_2$-ZnO/clinoptilolite nanoparticles[J]. Journal of Molecular Catalysis A Chemical，2017，426：158-169.

[12]　杜海洋. 金刚石刀具光催化辅助刃磨的抛光液研制[D]. 沈阳：沈阳工业大学，2017.

[13]　Ghodbane S，Ballutaud D，Omnès F，et al. Comparison of the XPS spectra from homoepitaxial {111}，{100} and polycrystalline boron-doped diamond films[J]. Diamond and Related Materials，2010，19（5）：630-636.

第 9 章　金刚石膜的特种抛光技术

9.1　激光抛光技术

9.1.1　激光抛光原理及特点

　　激光抛光技术是一种非接触式抛光技术，适合抛光平面和曲面上沉积的金刚石膜。如图 9.1 所示，抛光时激光束以一定的角度聚焦到金刚石膜上。金刚石膜被放置在工作台上并随工作台移动。激光的高能量使金刚石膜局部进行碳化或气化并实现材料的去除。激光的工作参数包括波长、能量密度通量、脉冲长度、重复频率、入射角扫描速度和光斑尺寸等，材料参数包括激光波长的光谱吸收率、热扩散率、表面缺陷、表面清洁度。在各种激光器中，有两种脉冲激光器被广泛应用于金刚石膜抛光[1, 2]：一种是波长为 193～351nm、在近紫外线区工作的准分子激光器，其主要优点是在金刚石中具有较高的光学吸收系数，可以在小体积内提供高能量沉积效果以实现快速且完整的消融；另一种是波长为 500～1060nm、在可见光和近红外区工作的掺钕钇铝石榴石（neodymium-doped yttrium aluminium garnet，Nd:YAG）激光器[3]。

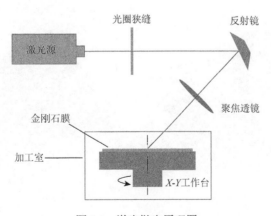

图 9.1　激光抛光原理图

　　激光抛光技术的优点如下：①能够对选定的小区域进行局部抛光；②利用多脉冲扫描可以实现大面积抛光；③具有极高的抛光效率；④通过调整激光束焦斑

位置可以实现金刚石膜的均匀刻蚀。

　　激光抛光技术的缺点如下：若入射角过小，则难以得到较好的表面质量；若入射角过大，则容易产生阴影效应，使金刚石膜表面产生周期性条纹。

9.1.2　金刚石膜的激光抛光

　　Gloor 等[4]采用 ArF 激光器（脉冲宽度为 20ns、重复频率为 20Hz）以 85°入射角刻蚀金刚石膜。激光斑点尺寸为 0.65mm×0.41mm，单个脉冲能量为 260mJ，因此能量密度约为 100J/cm^2。

　　图 9.2 为激光抛光前后金刚石膜的表面形貌。从图中可以看出，激光抛光前，金刚石膜表面存在由晶粒生长残留的凸起结构，金刚石膜的厚度为 320μm，表面粗糙度 Ra 约为 3.5μm。激光抛光后，金刚石膜表面较为光滑，表面生长形成的凸起结构已经被去除，表面粗糙度 Ra 减小至 0.97μm。图 9.3 为激光抛光后金刚石膜表面的 AFM 形貌。从图中可以看出，在微小测量区域范围内，金刚石膜

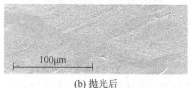

(a) 抛光前　　　　　　　　　　　　　　(b) 抛光后

图 9.2　激光抛光前后金刚石膜表面形貌[4]

$Ra = 0.22$μm　　　　　　　　　　　　　$Ra = 0.12$μm

(a) 测量区域100μm×100μm　　　　　　(b) 测量区域10μm×10μm

图 9.3　激光抛光后金刚石膜表面 AFM 形貌[4]

表面粗糙度 Ra 可以达到 0.12μm。另外，金刚石膜表面存在明显的扫描波纹痕迹和熔铸痕迹。主要原因是在多次扫描过程中存在工作台稳定性差异及激光光斑有一定重合且具有不均匀性，金刚石膜表面会存在扫描纹路，影响抛光后工件的表面粗糙度和平整度。抛光时激光能量输入工件表面，导致金刚石石墨化，金刚石膜表面存在一层石墨，形成大量圆滑过渡的凸起。

图 9.4 为抛光后金刚石膜在 400~4000cm^{-1}（2.5~25μm）波段内的红外透射率。从图中可以看出，在 2670~1500cm^{-1} 和 4000cm^{-1} 附近存在双声子和三声子吸收峰。缺陷引入的单声子吸收峰（1000~1350cm^{-1}）和 CH$_x$ 吸收峰相对偏低。2350cm^{-1} 处的吸收峰主要是 CO$_2$ 吸收峰。原始金刚石膜在 25μm 处具有最大为 6% 的低透射率。经过激光抛光，该处透射率增至 20%~30%。抛光后金刚石膜表面形成的石墨层是金刚石膜透射率低的原因。金刚石膜表面的石墨层可以通过在空气中加热退火的方式去除，升温后石墨层会与空气中的氧气发生化学反应。对抛光后的金刚石膜分别升温至 450℃、480℃、510℃ 和 530℃ 并保温 30min。可以看出，随着退火温度的升高，金刚石膜的透射率不断升高，最高可以达到 64%，接近计算得到的菲涅尔反射损失的水平（69%）。

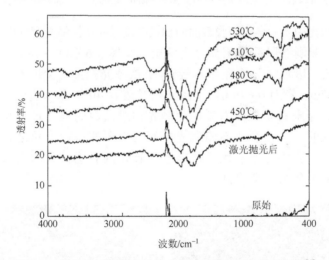

图 9.4　抛光和不同温度氧化后金刚石膜表面红外透射率[4]

Liu 等[5]通过改变激光抛光的策略以实现光学级金刚石膜的抛光。他们首先用 800nm 激光脉冲（重复频率为 20Hz、脉冲宽度为 50fs）烧蚀金刚石膜表面，在金刚石膜表面形成一层石墨层；然后用 Nd:YAG 激光器（重复频率为 50kHz、波长为 300m、脉冲宽度为 25ns）抛光金刚石膜表面以去除金刚石生成的石墨层。激光束通过 10 倍透镜聚焦为直径 30μm 的光斑，对金刚石膜表面进行多次扫描，以实现金刚石膜表面石墨的去除和光滑抛光。图 9.5 为扫描 1 次、2 次、4 次、8 次、

12 次、20 次、30 次、40 次的金刚石膜表面形貌。从图中可以看出，金刚石膜表面粗糙峰逐渐被去除，表面越来越光滑。采用 AFM 对金刚石膜进行测量可知，经过 40 次激光扫描，金刚石膜表面粗糙度 Ra 从原始的 300nm 降低至 8.02nm（AFM 扫描范围为 20μm×20μm）。但是，经过多次抛光，金刚石膜表面仍然存在扫描的波纹痕迹。

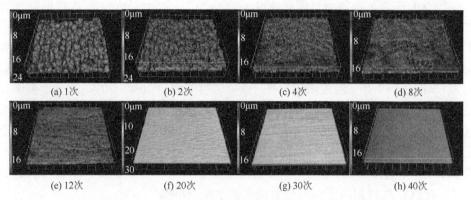

(a) 1次　　　　(b) 2次　　　　(c) 4次　　　　(d) 8次

(e) 12次　　　　(f) 20次　　　　(g) 30次　　　　(h) 40次

图9.5　金刚石膜表面激光共聚焦形貌随激光扫描次数的变化[5]（彩图见封底二维码）

图9.6 是激光抛光后金刚石膜截面的扫描电镜照片及拉曼光谱分析。从图9.6(a) 中可以看出，金刚石膜截面明显分为两层。从图9.6（d）中可以看出，区域 B 大部分为石墨，区域 A 为金刚石。经过 12 次激光扫描，金刚石膜表面石墨层从原有的 1.07μm 降为 0.64μm。当激光扫描达到 40 次后，金刚石膜表面几乎没有石墨层。金刚石膜表面石墨层随激光扫描次数的演化过程反映了石墨层是逐渐被去除的，其在金刚石膜抛光中起到重要的作用。总之，金刚石膜的抛光过程如下：先将金刚石膜表层金刚石转化为石墨，再将石墨层逐步烧蚀去除，达到抛光金刚石膜的目的。

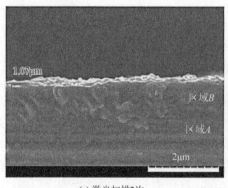

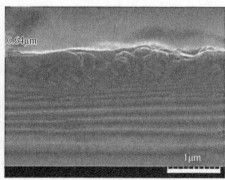

(a) 激光扫描2次　　　　　　　　　　(b) 激光扫描12次

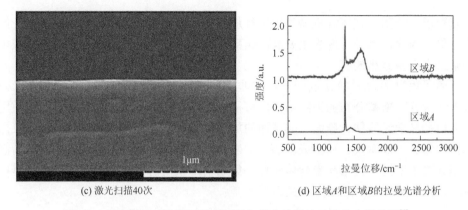

(c) 激光扫描40次　　　　　　　(d) 区域A和区域B的拉曼光谱分析

图 9.6　激光抛光后金刚石膜截面的扫描电镜照片及拉曼光谱分析[5]

9.2　离子束抛光技术

9.2.1　离子束抛光原理及特点

离子束抛光是随着离子束的发展而出现的一种新型材料表面处理技术。图 9.7 为离子束抛光原理图。在真空条件下，惰性气体 Ar、Kr、Xe 等通过加速器从离子源获得具有一定能量的离子束；该离子束轰击材料表面，与表面原子发生能量交换；当材料表面原子获得足够的能量时，脱离周围原子束缚，离开材料表面，从而获得光滑表面。离子束抛光是利用质量比电子大千万倍的离子撞击工件

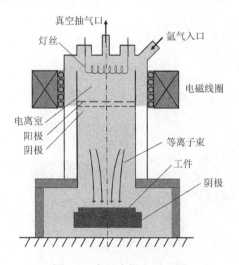

图 9.7　离子束抛光原理图

引起变形、分离、破坏等机械作用进行加工的。离子带正电荷，其质量是电子的千万倍，因此，离子束抛光主要靠高速离子束的微观机械撞击动能，而不是像电子束抛光主要靠热效应。

离子束抛光技术的特点如下：①非接触式抛光，无亚表面损伤，无边缘效应；②接近高斯型分布的去除函数，可控性好，有利于驻留时间的计算；③适用于大口径光学元器件、球面、非球面的加工；④无中高频误差。但是，离子束抛光技术的加工效率低、加工成本高，常配合其他抛光技术，用于后续面型的精修加工。离子束抛光技术在半导体元件、集成电路和精密机械零件的加工中有重要应用，在光学领域的应用尤为突出[6]。

9.2.2　金刚石膜的离子束抛光

1992 年，Grogan 等[7]采用 500eV 的离子束对微波等离子 CVD 的多晶金刚石膜进行抛光。抛光后金刚石膜的表面粗糙度 RMS 和 Rz 分别从原来的 1μm 和 6μm 降至 35nm 和 217nm，并且金刚石膜保留原有的金刚石特征，没有明显的表面污染。

2019 年，Mi 等[8]采用离子束对单晶金刚石膜进行抛光。抛光前，采用 AFM 对单晶金刚石膜（尺寸为 2.6mm×2.6mm×0.3mm）的表面形貌进行检测，如图 9.8 所示。金刚石膜表面十分光滑，500nm×500nm 的表面粗糙度 Ra 为 0.2～0.3nm。另外，单晶金刚石膜表面有一些机械抛光后残留的划痕，划痕最大深度为 330nm。抛光过程中根据划痕深度的变化判断离子束抛光的材料去除率。

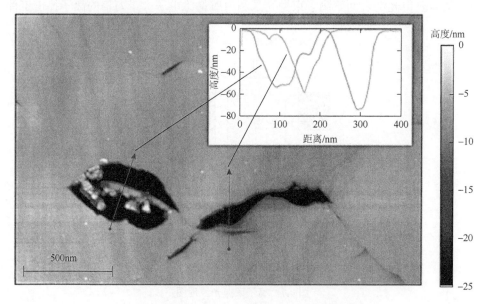

图 9.8　抛光前单晶金刚石膜表面 AFM 形貌[8]

　　为了得到离子束抛光的材料去除率,抛光过程中采用扫描电镜对单个划痕进行监控。采用 Nexus IBE350 型离子束抛光设备,在 700eV 下对电流密度为 $1.1mA/cm^2$ 的 Ar^+ 进行加速,入射角为 60°。图 9.9 为抛光 4min、12min 和 20min 时单晶金刚石膜表面形貌,对不同抛光时间的金刚石膜表面进行 AFM 测量。经过测量可知,经过 20min 的离子束抛光,单晶金刚石膜表面的划痕深度已从原有的 108nm 减少到 8nm,大约 500nm 的金刚石层在抛光过程中被去除。

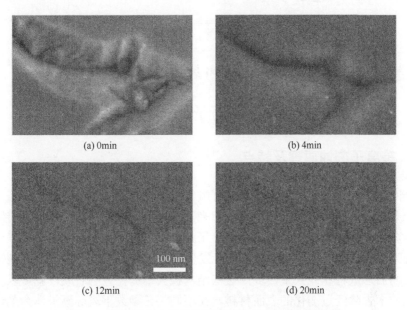

(a) 0min　　　　　　　　　　　　　(b) 4min

(c) 12min　　　　　　　　　　　　(d) 20min

图 9.9　抛光过程中单晶金刚石膜表面扫描电镜照片[8]

　　离子溅射效率一般被定义为单位入射离子去除工件原子数量,其与工件和离子材料及离子束特性有关。例如,采用 750eV Ar^+ 以 60° 入射角冲击单晶金刚石膜 (100)面的溅射效率要比入射角为 0° 的大 5 倍。一般溅射效率与入射角 θ 之间的关系如下[9]:

$$Y(E,\theta) \propto \frac{E}{UN(2\pi A)^{0.5}} \exp\left(-\frac{\cos^2\theta a^2}{2A}\right) \qquad (9.1)$$

式中,$A = \cos^2\theta\alpha^2 + \sin^2\theta\beta^2$,$\alpha$、$\beta$ 分别为纵向、横向能量范围;E 为离子能;a 为预计能量范围;U 为表面结合能;N 为原子密度。式(9.1)主要是基于非晶和多晶材料得到的。如图 9.10 所示,本书得到的单晶金刚石膜材料的溅射效率与式(9.1)计算得到的溅射效率也具有较高的吻合度[10]。溅射效率或材料去除率随着入射角的增加先增加后减小。在入射角为 60° 时,溅射效率最高。

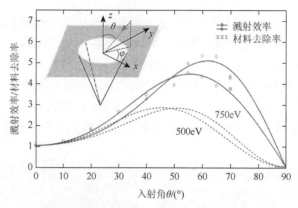

图 9.10　溅射效率与材料去除率随入射角的变化[10]

9.3　等离子刻蚀技术

9.3.1　等离子刻蚀原理及特点

金刚石膜的等离子蚀刻通常在含有氧气的放电等离子体中进行。该工艺需要将离子轰击和金刚石膜表面氧化结合起来，通过形成挥发性氧化物，并借助加工以实现金刚石膜的去除。单独采用等离子刻蚀技术无法降低金刚石膜的表面粗糙度，因为刻蚀不但发生在凸起处，而且发生在凹陷和晶界处[11]。等离子刻蚀金刚石膜表面后形成柱状或大量凹坑，这些结构极大地弱化金刚石膜，就可以通过机械抛光技术去除经过弱化的表面材料。在不同工艺参数下氧等离子体会刻蚀各向同性和各向异性的金刚石（图 9.11）。各向同性刻蚀在水平和垂直方向上具有大致相等的刻蚀速率；各向异性刻蚀（又称直接刻蚀）会在金刚石膜表面形成高深

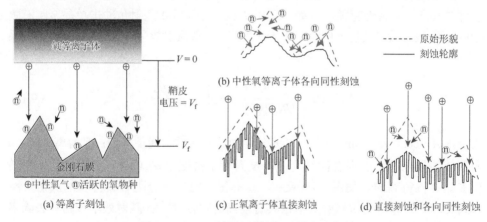

图 9.11　CVD 金刚石膜等离子刻蚀示意图

宽比特征结构（凹坑和/或柱状结构）。PCD 膜表面粗糙度比较大，刻蚀时峰顶处具有更多的凹坑和柱状结构，而凹谷处凹坑和柱状结构相对较少。主要原因是：粗糙峰顶部和侧面均可以发生刻蚀；粗糙谷只能在上部进行刻蚀。等离子刻蚀结合机械抛光降低金刚石膜表面粗糙度的速率远比单纯机械抛光快。通过多次交替等离子刻蚀和机械抛光可以实现金刚石膜表面平均粗糙度 Ra 为 30nm 的光滑抛光[12]。

另一种等离子刻蚀技术就是使用牺牲层和惰性掩蔽层，如 Au 或 SiO₂。其过程如下：首先在金刚石膜表面沉积一层 Au 或 SiO₂ 掩蔽层；然后通过选择性去除粗糙峰顶部的掩蔽层，露出金刚石膜材料；等离子刻蚀从没有掩蔽的粗糙峰顶部金刚石开始，实现金刚石膜的选择性去除和平坦化。Buchkremer-Hermanns 等[13]使用空气等离子体抛光 PCD 膜。他们首先在 PCD 膜上沉积一层 30nm 厚的 Au 掩蔽层；然后对样品进行抛光，去除 PCD 膜凸起部分的 Au；最后用等离子刻蚀。该方法获得 PCD 膜的刻蚀速率为 1.4μm/h。经过反复等离子刻蚀和机械抛光，PCD 膜表面粗糙度 Ra 从 1μm 降低到 71nm。Vivensang 等[14]将 SiO₂ 用作掩蔽层，SiO₂ 层的厚度为 1.5μm，沉积在 PCD 膜顶部，并覆盖所有 PCD 膜粗糙峰；在 PCD 和 SiO₂ 蚀刻速率不同的条件下，使用反应离子对样品进行蚀刻。PCD 膜表面粗糙度 Ra 从 40nm 降至 14nm。

9.3.2　金刚石膜的等离子刻蚀

Zheng 等[15]对微波 CVD 金刚石膜进行等离子刻蚀并进行机械抛光。CVD 金刚石膜的尺寸为 10mm×10mm。刻蚀采用氧气等离子体，利用直流辉光放电设备，功率可在 10～150W 调节，气体压强可在 50～300Pa 调节。图 9.12 为等离子刻蚀设备示意图。在刻蚀过程中，采用朗缪尔探针测量电子温度和等离子体密度。

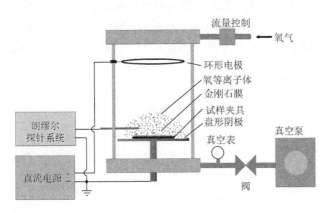

图 9.12　等离子刻蚀设备示意图

　　图 9.13 是不同直流功率时氧等离子体刻蚀金刚石膜的扫描电镜照片。从图 9.13（a）中可以看出，经过 29W 低功率刻蚀 90min 后，原始表面金字塔形结构出现许多凹陷的晶面、变宽的谷及较深的刻蚀坑。将直流功率增加到 47W，刻蚀 45min 后，在金刚石膜凸起晶面出现了许多刻蚀坑，如图 9.13（b）所示。继续增大功率，刻蚀坑继续扩展、深化。当功率为 144W 时，只需 5min 刻蚀，金刚石膜表面原始金字塔形结构就基本消失了，表面存在大量的刻蚀坑。

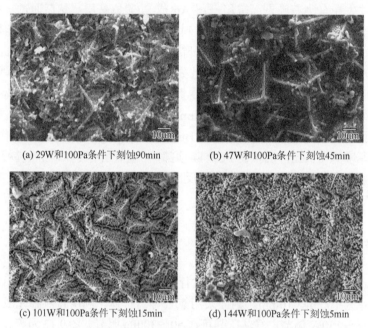

(a) 29W和100Pa条件下刻蚀90min　　　　　(b) 47W和100Pa条件下刻蚀45min

(c) 101W和100Pa条件下刻蚀15min　　　　　(d) 144W和100Pa条件下刻蚀5min

图9.13　金刚石膜表面扫描电镜照片随氧等离子体功率的变化[15]

　　从图 9.14 中可以看出，金刚石膜的刻蚀速率随着直流功率的增加而增加。当直流功率为 140W 时，刻蚀速率约为 100μm/h。随着气体压强的增加，金刚石膜的刻蚀速率不断减小。当气体压强达到 300Pa 时，金刚石膜刻蚀速率降至约 2μm/h。

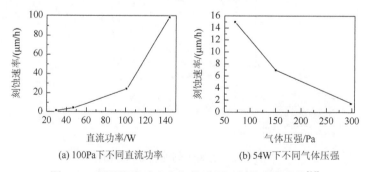

(a) 100Pa下不同直流功率　　　　　(b) 54W下不同气体压强

图9.14　不同直流功率和气体压强下刻蚀速率变化[15]

图 9.15 为机械抛光后金刚石膜表面扫描电镜照片。从图 9.15（a）中可以看出，抛光 2h 后，未经过刻蚀的金刚石膜表面仍然存在许多原始粗糙峰，表面粗糙度 Ra 约为 1.532μm。从图 9.15（b）中可以看出，经过直流功率 101W 刻蚀 15min 且机械抛光 1h 后，金刚石膜表面原始金字塔形结构均被去除，表面粗糙度 Ra 降为 0.35μm。由于直流功率较大，金刚石膜表面还存在一些刻蚀坑没有被机械抛光去除。从图 9.15（c）中可以看出，经过直流功率 47W 刻蚀 45min 且机械抛光 1h 后，金刚石膜表面较为光滑，原始粗糙峰均被去除，而且没有明显的刻蚀坑，表面粗糙度 Ra 降为 0.03μm。可见，直流功率和气体压强对刻蚀速率均有较为明显的影响，过度刻蚀会使金刚石膜表面存在较多刻蚀坑，后续机械抛光需要较长的时间才能去除。

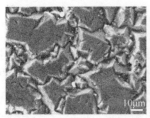
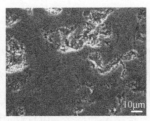
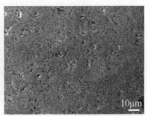

(a) 未经过刻蚀，抛光2h　　　(b) 101W刻蚀15min，抛光1h　　　(c) 47W刻蚀45min，抛光1h

图 9.15　机械抛光后金刚石膜表面扫描电镜照片[15]

9.4　电火花加工技术

9.4.1　电火花加工原理及特点

当脉冲电压加到两极之间时，液体介质被击穿，形成放电通道。由于通道的截面积很小，放电时间短，能量高度集中（$10^6 \sim 10^7 W/mm^2$），放电区域产生的瞬时高温使材料熔化，形成一个小凹坑。如此反复，工具电极不断地向工件进给，实现工件材料的连续去除。但是，金刚石不导电，无法连接脉冲电源。为此，需要在金刚石膜表面沉积一层导电材料[16]。如图 9.16 所示，金刚石膜的电火花加工过程如下：首先在金刚石膜表面涂覆一层导电金属，使金刚石膜成为导体，利用电火花加工产生的热能及表面涂覆金属的热扩散作用，对金刚石膜进行局部碳固融蚀，金刚石膜表面石墨化，产生新的导电膜，使电火花加工过程得以延续[17]。抛光过程中，没有对金刚石膜施加外力，因此不会造成金刚石膜的碎裂。但抛光质量有限，表面容易形成石墨层，仅适用于金刚石膜的粗加工。后续还需要经过机械抛光技术和化学机械抛光技术实现金刚石膜的超光滑抛光。

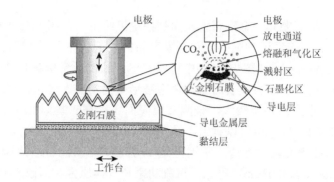

图 9.16　电火花加工金刚石膜的原理图

9.4.2　金刚石膜的化学镀金属

1. 金刚石膜

本节采用河北省激光研究所有限公司提供的金刚石独立膜，该金刚石膜采用直流等离子体喷射方法制备而成，厚度为 0.5mm，用激光切割成 10mm×10mm 的试样，用真空钎焊将金刚石膜焊接在直径为 14mm、长度为 8mm 的硬质合金端面，以便装夹在弹性夹具上。图 9.17 是金刚石膜表面的扫描电镜照片，可以看出，金刚石膜表面有几十微米的粗大晶粒，严重影响了金刚石膜表面粗糙度。图 9.18 是采用 Talysurf CLI 2000 型三维表面形貌仪获得的金刚石膜表面三维形貌，其表面平均粗糙度 Ra 为 13.3μm，Rz 也达到 160μm。拉曼光谱可用来分析不同形式的碳。如图 9.19 所示，金刚石膜拉曼光谱中，1333.4m^{-1} 处有很强的峰，可作为金刚石特征峰，相对于标准金刚石特征峰（1332cm^{-1}）偏移了 1.4cm^{-1}。这说明金刚石膜受到压应力，因此金刚石特征峰向高频偏移。金刚石膜表面没有其他杂质。

图 9.17　金刚石膜表面的扫描电镜照片

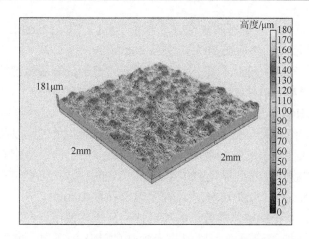

图 9.18　金刚石膜表面的三维形貌（彩图见封底二维码）

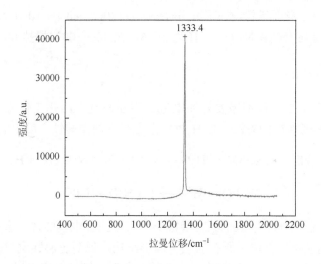

图 9.19　金刚石膜拉曼光谱分析

2. 化学镀金属工艺

由于金刚石膜本身不导电，需要采用化学镀镍-磷合金工艺在金刚石膜表面镀一层导电金属。其主要工艺过程如下：化学除油—清洗—脱水烘干—粗化—清洗—脱水烘干—敏化—清洗—活化—清洗—还原—化学镀。

（1）化学除油。为确保金刚石膜表面干净，需要去除油污和氧化皮，暴露其表面的活化组织，增加对水的亲和力。首先将金刚石膜浸在碱溶液中，碱溶液的成分为 60g/L NaOH、30g/L Na_2CO_3、40g/L Na_3PO_4、10g/L Na_2SiO_3；然后加热至沸腾，浸泡时间为 5～10min；最后用去离子水清洗。

（2）粗化。首先将金刚石膜浸泡在成分为 70ml/L HF、125ml/L H_2SO_4、230ml/L HNO_3 的强酸溶液中；然后在 70℃下保温 20min。

（3）敏化。首先将净化和粗化过的金刚石膜置于含有催化剂的溶液中浸渍，使表面吸附一层易于氧化的金属离子；然后采用敏化剂为 $SnCl_2$ 的水溶液（10g/L $SnCl_2$、40ml/L HCl 和少量 Sn）在室温下搅拌 3～5min。

（4）活化。经过敏化处理的金刚石膜需要进行活化处理，以防止氧化。通常将金刚石膜浸入贵金属的盐溶液中，贵金属被还原成金属，金刚石膜表面形成金属膜。这层金属膜可以起到催化的作用，使化学沉积加快。活化液的成分为 0.5g/L $PdCl_2$、0.3g/L NH_4Cl、1g/L $C_5H_6N_2$，在室温下搅拌 10min。

（5）还原。为了保持化学镀镍的稳定性、延长其使用寿命，在化学镀镍前要用一定浓度的还原溶液浸渍，以便将未净化的活化剂还原。室温下使用 30g/L NaH_2PO_2 溶液进行还原处理 30～60s。

（6）化学镀。化学镀镍-磷采用的溶液成分为 30g/L $NiCl_2$、10g/L NaH_2PO_2、5g/L CH_3COONa、13g/L $C_6H_5Na_3O_7$，pH 为 4～6，在 90～100℃搅拌 60～90min。

3. 结果与讨论

化学镀镍-磷是一种不需要外加电流并用还原剂在活化工作表面上自催化还原沉积得到镍-磷镀层的方法。以 $H_2PO_2^-$ 作为还原剂在酸性介质中的反应为

$$Ni^{2+} + 2H_2PO_2^- + 2H_2O \longrightarrow 2H_2PO_3^- + Ni + 2H^+ + H_2 \tag{9.2}$$

$$2H_2PO_2^- + H^+ \longrightarrow P + H_2O + H_2PO_3^- \tag{9.3}$$

图 9.20 是金刚石膜表面镀镍-磷镀层后表面扫描电镜照片。金刚石膜表面覆盖了一层金属镀层，保留了原有的金字塔形结构，说明金属镀层较薄。由图 9.21 可以看出，镀层成分主要是镍-磷，不含其他杂质。镀层厚度可以由式（9.4）计算得出：

$$l_{NiP} = \frac{m_b - m_a}{2\rho_{NiP}S_{dia}} \tag{9.4}$$

式中，l_{NiP} 为镍-磷镀层厚度；m_b 为镀金属后金刚石膜的质量；m_a 为镀金属前金刚石膜的质量；ρ_{NiP} 为镍-磷镀层的密度；S_{dia} 为金刚石膜的面积。

将试验数值代入式（9.4）计算得出镍-磷镀层的厚度约为 15μm。由于该计算过程中没有考虑金刚石膜的厚度和表面粗糙峰，镀层厚度的实际值要比计算值小。

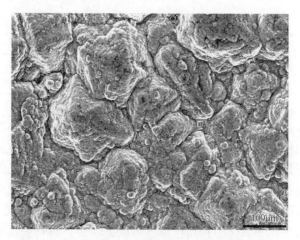

图 9.20　金刚石膜表面镀镍-磷后表面扫描电镜照片

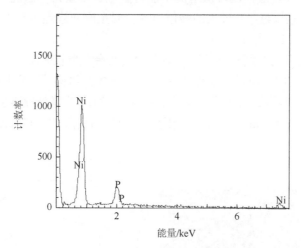

图 9.21　金刚石膜表面镀镍-磷能谱分析

9.4.3　金刚石膜的电火花加工

金刚石膜的电火花加工试验在日本沙迪克公司的 A50R 型 NC 电火花成型加工机床上进行。在抛光过程中，电极以 200r/min 的转速旋转，并且有一定的偏心，与水平运动的工作台一起保证抛光的均匀性。表 9.1 是电火花加工的参数。

表 9.1　电火花加工参数

参数	数值	参数	数值
开路电压/V	120	伺服参考电压/V	35
峰值电流/A	10	主轴转速/(r/min)	200

续表

参数	数值	参数	数值
脉冲宽度/μs	60	电极材料	紫铜
脉冲间隙/μs	60	电极直径/mm	20

金刚石具有最高的硬度和很好的化学稳定性，但是由于金刚石膜具有较低的整体强度，在机械抛光过程中容易造成金刚石膜的碎裂。电火花加工可以不考虑硬度对工件进行抛光。此外，由于没有施加外在作用力，不容易造成金刚石膜的碎裂。金刚石膜的凸峰与电极之间发生放电，将表层金属溅出或熔化，同时向下扩散的热量将金刚石石墨化，使抛光得以延续。在抛光过程中，金刚石膜在气化、熔化、溅射、石墨化和氧化的共同作用下得以去除[18]。材料去除率随着峰值电流的增加而明显提高。过小的峰值电流不能将金刚石石墨化，只能将金刚石膜表面金属去除，抛光难以继续；过大的峰值电流会对金刚石膜造成损伤。在粗抛光时，峰值电流以 10～15A 为宜。

电火花加工后的金刚石膜经过强酸腐蚀，残余金属被去除。图 9.22 是电火花加工后金刚石膜的表面形貌。金刚石膜不再具有多晶结构，而是出现了重塑现象。用拉曼光谱分析表面成分，如图 9.23 所示。$1329.37cm^{-1}$ 峰是标准金刚石特征峰的偏移，偏移量为 $-2.63cm^{-1}$，这是由金刚石受拉应力引起的。$1597.9cm^{-1}$ 峰是石墨特征峰。

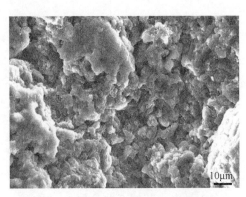

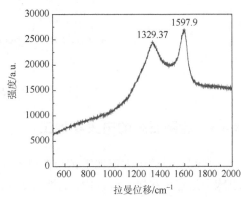

图 9.22　电火花加工后金刚石膜表面形貌　　图 9.23　电火花加工后金刚石膜拉曼光谱分析

用砂纸打磨去除金刚石膜表面的石墨层，得金刚石膜表面的扫描电镜照片，如图 9.24 所示。从图中可以看出，金刚石膜经过电火花加工，表面已经比较平坦。根据 Talysurf CLI 2000 型三维表面形貌仪检测的结果，如图 9.25 所示，金刚石膜表面粗糙度 Ra 为 0.781μm，相比较原始表面粗糙度 Ra（13.3μm）已有较大的下降。

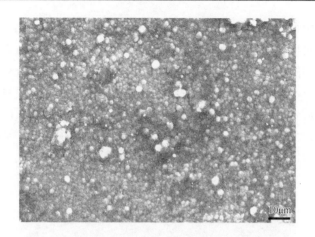

图 9.24　经砂纸打磨后金刚石膜表面扫描电镜照片

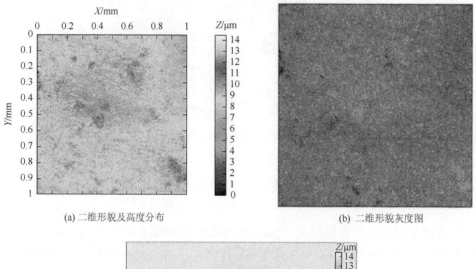

(a) 二维形貌及高度分布　　　　　　　　　　(b) 二维形貌灰度图

(c) 三维形貌

图 9.25　金刚石膜的表面形貌（彩图见封底二维码）

　　电火花加工后金刚石膜表面会残留许多石墨层及微裂纹损伤，这些损伤可以通过后续化学机械抛光技术进行去除，并进一步降低金刚石膜表面粗糙度。本节选用氧化性较强的 $KMnO_4$ 作为氧化剂，选用黏度较大的 H_3PO_4 作为催化剂，配制抛光液，对经过电火花加工的金刚石膜进行抛光。图 9.26 为经过电火花加工和化学机械抛光后金刚石膜的表面形貌。从图中可以看出，金刚石膜表面金属层和石墨层已经被完全去除，表面十分光洁，没有划痕和其他损伤。用 Talysurf CLI 2000型三维表面形貌仪检测，其表面粗糙度 Ra 达到 8.64nm。

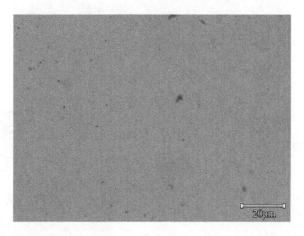

图 9.26　经过电火花加工和化学机械抛光后金刚石膜表面形貌

9.5　等离子融合化学机械抛光技术

　　等离子融合化学机械抛光（plasma-fusion chemical mechanical polishing）技术是将化学机械抛光技术与等离子化学气化加工（plasma-chemical vaporization machining，P-CVM）技术相结合，利用化学机械抛光技术和等离子化学气化加工技术的各自优点实现 SiC、金刚石等超硬材料的高效、超光滑抛光[19, 20]。

　　如图 9.27 所示，在抛光过程中，金刚石被夹持在抛光头上，在抛光垫上添加具有光催化特性的抛光液，外加紫外线照射，以便生成具有强氧化的·OH，利用·OH氧化去除金刚石材料。为了增强抛光液中氧含量，抛光系统置于封闭的金属罩内，并注射高压氧气等气体。这些气体由于压力的升高而向抛光液中扩散，在紫外线照射下，溶液中会有更多的·OH 生成，有利于金刚石的氧化去除。

　　为了增强抛光过程中的化学作用，等离子融合化学机械抛光技术还在抛光头和抛光盘之间施加电压，或者在抛光盘上增加正、负电极，以便形成含氧等离子体，这些含氧等离子体与工件接触以实现金刚石的氧化去除。等离子融合化学机

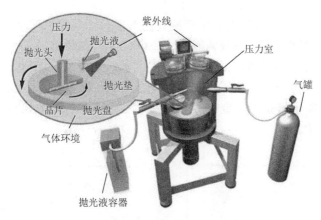

图 9.27　等离子融合化学机械抛光示意图[20]

械抛光技术的材料去除率相比化学机械抛光技术有了较大的提升。如图 9.28 所示，为了保证材料去除的均匀性，在抛光盘上需要安装许多产生等离子体的微电极，以便产生高密度等离子体。微电极具有特殊结构，保证在正气压下抛光液无法进入微电极。此外，抛光盘表面具有螺旋形沟道，抛光头带动工件做自转运动，并结合抛光盘旋转，二者叠加使得产生的等离子体和添加的抛光液在抛光盘上运动轨迹复杂，保证了材料去除的均匀性。

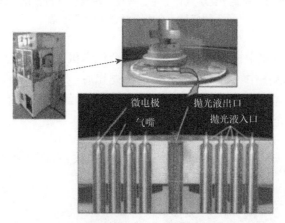

图 9.28　等离子融合化学机械抛光盘的微电极布置[19]

Nishizawa 等[21]对比了化学机械抛光、等离子化学气化加工和等离子融合化学机械抛光三种抛光技术的材料去除率。从图 9.29（a）中可以看出，等离子融合化学机械抛光获得了 667.7nm/h 的金刚石材料去除率，远高于化学机械抛光获得的 1.9nm/h 的金刚石材料去除率，且高于化学机械抛光和等离子化学气化加工获得的金刚石材料去除率之和（1.9nm/h + 335.1nm/h）。这说明该技术在抛光金刚石时,除了化学机械抛光的去除作用和等离子化学气化加工的去除作用,还存在额外的协同效应。这种协同效应主要体现在抛光头(工件)与抛光盘之间的密闭空间内充满了高密度的等离子体,加速了等离子体与金刚石之间的化学反应,因此材料去除率有了明显的提升。从图 9.29(b)中可以看出,在 O_2 和 SF_6 两种等离子气氛下,金刚石材料去除率有所不同。O_2 气氛下更有利于金刚石的材料去除。

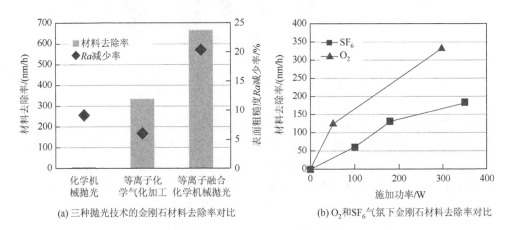

(a) 三种抛光技术的金刚石材料去除率对比　　　　(b) O_2 和 SF_6 气氛下金刚石材料去除率对比

图 9.29　化学机械抛光、等离子化学气化加工、等离子融合化学机械抛光金刚石的材料去除率及不同气氛下金刚石材料去除率对比

图 9.30 为经过化学机械抛光和等离子融合化学机械抛光后金刚石衬底宏观形貌和微观形貌。从图中可以看出,化学机械抛光后,金刚石表面还残留许多凸凹不平的粗糙峰,这些是由 CVD 法形成的粗糙表面;等离子融合化学机械抛光后,金刚石表面十分光滑,没有明显的晶粒生长痕迹。

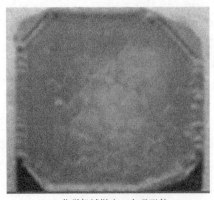

(a) 化学机械抛光,宏观形貌　　　　　　　　(b) 等离子融合化学机械抛光,宏观形貌

(c) 化学机械抛光，微观形貌　　　　　　　(d) 等离子融合化学机械抛光，微观形貌

图 9.30　化学机械抛光与等离子融合化学机械抛光后金刚石的表面形貌

参 考 文 献

[1]　Pimenov S M，Kononenko V V，Ralchenko V G，et al. Laser polishing of diamond plates[J]. Applied Physics A，1999，69（1）：81-88.

[2]　Schuelke T，Grotjohn T A. Diamond polishing[J]. Diamond and Related Materials，2013，32：17-26.

[3]　王海航，马玉平，武晓龙，等. 金刚石涂层激光抛光机理及加工工艺研究进展[J]. 材料保护，2021，54（6）：136-145.

[4]　Gloor S，Lüthy W，Weber H P，et al. UV laser polishing of thick diamond films for IR windows[J]. Applied Surface Science，1999，138：135-139.

[5]　Liu H，Xie L，Lin W，et al. Optical quality laser polishing of CVD diamond by UV pulsed laser irradiation[J]. Advanced Optical Materials，2021，9（21）：2100537.

[6]　范娜，陈传东，张忠义. 硬脆材料超精密抛光技术研究进展[J]. 稀土，2021，42：1-12.

[7]　Grogan D F，Zhao T，Bovard B G，et al. Planarizing technique for ion-beam polishing of diamond films[J]. Applied Optics，1992，31（10）：1483-1487.

[8]　Mi S，Toros A，Graziosi T，et al. Non-contact polishing of single crystal diamond by ion beam etching[J]. Diamond and Related Materials，2019，92：248-252.

[9]　Wei Q，Li K D，Jie L，et al. Angular dependence of sputtering yield of amorphous and polycrystalline materials[J]. Journal of Physics D：Applied Physics，2008，41（17）：2329-2342.

[10]　Whetten T J，Armstead A A，Grzybowski T A，et al. Etching of diamond with argon and oxygen ion beams[J]. Journal of Vacuum Science and Technology A：Vacuum，Surfaces，and Films，1984，2（2）：477-480.

[11]　El-Dasher B S，Gray J J，Tringe J W，et al. Crystallographic anisotropy of wear on a polycrystalline diamond surface[J]. Applied Physics Letters，2006，88（24）：241915.

[12]　Zheng X，Ma Z，Wu Z，et al. Plasma-etching enhanced mechanical polishing for CVD diamond films[J]. Plasma Science Technology，2008，10（3）：336-339.

[13]　Buchkremer-Hermanns H，Long C，Weiss H. ECR plasma polishing of CVD diamond films[J]. Diamond and Related Materials，1996（5）：845-849.

[14]　Vivensang C，Ferlazzo-Manin L，Ravet M F，et al. Surface smoothing of diamond membranes by reactive ion

etching process[J]. Diamond and Related Materials, 1996, 5（6-8）: 840-844.

[15] Zheng X, Ma Z, Zhang L, et al. Investigation on the etching of thick diamond film and etching as a pretreatment for mechanical polishing[J]. Diamond and Related Materials, 2007, 16（8）: 1500-1509.

[16] Wang C Y, Guo Z N, Chen J. Polishing of CVD diamond films by EDM with rotary electrode[J]. Chinese Journal of Mechanical Engineering, 2002, 38: 168-170.

[17] Chen R F, Zuo D W, Sun Y L, et al. Investigation on the machining of thick diamond films by EDM together with mechanical polishing[J]. Advanced Materials Research, 2007, 24: 377-382.

[18] Yuan Z W, Jin Z J, Dong B X, et al. Polishing of free-standing CVD diamond films by the combination of EDM and CMP[J]. Advanced Materials Research, 2008, 53: 111-118.

[19] Doi T. Next-generation, super-hard-to-process substrates and their high-efficiency machining process technologies used to create innovative devices[J]. International Journal of Automation Technology, 2018, 12（2）: 145-153.

[20] Yin T, Zhao P P, Doi T, et al. Effect of using high-pressure gas atmosphere with UV photocatalysis on the CMP characteristics of a 4H-SiC substrate[J]. ECS Journal of Solid State Science and Technology, 2021, 10（2）: 024010.

[21] Nishizawa H, Oyama K, Doi T K, et al. Study on innovative plasma fusion CMP and its application to processing of diamond substrate[C]. Chandler: International Conference on Planarization/CMP Technology, 2015: 1-4.

第 10 章　金刚石相关材料应用及加工技术

金刚石、SiC、Si$_3$N$_4$、蓝宝石均是常见的硬脆材料，具有良好的机械化学特性和半导体特性。这些材料的特性、应用领域及加工方法具有许多相同之处，可以相互借鉴。因此，本章对 SiC、Si$_3$N$_4$、蓝宝石、石墨烯及 DLC 材料的应用及其加工技术进行阐述。

10.1　SiC 的应用及抛光技术

10.1.1　SiC 的结构

SiC 是碳和硅唯一稳定的化合物[1, 2]，是典型的原子晶体。Si 的原子序数为 14，C 的原子序数为 6，其电子排布分别为 $1s^22s^22p^63s^23p^2$ 和 $1s^22s^22p^2$，最外层电子结构分别为 $3s^23p^2$ 和 $2s^22p^2$。硅原子的 3s 次层只有一个轨道，能够容纳两个电子，两个电子成对，无成键能力；硅原子的 3p 次层有三个轨道，其中两个轨道各由一个未成对电子占有。3s 和 3p 次层属于同一个电子层，其能级相差很小。成键时，硅原子处于激发状态，3s 轨道的一个电子会跃迁到空着的 3p 轨道上。M 层形成四个不成对的价电子，即一个 3s 电子和三个 3p 电子。激发态硅原子的四个未成对价电子中，p 电子的成键能力较 s 电子强，四价硅化合物中有三个键比较稳定，而另一个键比较不稳定，即四个键是不等价的。四个价电子轨道 3s、$3p_x$、$3p_y$、$3p_z$ "重新组合" 形成四个新的等价轨道——杂化轨道，其中，每一个杂化轨道都含有 1/4s 电子和 1/4p 电子的成分。由一个 s 轨道和三个 p 轨道合成的轨道称为 sp^3 杂化轨道。C 元素与 Si 元素同为ⅣA 族元素，核外电子排列相似，碳原子 L 层亦可形成 sp^3 杂化轨道。

SiC 晶体的 Si—C 键是以硅原子与碳原子外层和次层四个价电子轨道杂化形成的 sp^3 共价键，四个共价键是等价的，键角都是 109°28′，构成四面体结构[3]。Si—C 四面体结构存在两种排列方式：四个硅原子包围一个碳原子或四个碳原子包围一个硅原子。Si—C 键键长为 1.89Å，碳原子与碳原子间距为 3.08Å，硅原子和碳原子共享两个价原子，在空间构成连续的、坚固的骨架结构。因此，可以将整个 SiC 晶体看成一个巨大的分子。Si—C 键键能为 347kJ/mol，价电子都参与了共价键的形成，晶体中没有自由电子。SiC 晶体熔化必须打断这些稳定的共价键，此过程需要消耗大量的热量，因此，SiC 晶体具有较高的熔点、硬度和化学惰性。

根据 Si—C 四面体单向堆积方式的不同，目前已发现 200 多种晶型的 SiC 原子结构，其中最常见的空间立方结构为 3C 型，空间六方结构为 4H 型和 6H 型，它们的堆垛次序分别为 ABCABC…、ABCBABCB…、ABCACBABCACB…[4, 5]，其空间结构如图 10.1 所示。传统的加工方式必须破坏这种稳定的键位结合方式和空间堆垛结构，主要依靠大的摩擦剪切力使 Si—C 共价键遭到破坏，SiC 晶体表面因受剪切力使材料发生断裂而去除，因此 SiC 晶体表面会残留微观裂纹。此外，SiC 晶体的键位结合和空间结构使加工过程中材料去除率较低。

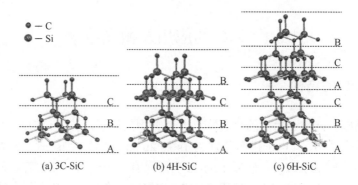

图 10.1　常见单晶 SiC 的空间结构图

10.1.2　SiC 的性质与应用

从第一代的硅、锗半导体材料到第二代的 GaAs 和磷化铟（InP）等化合物半导体材料，再到全球市场需求巨大的第三代宽禁带半导体材料，如 SiC、氮化镓（GaN）、金刚石等，半导体材料向宽禁带领域的发展越来越快。目前，作为最重要的第三代半导体材料，SiC 正引领着清洁能源和新一代电子信息技术的革命。无论是在电子设备、照明、新能源汽车充电桩及下一代移动通信领域，还是在卫星、导弹、雷达等军工用品方面，SiC 都有广阔的应用前景和极大的市场需求。

1. 电子电力器件

SiC 在电子电力器件方面的应用最为广泛。如表 10.1 所示，与现有半导体材料相比，SiC 具有禁带宽度大、熔点高、击穿场强大、饱和电子漂移速率大、热导率高、相对介电常数低等优点[6, 7]。SiC 在电子电力器件方面的应用如图 10.2 所示。

表 10.1　半导体材料性能对比

材料性能	Si	GaAs	GaN	3C-SiC	4H-SiC	6H-SiC
禁带宽度/eV	1.1	1.43	3.45	2.2	3.26	2.9
密度/(g/cm^3)	2.328	5.37	6.095	3.211	3.211	3.211
熔点/℃	1420	1238	1700	2830	2830	2830
热导率/[W/(cm·K)]	1.5	0.46	1.3	4.9	4.9	4.9
击穿场强/($\times 10^5$V/cm)	3	4	>10	10~50	10~50	10~50
相对介电常数	11.8	12.5	9	10	9.7	9.7
饱和电子漂移速率/($\times 10^{-7}$s^{-1})	1.0	1.0	2.2	2	2.5	2.5
电阻率/(Ω·cm)	1000	10^8	>10^{10}	150	>10^{12}	>10^{12}
显微硬度/(kg/mm^2)	1150	750	—	3000	3000	3000
莫氏硬度	7	<6.25	9	9.5	9.5	9.5

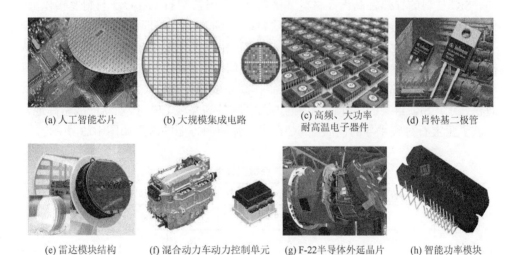

(a) 人工智能芯片　　　(b) 大规模集成电路　　　(c) 高频、大功率
耐高温电子器件　　　(d) 肖特基二极管

(e) 雷达模块结构　　　(f) 混合动力车动力控制单元　　　(g) F-22半导体外延晶片　　　(h) 智能功率模块

图 10.2　SiC 在电子电力器件方面的应用

　　SiC 优良的电学特性使其成为制作高温、高频及大功率半导体器件的理想材料，为半导体器件系统在极端环境下有效稳定地工作提供可能。例如，金属-半导体场效应晶体管（metal-semiconductor field effect transistor，MESFET）、金属-氧化物-半导体场效应晶体管（metal-oxide-semiconductor field effect transistor，MOSFET）、结型场效应晶体管（junction field effect transistor，JFET）、双极结型晶体管（bipolar junction transistor，BJT）等半导体器件能够在 500℃以上的环境下正常工作。此外，SiC 的这些优异特性解决了导热的问题，可以极大地缩小电

子器件中用于散热的部件尺寸，为制作超大规模集成电路的集成化带来可能；从根本上提高功率变换装置的效率，减少配套散热器及滤波耗材，在高端变频应用领域具有较高的应用价值。例如，日本三菱公司采用 SiC 功率模块制作城市轨道列车的逆变器，节约能耗 40%；SiC 半导体器件可以节省空间，将一个体积庞大的变电站缩小成约一个手提箱大小；将笔记本适配器和电动车电控系统的体积分别减少 80%，重量减轻约 2/3。以 SiC 为主导的半导体材料制造出的新一代电子电力元件正朝着更小、更可靠和更高效的方向发展，这些应用都是 SiC 的魅力所在[8-10]。此外，SiC 具有抗酸碱、抗辐射、耐高温特性，能使计算机在恶劣的环境下工作，可广泛用于国防、军事和航空航天等高端领域，如战斗机、宇宙飞船、原子能反应和核反应等。SiC 具有极广阔的发展应用前景，将成为新一代雷达、卫星通信、通信基站所用电子电力器件的核心材料。

2. 半导体照明

SiC 材料的导热性高出硅材料 2 倍以上，高出蓝宝石（Al_2O_3）材料 9 倍以上，如表 10.2 所示。SiC 有效地解决了衬底材料与 GaN 的晶格匹配度低的问题，减少了外延膜 GaN 在生长过程中产生的缺陷和位错[11, 12]，提高了电-光转换效率，从根本上改善了半导体照明存在的出光和散热问题。此外，SiC 具有发蓝色光的特性，利用 SiC 禁带宽度大的优势可以制作高亮度蓝光 LED，实现 LED 全彩色大面积显示。SiC 自身的优异性能使其占据了制备高亮度 LED 产业新的战略高地，打破了蓝宝石衬底主导的局面。SiC 在半导体照明方面的应用如图 10.3 所示。

表 10.2　衬底材料性能对比

衬底材料	热导率/[W/(m·K)]	热膨胀系数/($\times 10^{-6}$ ℃$^{-1}$)	稳定性	导热性	成本	静电释放
蓝宝石	46	1.9	一般	差	中	一般
Si	150	5~20	良	好	低	好
SiC	490	−1.4	良	好	高	好

 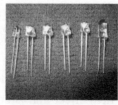 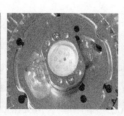 

(a) LED衬底　　　　　　(b) LED　　　　　(c) 大功率LED光源　　　(d) 新型LED灯泡

图 10.3　SiC 在半导体照明方面的应用

目前，整个电力消耗的 1/5 左右由照明能耗占据，降低照明能耗已成为全球节省能源的有效措施之一。LED 光源中不含 Hg、Pb 等有害元素，可以安全触摸，属于典型的绿色照明光源。SiC 是一种理想的节能材料，若将年产 40 万片 SiC 晶片衬底全部应用在照明领域，则减少的照明能耗相当于燃烧 2600 万 tce[①]产生的电能。此外，以 SiC 为衬底材料的 LED 照明设备能将照明光源的使用数量降低 1/3，使照明设备的成本降低 40%～50%，且亮度提高 2 倍，导热性提高 10 倍以上[13]。若采用固体封装技术，LED 光源的使用寿命将大幅度延长，使用寿命分别是白炽灯和荧光灯的 100 倍和 10 倍。此外，SiC 应用在家电领域可节能 50%；应用在太阳能领域可降低光-电转换损失 25%以上；应用在光通信领域可显著提高信号的传输效率、传输安全性及传输稳定性。由此可见，半导体照明正在逐步实现从节能到智能的转变。

3. 微波器件

战争对军用微波雷达探测器的迫切需求催生了微波半导体器件。SiC 的饱和电子漂移速率和禁带宽度为硅的 2～3 倍，临界击穿场强是 GaAs 的 6 倍左右，热导率高于 GaAs 和蓝宝石的 10～20 倍。此外，SiC 材料具有半绝缘性，可以将平面传输线、源器件和无源器件集成在同一块芯片上，且不需要采用特殊的隔离技术，进一步缩小了微波电路的体积。SiC 微波器件具有输出功率密度大、耐高温、抗辐射等特点，能满足下一代电子装备对微波功率器件的使用需求，如功率大、频率高、体积小和适用于恶劣环境等。在微波器件领域，SiC 完全可以替代蓝宝石成为外延生长 GaN 的衬底材料。美军第四代战斗机、干扰机和宙斯盾作战系统的相控阵雷达已配备 SiC 基微波器件产品。目前，SiC 微波器件已广泛地应用在生物医学、遥测系统、人造卫星、雷达、宇宙飞船等领域[14, 15]。

10.1.3　SiC 晶片的抛光技术概述

目前 SiC 晶片的主要抛光技术有机械抛光技术、化学机械抛光技术、电化学机械抛光技术、等离子体辅助抛光技术、化学机械磁流变抛光技术、光催化辅助抛光技术等。

1. 机械抛光技术

机械抛光是在一定压力下，通过嵌入在磨头上的磨料和工件之间的相对滑动而去除材料。其原理如图 10.4 所示。

---

① tce 指吨标准煤当量（ton of standard coal equivalent）。

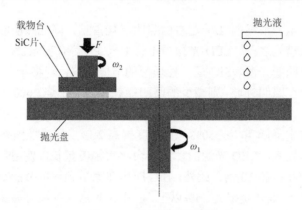

图 10.4　机械抛光原理图

Hojun 等[16]用混合磨粒抛光 6H-SiC，在碱性胶体抛光液中，取得了表面粗糙度 Ra 为 6nm 的表面；王旭等[17]使用固着磨料抛光 SiC，获得良好的光学表面，其表面粗糙度 RMS 仅为 1.591nm。Tsai 等[18]在含自由磨粒 Al_2O_3 的抛光液中加入强氧化剂 $KMnO_4$，利用自行研制的含固结金刚石磨粒的抛光垫对单晶 SiC 进行抛光，结果表明，含固结金刚石磨粒的抛光垫有助于高效获得无缺陷、光滑的 SiC 表面，材料去除率为 1.3μm/h，表面粗糙度 Ra 低于 0.5nm。Chen 和 Xu[19]使用添加强碱 KOH 的胶体 SiO_2 抛光液对单晶 6H-SiC 进行抛光，获得 2μm×2μm 区域内 Si 表面粗糙度 Ra 为 0.096nm、C 表面粗糙度 Ra 为 1.66nm 的光滑表面。Heydemann 等[20]对单晶 6H-SiC 的 Si 面进行了研磨抛光研究，在使用直径为 60nm 的胶体 SiO_2 为磨料制成的抛光液时，材料去除率为 60nm/h，表面粗糙度 Ra 为 6.83nm；加入浓度为 10%、直径为 0.1μm 的金刚石后，材料去除率增大至 600nm/h，表面粗糙度 Ra 降为 5.5nm；当继续加入浓度为 10%的氧化剂 NaClO 时，材料去除率增大为 920nm/h，表面粗糙度 Ra 降为 0.52nm。

机械抛光技术的去除机理是机械破碎去除。由于 SiC 材料具有较高的硬度和稳定的化学特性，材料去除率较低，表面效果不是很好，工件表面损伤较大。

2. 化学机械抛光技术

化学机械抛光技术是利用抛光液中的氧化剂与试样表面发生化学反应，生成软质氧化层，使试样与抛光垫在抛光液中保持一定压力并相对运动，其原理如图 10.5 所示。

Zhou 等[21]首次采用化学机械抛光 SiC，最优抛光温度为 55℃，pH 为 11 时表面粗糙度 RMS 为 0.5nm，但材料去除率较小（小于 0.2μm/h），抛光过程中的材料去除率取决于 SiC 表面的氧化层生成速率和磨粒的氧化层机械去除速率之间的平衡。

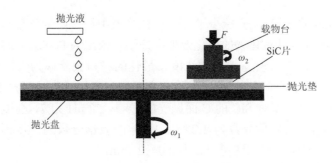

图 10.5　化学机械抛光原理图

Kato 等[22]利用 SiO_2 碱性胶体抛光液对 SiC 的 Si 面进行化学机械抛光，获得表面粗糙度 Ra 为 0.1nm 的原子级光滑、无缺陷表面，但是材料去除率很低。Pan 等[23]在 SiO_2 碱性抛光液中添加 H_2O_2 后发现，添加的 H_2O_2 有助于提高材料去除率，但是 H_2O_2 浓度不好控制，H_2O_2 浓度过低或过高都会因氧化层产生的速率过快或较慢而产生表面凹坑等缺陷。

Lee 等[24]采用纳米 SiO_2 和 25nm 的金刚石混合磨料化学机械抛光单晶 SiC，得到 $10\mu m \times 10\mu m$ 范围内表面粗糙度 Ra 为 0.0772nm 的表面，提高了材料去除率，但仍小于 $0.5\mu m/h$。

Lagudu 等[25]在质量分数为 10% 的 SiO_2 溶液中添加 1.47mol/L 的 H_2O_2 和 50mmol/L 的 KNO_3 溶液，pH 为 8 时获得表面粗糙度 RMS 为 0.48nm 的光滑表面，材料去除率为 $2.1\mu m/h$；KNO_3 的浓度为 100mmol/L 时，材料去除率增至 $3.2\mu m/h$。Yin 等[26]研究了抛光液中的 pH 和 $KMnO_4$ 浓度对 SiC 材料去除率的影响。当 pH 为 3 时，材料去除率达到 $1.695\mu m/h$；当 pH 为 6 时，材料去除率为 $1.019\mu m/h$；当 pH 为 7 时，材料去除率达到 $0.915\mu m/h$。

Chen 等[27, 28]对比了含有强氧化剂 $KMnO_4$ 的抛光液中磨料 CeO_2 和 SiO_2 对抛光 6H-SiC 中 Si 面的影响。pH 为 2 时，在质量分数为 2% 的 CeO_2 的抛光液中添加 0.05mol/L 的 $KMnO_4$ 溶液，可得表面粗糙度 Ra 为 0.11nm、材料去除率为 $1.089\mu m/h$ 的 Si 面；pH 为 6 时，在质量分数为 6% 的 SiO_2 的抛光液中添加 0.05mol/L 的 $KMnO_4$ 溶液，可得表面粗糙度 Ra 为 0.254nm、材料去除率为 $0.185\mu m/h$ 的 Si 面。

Hara 等[29]提出了利用金属催化剂作为抛光盘催化 SiC 表面的化学溶解刻蚀技术。Kamoyo 等[30]在抛光液中加入 HF，通过增加转速及压强，在 Pt 制成的抛光盘上得到表面粗糙度 Ra 为 0.060nm 的超光滑表面，但是材料去除率只有 $0.23\mu m/h$。Sano 等[31]在上述抛光盘上开槽，提高压强和转速后，材料去除率提高到 $0.492\mu m/h$。

Zhou 等[32]把纳米 Fe 加在含有 H_2O_2 的碱性溶液中，材料去除率为 120nm/h，之后用纳米 Fe 作为催化剂对 6H-SiC 的 Si 面进行化学机械抛光，获得了表面粗糙

度 Ra 为 0.05nm 的光滑表面。徐少平等[33]在抛光液中加入质量分数为 2.5%的铁及其氧化物，发现铁及其氧化物的催化效果由好到差依次为 Fe_3O_4、FeO、Fe、Fe_2O_3，抛光速率的重要影响因素是 Fe^{2+}的浓度，最佳的材料去除率为 17.2mg/h，表面粗糙度 Ra 为 2.5nm。阎秋生等[34]在抛光液中加入芬顿试剂，研究 H_2O_2 浓度、Fe_3O_4 浓度、pH 及温度对 SiC 的 C 面抛光的影响。当 pH 为 7，温度为 41℃，抛光液组成为 Fe_3O_4 的质量分数为 1.25%、H_2O_2 的质量分数为 15%时，材料去除率达到了 12.0mg/h，表面粗糙度 Ra 为 2.0～2.5nm。

化学机械抛光能够使表面平坦，粗糙度较小，损伤较少，是目前应用较多的获得平坦的原子级表面的加工方法。在化学机械抛光 SiC 的过程中，影响因素较多，压强、转速、pH 均能够影响氧化层的形成和去除，存在材料去除率较小、设备腐蚀严重、抛光液后续处理困难、环境污染等问题。

3. 电化学机械抛光技术

电化学机械抛光技术是外加直场电流、在抛光液中加入大量的电解质、将电化学的阳极氧化技术和化学机械抛光技术相结合的一种表面平坦化技术。其装置原理图如图 10.6 所示，SiC 作为阳极，惰性金属 Pt 作为阴极，外加电流，SiC 发生阳极氧化反应，达到材料去除的目的。

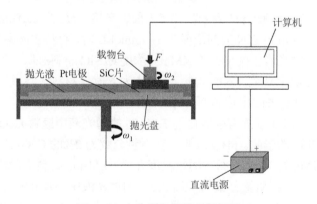

图 10.6　电化学机械抛光原理图

Li 等[35]首先用 KOH 和 H_2O_2 混合溶液作为电解液，采用电化学的阳极氧化反应氧化 SiC 表面并产生氧化层，然后用硅溶胶磨料去除氧化层，在电流密度为 5mA/cm² 、氧化时间为 5s 时得到了光滑的表面，其表面粗糙度 RMS 为 0.27nm，但材料去除率较小，为 0.2μm/h，且电流密度越低，表面粗糙度越低。Ballarin 等[36]在电化学机械抛光过程中使用 HF 溶液为电解质来实现多晶 SiC 表面抛光，最终得到表面粗糙度 RMS 为 8.3nm 的表面质量，但材料去除率仍然较低，且 HF 溶液的浓度过小或过大都将会升高表面粗糙度。Deng 等[37]验证了阳极氧化后的 SiC 表面硬度由 34.5GPa 降到 1.9GPa 更有利于电化学机械去除。

Murata 等[38]基于法拉第电解理论,在干燥大气压和受控温度条件下,确定了优化的电解条件为开路电压 $E = 10V$、导通时间 $T_{on} = 2.5min$、断路时间 $T_{off} = 7.5min$,电解液为去离子水,磨料为自制 CeO_2/聚氨酯(最佳质量比为 2.5∶1)核壳粒子,SiC 表面粗糙度 Ra 为 0.51nm,且自制 CeO_2/聚氨酯核壳粒子可重复使用,寿命长、成本低、更加环保。

电化学机械抛光获得的表面质量较优,但材料去除率低。阳极电流密度的增加可以提高材料去除率,但会使表面质量变差。

4. 等离子体辅助抛光技术

等离子体辅助抛光技术是利用活性等离子体,使试样表面产生较软的氧化层,然后使用软磨料去除,从而获得具有高表面质量的试样,其原理如图 10.7 所示。

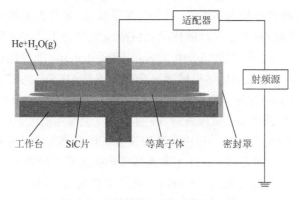

图 10.7　等离子体辅助抛光原理图

Yamamura 等[39-41]通过施加高频电源($f = 13.56MHz$)产生大气压等离子体氧化 SiC 表面,然后使用 CeO_2 磨料在自行设计的抛光装置上抛光 3h,表面粗糙度 Ra 达到 0.1nm。Deng 等[42, 43]研究了等离子体腐蚀和等离子体辅助抛光相结合的 CVD 法制备 SiC 的抛光过程。基底气体为氦气,反应气体为水蒸气,流速为 1.5L/min 时,材料去除率为 0.2nm/h,表面粗糙度 RMS 为 0.1nm。

等离子体辅助抛光不会对工件的表面和亚表面造成机械损坏,但是材料去除率非常低,并且测试设备昂贵。

5. 化学机械磁流变抛光技术

化学机械磁流变抛光技术是将化学机械抛光和磁流变组合使用,将抛光液与磁性颗粒混合，在磁场的作用下，磁性颗粒形成链状结构，该链状结构包裹并夹住游离磨料，用于抛光试样。其原理如图 10.8 所示。

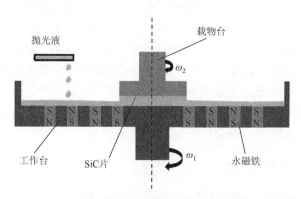

图 10.8　化学机械磁流变抛光原理图

Kordonski 和 Jacobs[44]首次提出了化学机械磁流变抛光工艺。刘志军[45]采用化学机械磁流变抛光直径为 202mm 的 SiC 光学镜面，最终表面粗糙度 RMS 为 2～3nm。王芳杰等[46]对 6H-SiC 晶片的化学机械磁流变抛光工艺进行研究，经过粗抛、精抛和超精抛，将表面粗糙度 Ra 由 226nm 降至 0.5nm，亚表面损伤层的最大深度约 1.5nm。Zhu 等[47]采用化学机械磁流变抛光单晶 6H-SiC 的 C 面，催化剂为铁磁性颗粒，氧化剂为 H_2O_2，抛光 1h，表面粗糙度 Ra 由 50.86nm 降至 0.42nm。白杨等[48]对表面改性后的 SiC 试样进行 3h 的抛光，表面粗糙度 RMS 从 32.27nm 快速降至 7.59nm。阎秋生等[49, 50]提出集群磁流变平面抛光方法，将若干小尺寸的永磁铁规则排布在自制抛光盘中，产生多点排布的磁流变"微磨头"，由此提高抛光效率，使 SiC 表面粗糙度 Ra 由 0.403μm 降至 0.016μm。梁华卓[51]对单晶 SiC 开展了磁流变化学复合抛光的系统性试验，获得了最优化参数：质量分数为 5%的 1μm 金刚石粉末、质量分数为 55%的羰基铁粉，质量分数为 5%的 H_2O_2，加工间隙为 1mm，工件转速为 350r/min，抛光盘转速为 20r/min。采用最优化参数进行 2h 的磁流变化学复合抛光后，原始表面粗糙度 Ra 约为 40nm 的单晶 SiC 表面粗糙度达到 0.1nm 以下，获得了超光滑平坦表面。杨超等[52]通过将磁流变抛光和传统机械抛光相结合，对直径为 100mm 的单晶 SiC 进行加工，首先环抛单晶 SiC 表面，将表面粗糙度 Ra 降至 0.6nm 左右，然后对晶片进行 35min 的磁流变抛光，最后采用纳米金刚石抛光液环抛，最终获得了表面粗糙度 Ra 为 0.327nm 的光滑表面。

磁流变抛光的磨料呈半固着状态，避免了传统游离磨料加工的缺陷，抛光过程中工件受到的正压力很小，减少了磨料硬度和尺寸不均匀造成的影响；但对磁流变抛光液与工件之间的距离控制仍然比较困难，且加工质量有待提高。

6. 光催化辅助抛光技术

光催化辅助抛光技术是利用纳米 TiO_2 的光催化作用产生强氧化性·OH 以氧化 SiC 表面，并用磨料去除生成的氧化层[44-47]，其原理如图 10.9 所示。

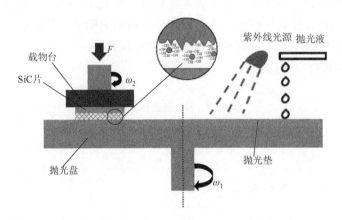

图 10.9　光催化辅助抛光原理图

苑泽伟等[53, 54]使用自行开发的含 TiO_2 抛光液，在紫外线照射下对 4H-SiC 的 Si 面进行光催化辅助抛光，材料去除率高达 0.95μm/h，表面粗糙度 Ra 为 0.35nm。何艳等[55]开展正交试验研究，表明光催化辅助抛光液中光催化剂对抛光液氧化性的影响最大，其次是电子捕获剂，再次是分散剂，得到的较好的抛光液成分为 TiO_2 0.5g/L、H_2O_2 1.5mol/L、$(NaPO_3)_6$ 0.1g/L。首先采用 5μm 和 2μm 粒径的金刚石微粉研磨 SiC 30min，然后采用光催化辅助抛光技术粗抛光 60min、精抛光 50min，最终获得的表面粗糙度 Ra 约为 0.47nm。

Ishikawa 等[56]研究发现，TiO_2 可在室温下产生氧化性较强的·OH，促使 SiC 表面分解为 SiO_2 和 CO_2，最终可得到纳米级表面，但是分解速率很低。Ohnishi 等[57]在碱性抛光液中添加 TiO_2，在紫外线照射后，SiC 的表面质量变好，但材料去除率小于 0.06μm/h。Lu 等[58]利用自制的 TiO_2 包覆金刚石的复合磨料颗粒，在紫外线照射下，对 6H-SiC 进行抛光，材料去除率约 0.115μm/h，分析认为紫外线照射 TiO_2 的光催化效应提高了活性物质的生成效率，加快了 SiC 表面的氧化速率。

Zhou 等[59]在紫外线照射下，采用 TiO_2 质量分数为 8%的自制复合抛光垫对 SiC 进行抛光，最终获得了材料去除率达到 200nm/h、表面粗糙度 Ra 为 0.0539nm 的原子级光滑表面。叶子凡等[60]研究了 TiO_2 粒径种类与质量分数、紫外线照射功率、温度和 pH 对 4H-SiC 抛光性能的影响，最终获得了材料去除率为 352.8nm/h、表面

粗糙度 Ra 为 0.586nm 的表面。路家斌等[61, 62]通过研究无光照、光照抛光盘和光照抛光液三种方式，验证了加入紫外线能够有效地提高材料去除率的结论，最终获得了表面粗糙度 Ra 为 0.281nm 的超光滑表面。

在光催化辅助抛光过程中，加入紫外线，利用纳米 TiO_2 生成的强氧化性·OH 能够有效地提高抛光速率，但是受紫外线和催化剂 TiO_2 的影响，生成·OH 的速率较低，导致 SiC 表面氧化层的生成速率较低，材料去除率仍然较低。

不同的 SiC 抛光技术各有优点和缺点，应用场合也不尽相同。表 10.3 将上述 SiC 抛光技术进行归纳比较。

表 10.3　SiC 抛光技术对比

方法	操作方法	去除机理	表面粗糙度/nm	最高材料去除率/(μm/h)	优缺点
机械抛光	接触	破碎去除	0.55	1.36	可获得较高的加工质量和较低的表面粗糙度；加工效率低，劳动强度大
化学机械抛光	接触	化学与机械协同作用	0.096	1.09	抛光装置相对简单、精度较高，表面质量较好；加工时间长，效率较低
电化学机械抛光	接触	化学与机械协同作用	0.23	3.62	抛光表面质量较好，容易控制，加工精度比化学机械抛光低，表面会有腐蚀坑，所需抛光装置较复杂
等离子体辅助抛光	非接触	高能粒子去除	0.6	1.32	表面质量较好，可以加工曲面，加工过程需要高真空环境，成本较高，设备较复杂
化学机械磁流变抛光	非接触	破碎去除	0.1	5.88	磨料的半固着加工避免了传统的游离磨料加工的缺陷；加工质量有待提高
光催化辅助抛光	接触	化学与机械协同作用	0.350	0.95	抛光质量好，容易控制，但抛光过程中空穴与光生电子容易复合，材料去除率有待进一步提升

10.1.4　SiC 晶片的超声振动辅助研磨技术

常规机械研磨方法容易出现磨料团聚、磨料分布不均、材料去除率降低等问题。在机械研磨过程中增加超声振动，可增加研磨液内部磨料的动能，增大磨料对试样的作用力，还能避免磨料之间的团聚作用，增加参与研磨的有效磨料数量，从而提高材料去除率。

图 10.10 为超声振动辅助研磨试验原理图，主要由自动精密研磨抛光机、抛光头、电滑环、压电陶瓷片、超声波发生器等组成。单晶 SiC 试样通过石蜡粘贴在抛光头上，石蜡具有耐酸碱的特点，而且使用方法简单，只需加热就可取下。

压电陶瓷片通过环氧树脂胶粘贴在抛光头内，环氧树脂胶既能实现良好的振动传递效果，又能保证压电陶瓷片与抛光头接合的牢固性。由超声波发生器输出的高频电信号通过电滑环输入旋转状态的抛光头上，激励粘贴于抛光头上的压电陶瓷片产生纵向变形，使超声振动作用于研磨液。

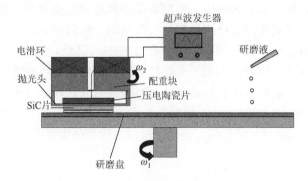

图 10.10　超声振动辅助研磨试验原理图

从图 10.11 中可以看出，在常规研磨和超声振动辅助研磨中，随着研磨盘转速的增大，试样的材料去除率增大，研磨盘转速大于 40r/min 时材料去除率与研磨盘转速几乎呈线性关系。这是因为研磨盘转速增大时单位时间内磨料作用于试样表面的次数增加、磨料对晶片的划擦次数增加。在改变研磨盘转速的条件下，超声振动辅助研磨试样的材料去除率高于常规研磨，在研磨盘转速为 30r/min、40r/min、50r/min、60r/min 时，超声振动使材料去除率分别提高了 13.4%、10.8%、23.4%、8.9%。

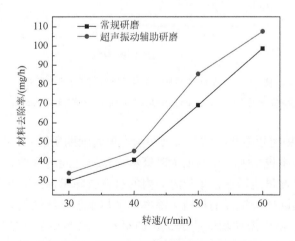

图 10.11　不同转速时试样的材料去除率

金刚石磨粒平均粒径为 5μm，磨料质量分数为 5%，压强为 0.01MPa

将金刚石磨料与去离子水配置成四种研磨液，其磨料质量分数分别为2.5%、5%、7.5%、10%，在保持其他参数恒定不变的情况下进行研磨试验。从图10.12中可以看出，对于常规研磨和超声振动辅助研磨试验，随着磨料质量分数的增大，试样的材料去除率呈先增大后减小的趋势，在磨料质量分数为7.5%时材料去除率最大。磨料质量分数小于10%时，磨料质量分数增加使得参与研磨的磨料数量增加，单位时间内对试样表面产生划擦的次数增加，材料去除率高。磨料质量分数为10%时的材料去除率相比磨料质量分数为7.5%时降低，这可能是由于磨料质量分数过大，磨料发生团聚，形成了大粒径的磨料，导致小粒径的磨料不能接触试样表面，参与研磨的有效磨料数量少，材料去除率低。在改变磨料质量分数的条件下，超声振动辅助研磨试样的材料去除率高于常规研磨，在磨料质量分数为2.5%、5%、7.5%和10%时，超声振动使材料去除率分别提高了33.8%、23.4%、24%、33.2%。

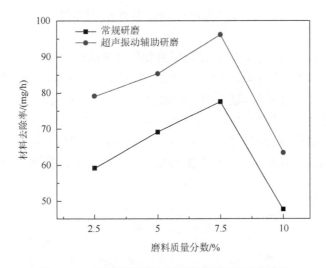

图 10.12　不同磨料质量分数时试样的材料去除率

金刚石磨粒平均粒径为5μm，压强为0.01MPa，研磨盘转速为50r/min

从图10.13中可以看出，常规研磨和超声振动辅助研磨中，随着压强的增大，试样的材料去除率也增大。压强增大时磨料与试样之间的摩擦力增大，参与试样表面划擦的磨料数量也增加，单位时间内的材料去除量增加。在改变压强的条件下，超声振动辅助研磨试样的材料去除率几乎与压强呈线性关系。此外，在改变压强的条件下，超声振动辅助研磨试样的材料去除率高于常规研磨，在压强为0.01MPa、0.015MPa、0.02MPa、0.025MPa 时，超声振动使材料去除率分别提高了23.4%、72.3%、26.8%、56.9%。

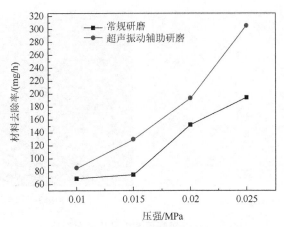

图 10.13　不同压强时试样的材料去除率

金刚石磨粒平均粒径为 5μm，磨料质量分数为 5%，研磨盘转速为 50r/min

　　由于金刚石磨料平均粒径较小（0.5μm），材料去除的过程较慢，在研磨过程中每隔 20min 测量表面粗糙度。用平均粒径为 0.5μm 的金刚石磨料研磨使 SiC 表面粗糙度降低，但是研磨 60min 后表面粗糙度基本不再变化，最终测得的表面粗糙度 Ra 低于 10nm，因此用平均粒径为 0.5μm 的金刚石磨料研磨的最佳时间为 60min。研磨后的 SiC 晶片表面形貌如图 10.14 所示。图 10.14（a）为采用平均粒径为 5μm 的金刚石磨料超声振动辅助研磨 SiC 晶片 30min 后的表面形貌，去除了表面的粗糙峰和线切割痕；图 10.14（b）为采用平均粒径为 2μm 的金刚石磨料超声振动辅助研磨 SiC 晶片 30min 后的表面形貌，进一步去除了表面的粗糙峰，但仍存在大量脆性断裂坑；图 10.14（c）为采用平均粒径为 0.5μm 的金刚石磨料超声振动辅助研磨 SiC 晶片 60min 后的表面，粗糙峰已基本去除，露出了光整的表面；图 10.14（d）为超声振动辅助研磨后的扫描电镜照片，表面光滑、无明显划痕。

(a) 5μm金刚石研磨后

(b) 2μm金刚石研磨后

 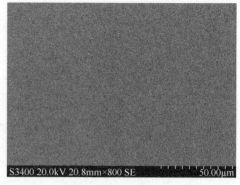

(c) 0.5μm金刚石研磨后　　　　　　　　　　(d) 研磨后的扫描电镜(SEM)图像

图 10.14　研磨后 SiC 晶片表面形貌

10.1.5　SiC 晶片的光催化辅助抛光技术

在紫外线照射下 TiO_2 颗粒表面生成光生电子-空穴对，空穴与 TiO_2（或其他光催化剂，如 CeO_2、ZrO_2、ZnO）颗粒表面的 OH^- 或 H_2O 相结合生成强氧化性的·OH。若以·OH 为氧化剂配制抛光液，利用·OH 与 SiC 晶片表面接触使 SiC 表面氧化，可以加快 SiC 晶片的氧化反应。理想状态下，借助磨料的机械活化作用，如果反应时间充分，·OH 可以将 SiC 彻底氧化生成 SiO_2 层，化学反应如下：

$$SiC + 4 \cdot OH + O_2 \longrightarrow SiO_2 + 2H_2O + CO_2 \tag{10.1}$$

1. 光催化辅助抛光液成分的确定

为了研究抛光液成分对材料去除率和表面质量的影响，配制六组抛光液用于 SiC 晶片的抛光试验，重点研究光催化剂、紫外线、电压、电子捕获剂和 pH 五个因素对 SiC 晶片抛光效果的影响。每一组抛光液含有质量分数为 5%、粒径为 30nm 的纳米 SiO_2 磨料和质量分数为 10%的硅溶胶分散剂，待抛光 SiC 晶片表面粗糙度 Ra 约为 8nm。试验中使用的光催化剂为 P25（纯度为 99.8%，直径约为 30nm）、5nm TiO_2（纯度为 99.8%，直径为 5~10nm），均选自上海阿拉丁生化科技股份有限公司。化学试剂 H_2O_2（质量分数为 30%）、K_2FeO_4（纯度为 96%）、硅溶胶（质量分数为 30%）、$(NaPO_3)_6$（质量分数为 70%）、H_3PO_4（质量分数为 70%）和 NaOH（纯度≥85%），均为分析纯。

配制的六组抛光液如表 10.4 所示。抛光液 S2、S3、S4 缺少的试验条件分别为无紫外线照射、不施加电压和不添加电子捕获剂，其他试验条件与抛光液 S1 相同，分别对比紫外线、电压和电子捕获剂对抛光液的影响；抛光液 S5 的 pH 与抛光液 S1 不同，对比 pH 对抛光液的影响；抛光液 S6 为采用 5nm TiO₂ 光催化剂配制的抛光液，用于与 P25 光催化剂抛光液对比抛光效果。抛光的工艺参数如下：抛光盘转速为 60r/min，抛光头转速为 10r/min，抛光压强为 0.025MPa，抛光垫为合成纤维抛光垫，抛光时间为 4h。

表 10.4　用于抛光 SiC 晶片的六组抛光液

序号	光催化剂种类	是否有紫外线照射	电压	电子捕获剂	pH	磨料	分散剂
S1	P25	√	15V	H₂O₂	3	SiO₂	硅溶胶
S2	P25	×	15V	H₂O₂	3	SiO₂	硅溶胶
S3	P25	√	—	H₂O₂	3	SiO₂	硅溶胶
S4	P25	√	15V	—	3	SiO₂	硅溶胶
S5	P25	√	15V	H₂O₂	13	SiO₂	硅溶胶
S6	5nm TiO₂	√	15V	H₂O₂	4	SiO₂	硅溶胶

图 10.15 为抛光前、后 SiC 晶片表面微沟槽深度的变化。根据微沟槽深度的变化计算不同抛光液抛光 SiC 晶片的材料去除率。单晶 SiC 材料较硬，超薄金刚石砂轮在切割过程中容易发生磨损，并且 SiC 晶片表面切割的微沟槽较浅，因此超薄金刚石砂轮在切割过程中产生的轻微磨损也会导致切割出的微沟槽形状不统一、有略微的差别。

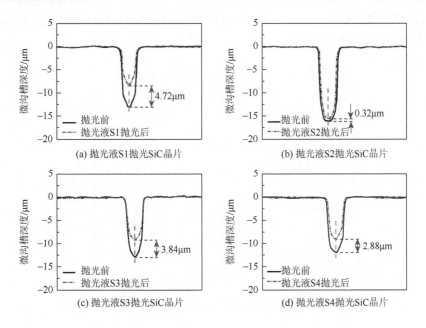

(a) 抛光液S1抛光SiC晶片

(b) 抛光液S2抛光SiC晶片

(c) 抛光液S3抛光SiC晶片

(d) 抛光液S4抛光SiC晶片

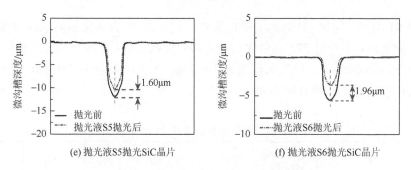

(e) 抛光液S5抛光SiC晶片　　　　　　(f) 抛光液S6抛光SiC晶片

图 10.15　不同抛光液抛光 SiC 晶片表面微沟槽深度的变化

　　图 10.16 为采用不同的抛光液抛光 SiC 晶片的表面粗糙度和材料去除率。由图可知，抛光液 S1 抛光后的 SiC 晶片具有最低的表面粗糙度 Ra 和最高的材料去除率 MRR，分别为 0.348nm 和 1.18μm/h。抛光液 S2 抛光试验无紫外线照射，尽管抛光液的成分相同，但抛光液 S2 的材料去除率远低于抛光液 S1，这表明紫外线在光催化辅助抛光 SiC 晶片过程中起着十分重要的作用。添加电子捕获剂 H_2O_2 和施加电压都能抑制光生电子和空穴复合，是提高光催化效率的有效方法，但抛光液 S3（无电压）与抛光液 S4（无 H_2O_2）相比有更高的材料去除率和更低的表面粗糙度，表明施加电压抑制电子和空穴复合的效果更明显。抛光液在酸性条件下（抛光液 S1）比在碱性条件下（抛光液 S3）的氧化性更强，抛光效果更好。抛光液 S6 与抛光液 S2 和 S5 相比获得了更好的抛光效果，材料去除率为 0.49μm/h，表面粗糙度 Ra 为 0.841nm，但与抛光液 S1 相比抛光效果较差。由以上分析可知，紫外线、电子捕获剂、电压、酸碱环境和光催化剂种类是光催化辅助抛光 SiC 晶片抛光效果的重要影响因素。

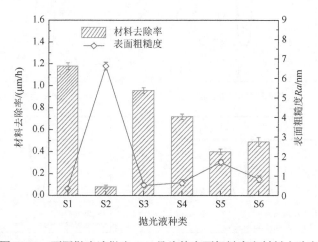

图 10.16　不同抛光液抛光 SiC 晶片的表面粗糙度和材料去除率

　　采用不同的抛光液抛光 SiC 晶片的表面形貌如图 10.17 所示。由图可知，抛光液 S1 抛光后的 SiC 晶片表面光滑，表面粗糙度 Ra 为 0.348nm，RMS 为 0.542nm，抛光后的表面没有引入新的划痕等。抛光液 S2 抛光 SiC 晶片的材料去除率极低，机械作用造成的表面损伤没有得到有效的去除。因此，抛光液 S2 抛光后的 SiC 晶片表面质量最差，表面粗糙度 Ra 为 6.630nm，与未抛光的表面质量相比没有得到明显的改善，表面残留大量的微凹坑。抛光液 S3 和 S4 抛光后的 SiC 晶片表面相对光滑，表面残留一些微划痕和破碎坑，这些缺陷在机械研磨过程中产生，抛光过程没有完全去除。抛光液的 pH 影响抛光液的氧化性，进一步影响材料去除率，

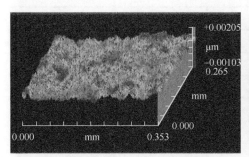

(a) 抛光液S1抛光后SiC晶片的表面形貌

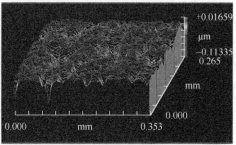

(b) 抛光液S2抛光后SiC晶片的表面形貌

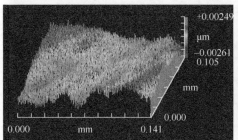

(c) 抛光液S3抛光后SiC晶片的表面形貌

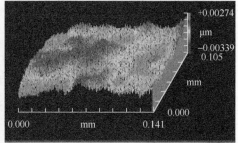

(d) 抛光液S4抛光后SiC晶片的表面形貌

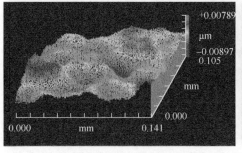

(e) 抛光液S5抛光后SiC晶片的表面形貌

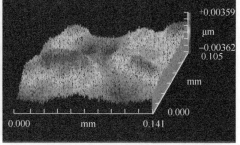

(f) 抛光液S6抛光后SiC晶片的表面形貌

图 10.17　不同抛光液抛光后 SiC 晶片的表面形貌（彩图见封底二维码）

因此，抛光液 S5 抛光后的 SiC 晶片表面质量较差，存在的破碎坑和凹坑较多。由于 5nm TiO$_2$ 光催化剂辅助抛光液的光催化活性较 P25 光催化剂辅助抛光液的光催化活性差，抛光液 S6 抛光 SiC 晶片的抛光效果较抛光液 S1 差。

2. 光催化辅助抛光工艺参数的确定

根据何艳[63]、苑泽伟等[53]对光催化工艺的研究，最后确定最佳的光催化辅助抛光 SiC 晶片的工艺参数如表 10.5 所示。

表 10.5   光催化辅助抛光 SiC 晶片的工艺参数

抛光工艺参数	值
抛光压强/MPa	0.025
抛光盘转速/(r/min)	60
抛光头转速/(r/min)	10
磨料类型	SiO$_2$
磨料质量分数/%	5
抛光垫类型	合成纤维
抛光液中的光催化剂类型	P25
抛光液中的光催化剂浓度/(g/L)	0.75
抛光液 pH	3
电压/V	15
抛光液中的电子捕获剂浓度/(mol/L)	0.66
抛光液中的分散剂质量分数/%	10

采用 AFM 检测光催化辅助抛光后的 SiC 晶片表面质量。图 10.18 为 pH 为 4 时，5nm TiO$_2$ 光催化剂辅助抛光液（抛光液 S6）抛光后的 SiC 晶片表面，由图 10.18（a）可知，采用 5nm TiO$_2$ 光催化剂辅助抛光液抛光 SiC 晶片后的表面较平坦，在 1μm×1μm 测量区域内检测的表面粗糙度 Ra 为 0.471nm，但表面存在较多的微划痕。为了分析微划痕的深度、宽度以及产生的原因，在 SiC 的表面选取两条正交的轮廓线进行研究。如图 10.18（b）所示，SiC 晶片表面线粗糙度 Ra 分别为 0.404nm 和 0.457nm，最大的波峰-波谷值为 2nm 左右，表面残留的微划痕深度为 1nm 左右，宽度为 90～180nm。晶片表面的微划痕宽度远大于抛光过程中采用的 SiO$_2$ 磨料粒径（30nm），因此 SiC 晶片表面残留的较宽的微划痕可能是上一道工序（采用 0.5μm 粒径的金刚石微粉研磨 SiC 晶片）引入的。由于抛光过程中材料去除率较低，SiC 晶片表面残留的较深的划痕没有被完全去除。

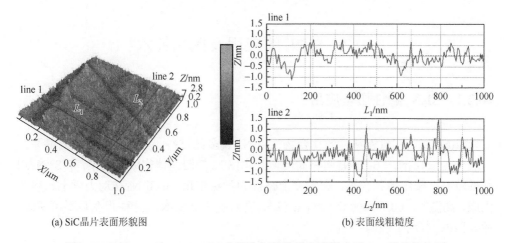

(a) SiC晶片表面形貌图　　　　　　　　　　　(b) 表面线粗糙度

图 10.18　pH = 4 时，5nm TiO₂ 光催化剂辅助抛光液抛光后 SiC 晶片的表面

图 10.19 为 pH 为 3 时，P25 光催化剂辅助抛光液（抛光液 S1）抛光后的 SiC
晶片表面。与图 10.18（a）相比，图 10.19（a）中 SiC 晶片表面质量得到了明显
改善，在 1μm×1μm 测量区域内检测的表面粗糙度 Ra 为 0.218nm，并且表面未见
明显的微划痕与凹坑。由图 10.19（b）可知，SiC 晶片表面线粗糙度 Ra 分别为
0.225nm 和 0.202nm，最大的波峰-波谷值为 1nm 左右，表面残留的微划痕深度＜
0.5nm。抛光后的 SiC 晶片基本可以满足单晶 SiC 作为衬底生长外延膜的要求（表
面粗糙度 Ra＜0.3nm）。经过双面抛光，SiC 晶片变得完全透明，其表面非常光滑、
明亮。

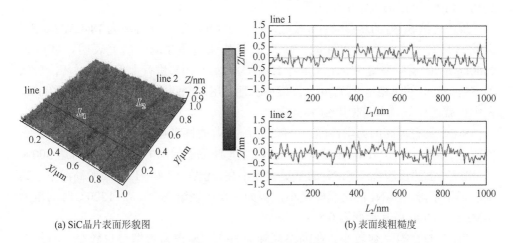

(a) SiC晶片表面形貌图　　　　　　　　　　　(b) 表面线粗糙度

图 10.19　pH = 3 时，P25 光催化剂辅助抛光液抛光后 SiC 晶片的表面

10.2 Si$_3$N$_4$的应用及抛光技术

10.2.1 Si$_3$N$_4$的性质与应用

Si$_3$N$_4$属于共价键结合的化合物。Si$_3$N$_4$属多晶材料，晶体结构属六方晶系，一般分为α-Si$_3$N$_4$、β-Si$_3$N$_4$两种晶向，均由[SiN$_4$]$^{4-}$四面体构成，其中，β-Si$_3$N$_4$对称性较高，摩尔体积较小，在温度上是热力学稳定相；α-Si$_3$N$_4$在动力学上较容易生成，高温（1400～1800℃）时，α-Si$_3$N$_4$会转变为β-Si$_3$N$_4$，这种相变是不可逆的，故α-Si$_3$N$_4$有利于烧结。

Si$_3$N$_4$的理论密度为(3100 ± 10)kg/m^3，实际测得的α-Si$_3$N$_4$密度为3184kg/m^3，β-Si$_3$N$_4$密度为3187kg/m^3。Si$_3$N$_4$的体积密度因工艺而变化较大，一般为理论密度的80%以上。孔隙率是密度的主要影响因素，反应烧结Si$_3$N$_4$的孔隙率一般为20%左右，密度是2200～2600kg/m^3；热压Si$_3$N$_4$的孔隙率在5%以下，密度达3000～3200kg/m^3。与用途相近的其他材料比较，Si$_3$N$_4$不仅密度低于所有高温合金，而且是密度较低的高温结构陶瓷。

Si$_3$N$_4$可作为高温绝缘材料，其性能主要取决于合成方式与纯度。材料内未被氮化的游离硅，在制备中带入的碱金属、碱土金属、铁、钛、镍等杂质，均可恶化Si$_3$N$_4$的电性能。在室温、干燥介质中，Si$_3$N$_4$的电阻率为10^{15}～10^{16}Ω·cm，相对介电常数为9.4～9.5；在高温下，Si$_3$N$_4$仍保持较高的电阻率，随着工艺条件的提高，Si$_3$N$_4$可以加入常用电介质行列。

反应烧结Si$_3$N$_4$的热膨胀系数较低，为2.53×10^{-6}℃$^{-1}$，热导率为18.42W/(m·K)，因此它具有优良的抗热震性能，仅次于石英和微晶玻璃。研究表明，密度为2500kg/m^{3}的反应烧结Si$_3$N$_4$试样由1200℃冷却至20℃进行上千次热循环，仍然不破裂。Si$_3$N$_4$的热稳定性好，可在高温中长期使用，在氧化气氛中可使用到1400℃，在中性或还原气氛中可使用到1850℃。

Si$_3$N$_4$具有较高的力学性能，一般热压Si$_3$N$_4$的抗弯强度为500～700MPa，高的可达1000～1200MPa；反应烧结Si$_3$N$_4$的抗弯强度为200MPa，高的可达300～400MPa。虽然反应烧结Si$_3$N$_4$的室温强度不高，但在1200～1350℃的高温下，其强度仍不下降。Si$_3$N$_4$的高温蠕变小，例如，反应烧结Si$_3$N$_4$在1200℃时荷重为24MPa，1000h后其形变为0.5%。

Si$_3$N$_4$的摩擦系数较小，在高温高速条件下，摩擦系数增幅也较小，因此能保证机构的正常运行，这是它的突出优点。Si$_3$N$_4$开始对磨时摩擦系数达到1.0～1.5。经精密磨合后，摩擦系数明显减小，保持在0.5以下，因此Si$_3$N$_4$是具有自润滑性的材料。这种自润滑性产生的主要原因在于材料组织具有鳞片状结构，不同于石墨、BN、滑石等。在压力作用下，摩擦表面微量分解并形成薄气膜，从而使摩擦面之间的滑动阻力减小，摩擦面的光洁度增加。这样一来，越摩擦，滑动阻力越小，磨损量也特别小，而大多数材料在不断摩擦后因表面磨损或温度升高而软化，摩擦系数逐渐增大。

Si_3N_4 具有优良的化学性能，能耐除 HF 以外的所有无机酸和质量分数为 25% 以下的 NaOH 溶液腐蚀。Si_3N_4 的抗氧化温度可达 1400℃，在还原气氛中最高可使用到 1850℃，对金属（特别是 Al）液不润湿。

Si_3N_4 的优异性能对于现代技术经常遇到的高温、高速、强腐蚀介质的工作环境具有特殊的使用价值。它突出的优点如下。

（1）机械强度高，硬度接近刚玉。热压 Si_3N_4 的室温抗弯强度高达 780～980MPa，甚至更高，能与合金钢相比，而且强度可以一直维持到 1200℃不下降。

（2）机械自润滑，表面摩擦系数小、耐磨损、弹性模量大，耐高温。

（3）热膨胀系数小，热导率大，抗热震性好。

（4）密度低。

（5）耐腐蚀，抗氧化。

（6）电绝缘性好。

正是因为 Si_3N_4 具有这些优越特性，所以它在许多领域均有广泛的应用。在冶金领域，制作坩埚、马弗炉炉膛、燃烧嘴、发热体夹具、铸模、铝导管、热电偶保护套管、铝电解槽衬里等热工设备上的部件；在机械制造领域，制作高速车刀、轴承、金属部件热处理的支承件、转子发动机刮片、燃气轮机的导向叶片和涡轮叶片；在化学工业领域，用作球阀、泵体、密封环、过滤器、热交换器部件以及固定化触媒载体、燃烧舟、蒸发皿；在航空、原子能等领域，制造开关电路基片、薄膜电容器、承高温或温度剧变的电绝缘体、雷达电线罩、导弹尾喷管、原子反应堆中的支承件和隔离件、核裂变物质的载体；在医药领域，制作人工关节；在电子半导体领域，Si_3N_4 具有绝缘性、低理论密度、高硬度、低热膨胀系数和高热导率等优异的物理性能，以及优异的抗氧化性、抗腐蚀性等化学性能，还是一种与互补金属氧化物半导体（complementary metal oxide semiconductor，CMOS）兼容、耐高频的介电材料，因此常常作为抛光停止层用于浅沟槽隔离结构中，防止抛光时破坏晶体管。

10.2.2　Si_3N_4 的抛光技术

Si_3N_4 的抛光技术一般有机械抛光、磁流变抛光、化学机械抛光等。

1. 机械抛光

传统机械抛光主要为了实现 Si_3N_4 球的研磨。研磨设备包含上研磨盘和下研磨盘，下研磨盘表面加工有 V 形槽。Si_3N_4 球放置在 V 形槽内。Si_3N_4 球表面形成的轨迹线是三个研磨切削点在球面上形成的三个同轴环带。加工过程中，Si_3N_4 球的自转角几乎是恒定值。因为 Si_3N_4 球的公转轴与自转轴的夹角变化很小，所以三个同轴环带以非常缓慢的速度展开，不利于球体均匀快速的研磨加工[64]。为此，一些学者提出 Si_3N_4 球变曲率沟槽研磨方式[65]。如图 10.20 所示，通过阿基米德螺线沟槽滚道上任意一点相对于研磨盘中心的曲率半径不同且连续变化来作用于 Si_3N_4 球上，使 Si_3N_4 球自转和公转的运动特性随沟槽曲率半径的变化而不断改变。该方式下 Si_3N_4 球加工路径得以控制，增大了 Si_3N_4 球外翻的运动，能比较精确地控制机械抛光的速度和压力，实现 Si_3N_4 球的均匀加工。

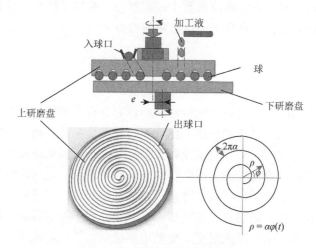

图 10.20　变曲率沟槽研磨原理

2. 磁流变抛光

磁流变抛光利用磁流变液在磁场中发生的磁流变效应实现材料的去除。磁流变效应是指在不加外部磁场时，磁流变液变为可流动的液体，在加入外部磁场后，磁流变液就会在毫秒量级的时间内从液体变为半固体，撤销外部磁场后又迅速恢复流动特性的现象，这一变化过程是可逆的。

图 10.21 为磁流变抛光原理图。在磁流变液中加入一定量的抛光粉，并搅拌成悬浮液，就形成了磁流变抛光液。在流经磁场区域时，会在抛光工具头部形成一个具有一定硬度和弹性的柔性抛光头，且能承受较大的剪切应力。当柔性抛光头与工件表面接触并发生相对运动时，会对工件表面产生一个剪切力，从而使表

面材料得以去除。柔性抛光头在抛光时不会对工件表面产生破坏性损伤，能够得到较为光滑的抛光表面[66]。

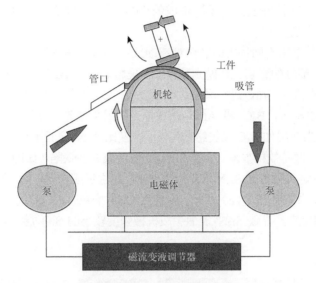

图 10.21　磁流变抛光原理图[66]

磁流变抛光的优点如下：①抛光过程不受工件表面形状的限制，柔性抛光头可以与工件表面完全贴合，对任何形状的工件进行抛光；②抛光过程不会对工件表面产生破坏性损伤，得到较高质量的表面；③控制一些重要过程参数，可以实现确定性精确抛光；④在抛光过程中，磁流变抛光液会将切屑及时冲走，不存在抛光磨料磨损、工件温升较高等问题，抛光过程较为稳定。

3. 化学机械抛光

与硅、金刚石、SiC 等半导体晶体一样，化学机械抛光技术可以实现 Si_3N_4 的超光滑抛光。Kiho 等[67]研究了 Si_3N_4 的选择性化学机械抛光过程。在抛光试验中，采用表面带负电荷的改性 SiO_2 磨粒配置的抛光液对 Si_3N_4 进行抛光，探究抛光液 pH 对 Si_3N_4 选择性化学机械抛光的影响。结果表明，随着抛光液 pH 的增大，Si_3N_4 的材料去除率逐渐降低。在抛光过程中，改性 SiO_2 磨粒通过对 Si_3N_4 和 SiO_2 的吸引和排斥的静电力来控制 Si_3N_4 的选择性去除。Hu 等[68]采用以胶体 SiO_2 为磨粒的抛光液对等离子增强 CVD 制备的 Si_3N_4 进行化学机械抛光。随着抛光液 pH 的增加，Si_3N_4 的抛光速率先下降后上升，且在中性范围抛光速率最低。

Jiang 等[69]采用 B_4C、SiC、Al_2O_3、Cr_2O_3、ZrO_2、SiO_2、CeO_2、Fe_2O_3、Y_2O_3、CuO、Mo_2O_3 等磨粒对 Si_3N_4 球进行化学机械抛光。结果表明，化学机械抛光的材料去除率依赖磨粒的机械作用和化学作用以及工件所处的环境。在这些磨粒中，

CeO_2、ZrO_2 磨粒最为有效，其次为 Fe_2O_3、Cr_2O_3 磨粒。抛光后，Si_3N_4 球获得了表面粗糙度 Ra 为 4nm 的无损伤表面。水溶液环境使磨粒与工件之间的化学机械反应得以进行。磨粒硬度大于反应生成的 SiO_2 硬度，但低于 Si_3N_4 硬度，避免了磨粒在工件表面造成损伤。

朱从容等[70]采用不同种类的磨粒对 Si_3N_4 进行了化学机械抛光研究，探究了磨粒对 Si_3N_4 表面粗糙度的影响。在抛光试验中，采用 CeO_2、B_4C、Al_2O_3、Cr_2O_3 等四种磨粒配置的抛光液对 Si_3N_4 进行抛光。结果表明，CeO_2 磨粒抛光的效果最好，Cr_2O_3 磨粒抛光的效果次之，B_4C 和 Al_2O_3 磨粒抛光的效果最差。在使用上述四种磨粒对 Si_3N_4 抛光时，当使用如 B_4C 这类结构稳定、硬度比 Si_3N_4 高且不会与 Si_3N_4 发生化学反应的磨粒时，抛光效果很差，会在 Si_3N_4 表面造成许多缺陷，如图 10.22（a）所示；当使用如 CeO_2 这类硬度比 Si_3N_4 低且会和 Si_3N_4 发生反应的磨粒时，能够获得相对较好的表面质量，如图 10.22（b）所示。在使用 CeO_2 磨粒时，CeO_2 会在高温高压下与 Si_3N_4 发生固相反应，导致 Si_3N_4 表面生成机械强度较小的 SiO_2 层，再在磨粒的作用下被去除。

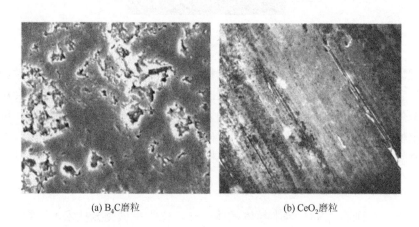

(a) B_4C磨粒　　　　　　　　　　　　　(b) CeO_2磨粒

图 10.22　不同磨粒抛光后 Si_3N_4 的表面形貌

在 Si_3N_4 化学机械抛光过程中，除了抛光磨粒的性质会影响材料去除率和质量，抛光液成分也会显著影响材料去除率和质量。李庆忠等[71]采用超声精细雾化化学机械抛光技术对 Si_3N_4 进行抛光，探究了抛光液中各种成分的影响规律。在抛光试验中，采用含 SiO_2 磨粒的抛光液，以 H_2O_2 作为氧化剂。研究表明，随着抛光液 pH 增大，Si_3N_4 的材料去除率先增大后减小，在 pH 为 8 时，材料去除率最大，在 pH 为 12 时，材料去除率最小。原因是当 pH 为 8 时，H_2O_2 的稳定性最好，氧化性最强，材料去除率最大。当 SiO_2 磨粒浓度增大时，Si_3N_4 的材料去除率反而呈现减小的趋势，这可能是因为当 SiO_2 磨粒的浓度增大时，化学机械抛光过程中的机械作用和化学作用没有达到相对平衡状态，Si_3N_4 没有完全发生化学反应就被磨粒去除了，所以 Si_3N_4 的材料去除率减小。

10.3   蓝宝石的应用及抛光技术

10.3.1   蓝宝石的性质与应用

蓝宝石的成分是单晶 $\alpha\text{-}Al_2O_3$，是一种常见的配位型氧化物晶体。蓝宝石属于六方晶系晶体，晶体结构如图 10.23 所示。其晶格常数如下：$a = b = 4.785\text{Å}$；$c = 12.991\text{Å}$；$\alpha = \beta = 90°$；$\gamma = 120°$。

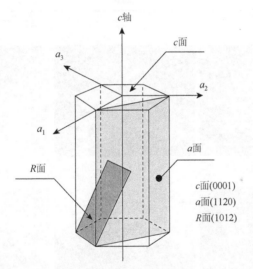

图 10.23   蓝宝石的晶体结构

表 10.6 为蓝宝石的主要性能参数[72]。从表中可以看出，蓝宝石具有高强度、高抗震性、高透光性、优良耐磨性、极好介电特性、高热导率及耐化学腐蚀性等一系列优点，可以作为高强度激光窗口材料，以及军事、航空航天及大规模集成电路的衬底材料等。图 10.24 为蓝宝石主要的应用领域。

表 10.6   蓝宝石的主要性能参数

性能参数	符号及单位	数值
密度	$\rho/(g/cm^3)$	3.98
熔点	$T_m/℃$	2050
折射率	n	1.7122

性能参数	符号及单位	数值
透射率理论值	$T_t/\%$	87.1
努氏硬度	H_k/MPa	1600~2200
断裂韧性	K_{IC}/MPa	448~680
弹性模量	E/GPa	344
泊松比	ν	0.27
热膨胀系数	$\alpha/(\times 10^{-6}\text{K}^{-1})$	5.3
热导率	$\lambda/[\text{W}/(\text{m·K})]$	34
相对介电常数	ε	9.39
介电损耗	$\tan\delta$	0.00005

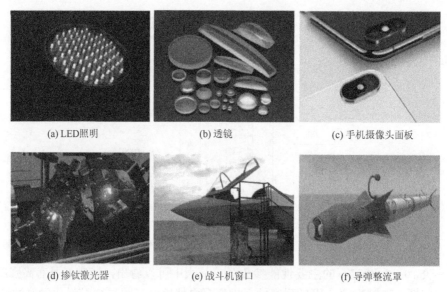

(a) LED照明　　　　　　(b) 透镜　　　　　　(c) 手机摄像头面板

(d) 掺钛激光器　　　　　(e) 战斗机窗口　　　　(f) 导弹整流罩

图 10.24　蓝宝石主要的应用领域[72]

在光学窗口领域，蓝宝石晶体具有硬度高、强度高、熔点高、透光性良好、热传导性和电绝缘性优良、化学性能稳定等特性，是传感器和探测器等大尺寸高质量窗口的最佳材料。此外，蓝宝石窗口比其他材料窗口更薄，厚度不到 10mm。最关键的是，蓝宝石具有优良的光学特性，在可见光和红外波段显示很好的透射率。大尺寸的蓝宝石窗口是飞机载、卫星载等光电系统的关键零件。蓝宝石在 3～5μm 波段的优异透光性和高强度、刚度、抗冲击性、高温稳定性，以及不受风沙、水、海水、潮气甚至冰雹侵蚀破坏等的特点使其成为马赫级导弹整流罩的理想材料。在发达国家，军方把蓝宝石作为一种常用光学窗口材料应用在紫外波段和可见光到中红外波段的各种军用光学传感器上。

在半导体领域，蓝宝石具有相对介电常数适中、介电损耗较低，以及硬度高、耐磨性好、化学稳定性良好、生产技术成熟和成本较低等优点，已经成为 GaN 基光电器件的主要衬底材料。GaN 是第三代半导体材料的主要代表，其禁带宽度大、热导率大、抗辐射能力强，具有良好的化学稳定性，在 LED 行业中发挥着巨大作用。LED 具有功率高、使用寿命长、功耗低、响应速率快及工作电压低等优点，被广泛应用于景观、装饰和照明领域，尤其是液晶显示方面，笔记本电脑显示屏和液晶电视显示屏均广泛采用 LED 产品。

10.3.2　蓝宝石的抛光技术

蓝宝石加工的表面完整性（如表面粗糙度，划痕、微裂纹、位错、非晶相变与残余应力等表面/亚表面损伤，表面颗粒污染等）和加工精度（尺寸精度、面型精度等）对红外探测器和传感器的性能以及微电子和光电子器件的使用性能会产生重大的影响。例如，一些军用光电设备多光谱蓝宝石窗口要求的平面度小于波长的 1/6，表面粗糙度 Ra 低于 0.5nm，而且为了保证光学性能，对其表面完整性也提出了很高的要求，要求没有划痕、凹坑、崩边、微疵点、微裂纹与残余应力等表面/亚表面损伤。但是，蓝宝石硬度高、脆性大，是典型的极难加工材料。目前蓝宝石的抛光技术有机械抛光技术、金刚石砂轮磨削技术、磁流变抛光技术、化学机械抛光技术等。

机械抛光技术是采用金刚石等超硬游离磨料对蓝宝石进行研磨，研磨效率随着磨料粒径减小而迅速下降。在机械抛光时，由于选用较硬磨料，抛光后的蓝宝石晶片常常会产生较深划痕，表面粗糙度 Ra 偏高（4nm），有 40%左右的蓝宝石晶片不能满足作为窗口和衬底时的表面粗糙度要求，需返回前道工序重新研磨再抛光。部分经过返工的蓝宝石晶片由于研磨和抛光过度，误差超标而报废。

金刚石砂轮磨削技术常用在蓝宝石衬底的粗磨过程中，将衬底固定在下研磨盘中，通过砂轮的自转和公转进行磨削，其最关键的问题是当砂轮出现钝化后会拉伤衬底表面而产生较深的划痕。Ebina 等[73]用金刚石砂轮磨削蓝宝石衬底时，发现金刚石晶粒在砂轮和工件界面处严重移动，通过增加砂轮转速，可以获得更好的表面粗糙度。Fujita 等[74]使用由软层结构和硬层结构组成的研磨垫实现了单晶蓝宝石的高效精密加工，该方法增大了研磨垫和工件在高抛光压强下的接触面积，从而增加了有效研磨剂的数量和去除体积。在线电解修整磨削技术是一种将磨削和砂轮修锐相结合的技术[75]。砂轮表面的金属结合剂在电流作用下被电解去除，崭新锋利的磨粒不断露出，同时在其表面形成致密氧化膜以抑制砂轮过度电解。这项技术有效解决了磨削过程中砂轮钝化的问题，使砂轮始终以最佳磨削状态连续进行磨削，加工效率高，材料去除率高，但是衬底表面会产生亚表面损伤。

磁流变抛光技术是一种可控的、柔性的抛光技术，其加工效率较高，且容易实现自动化，可以实现大尺寸红外窗口材料的高效率和低成本加工。蓝宝石晶片经过磁流变抛光后去除了其亚表面损伤层，表面形貌得到明显的修整，表面粗糙度降低。Kozhinova 等[76]基于金刚石和 Al_2O_3 这两种磁流变流体磨料来研究蓝宝石晶片材料去除率的各向异性，发现材料去除率的各向异性依赖磨料的种类。其中，磁流变液的研制和抛光过程中的柔性化控制等难题需要进一步解决。

化学机械抛光技术是目前应用最广泛的超精密加工技术。其通过机械和化学的协同作用，去除工件表面的微量材料，可以获得超光滑、近乎无损的加工表面。在抛光过程中，首先抛光液中的添加剂与蓝宝石表面发生化学反应，生成相对容易去除的软质层，然后通过磨料滑动或滚动产生的机械磨损作用去除软质层，使蓝宝石表面重新裸露，再进行化学反应，如此重复，最终完成抛光。蓝宝石化学机械抛光的材料去除模型包括过度去除、最佳去除和不足去除三种模式[77]。当机械作用大于化学作用时，会发生过度去除，导致表面质量变差；当机械作用和化学作用达到动态平衡时，去除效果最佳，表面质量较高；当机械作用小于化学作用时，去除率低，表面质量较差。为了令蓝宝石化学机械抛光达到最佳去除模式，应选择合适的抛光液，使化学作用和机械作用能够实现动态平衡。

用于单晶蓝宝石化学机械抛光的抛光液一般为碱性，pH 为 10～12，抛光液与衬底表面的反应机理目前还没有定论。大多数人认为在碱性环境下衬底表面与抛光液发生如下化学反应：

$$Al_2O_3 + 2OH^- \Longrightarrow 2AlO_2^- + H_2O \tag{10.2}$$

$$Al(OH)_3 + OH^- \Longrightarrow AlO_2^- + 2H_2O \tag{10.3}$$

$$Al_2O_3 + H_2O \Longrightarrow 2AlO(OH) \tag{10.4}$$

$$Al_2O_3 + 3H_2O \Longrightarrow 2Al(OH)_3 \tag{10.5}$$

部分 Al_2O_3 与水反应生成硬度小于衬底表面的水合物，另一部分 Al_2O_3 与水反应生成易溶于水的 AlO_2^-。马振国等[78]认为，蓝宝石表面和 OH^- 的反应机理与 Al_2O_3 和 OH^- 的反应机理不同。基于蓝宝石晶体的结构，在碱性环境下，表面的 Al 原子或 O 原子分别与抛光液形成 Al—OH 和 O—OH 水解层，之后带负电的 SiO_2 粒子分别与 OH^- 和蓝宝石表面的悬键形成化学键，随着工作台的转动，将 Al

原子和 O 原子去除。Zhou 等[79]认为，当使用 SiO_2 作为抛光液中的磨粒时，SiO_2 与蓝宝石表面反应生成硅酸铝（$Al_2Si_2O_7 \cdot 2H_2O$），硅酸铝黏附性很强，蓝宝石表面材料随 SiO_2 一起被带走。

相对于其他抛光技术，化学机械抛光技术最大的优点是可以实现全局平坦化，并且抛光表面质量高，满足了目前对大面积、高质量蓝宝石衬底的加工需求。但其也有不足之处，抛光液会污染衬底表面，后续的清洗工艺十分复杂。

10.4　石墨烯的应用及加工技术

10.4.1　石墨烯的性质与应用

石墨烯是碳元素的一种同素异形体，是由正六边形碳原子元胞组成的二维蜂巢结构材料，于 2004 年由曼彻斯特大学的安德烈·盖姆（Andre Geim）和康斯坦丁·斯沃肖洛夫（Konstantin Novoselov）首先发现。石墨烯结构内的碳原子以 sp^2 杂化轨道组成正六边形，键长为 1.42Å。石墨烯中每个碳原子都由三个完全相同的共价键连接固定，不存在强键和弱键之分。石墨烯具有两种特殊的边缘，结构如图 10.25 所示。图中 X 方向为扶手椅形边缘，Y 方向为锯齿形边缘。两种边缘随着角度的变化而呈周期性变化，即在 $0°$、$60°$、$120°$ 方向上皆为扶手椅形边缘；在 $30°$、$90°$、$150°$ 方向上皆为锯齿形边缘。

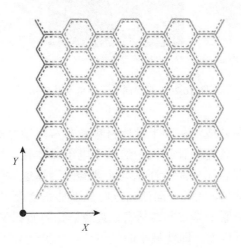

图 10.25　石墨烯的边缘结构

石墨烯具有已知纳米材料中最大的弹性模量，沿某些特征边缘，其拉伸长度可以达到自身尺寸的 1/5，其断裂强度能够达到钢材的 200 倍[80]；石墨烯具有远超过普通材料的导电性，电子在石墨烯中的移动速率可以达到光速的 1/300[81]，其复合材料可以使原来的单一材料的导电性大幅度提升，与非导电材料复合可以使其获得导电性；石墨烯的高度透明使其对光的传播影响极低[82]，再加上其分子结构的紧密特性，均匀的 π 键和层间的范德瓦耳斯作用使得绝大多数气体分子难以穿透石墨烯的蜂巢孔，可用于柔性显示。石墨烯目前已经在很多方面得到了广泛的运用，如图 10.26 所示。

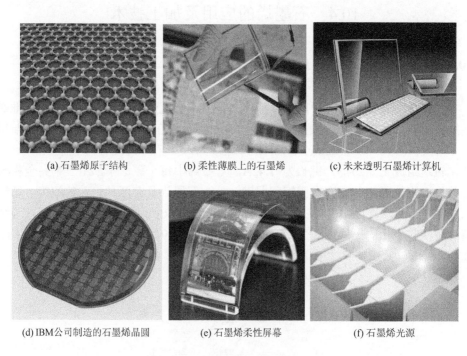

(a) 石墨烯原子结构　　　　　(b) 柔性薄膜上的石墨烯　　　　(c) 未来透明石墨烯计算机

(d) IBM公司制造的石墨烯晶圆　　(e) 石墨烯柔性屏幕　　　　(f) 石墨烯光源

图 10.26　石墨烯原子结构及其应用

石墨烯代替单晶硅成为主要半导体材料是非常有潜力的研究方向，目前已有研究利用石墨烯制备超级计算机中的微型电子晶体管。以石墨烯为主要集成材料的计算机处理器相比单晶硅计算机处理器的运算速率提高了上百倍。石墨烯具有特殊的二维结构，在其平面法向方向几乎是完全透明的，拥有 97.7% 的高透射率[83]。石墨烯的原子排布非常紧密，其蜂巢孔的面积仅 $4.28nm^2$，再加上范德瓦耳斯作用下的排斥力，即使最小的气体分子（氢气分子）也无法自由通过，这些特征使得它非常适合制备透明电子产品，如高透射率的柔性可弯曲屏幕、太阳能电池及低能耗发光设施等。基于其二维结构、窄禁带及共价键均匀分布等特性，石墨烯成为目前已知材料中最薄、导电性最强、抗拉强度最大的新型材料，被材料研究者称为"新材料之王"，拥有改变全球材料技术以及能源局势的巨大潜力。

石墨烯不但拥有极强的导电导热性，其复合材料还可以显著地对其他材料改性。例如，将微量石墨烯与聚乙烯复合后，就可以使该绝缘体拥有导电性；将聚乙烯与仅占其重量 1‰的石墨烯复合后，就可以使材料整体的平均抗热环境温度提高 30℃[84]。利用石墨烯提供的优良导电导热性，将其与其他材料复合，可以制备具有高强度、高韧性且重量轻的新型材料，广泛应用于航空航天等领域。

随着电子显示技术的发展和需求的更新，柔性屏幕成为该领域备受瞩目的研究方向。柔性屏幕可以在一定的范围内随意弯曲，很有可能成为未来几十年电子显示屏的发展方向。石墨烯是制备柔性屏幕的理想材料，电子显示屏的大量需求为石墨烯的应用提供了广阔的市场。目前已经有研究人员制备出以多层石墨烯为主要原材料的柔性电子显示屏[85]。

石墨烯在新能源电池方面也有广泛的发展。美国麻省理工学院成功制备出一种附有石墨烯碳层的太阳能可变形电池，且在夜视设备、相机等中小型数码设备中广泛应用，且相比常规材料，其加工成本明显降低。石墨烯光能电池解决了光能电池充/放电时间长、电池储电能力不足等问题，加速了新能源开发的进程，使石墨烯材料在新能源领域的研究应用成为行业焦点。

石墨烯在传感、探测及反馈等方面的应用也取得了令人瞩目的成果。美国NASA 开发出了一种配备于航天设备中的石墨烯传感器，可以直观地对大气层上部的微量元素进行探测并定量分析，还能自动检测航天设备上的结构缺陷，并反馈给控制主机。目前该传感器已经从航天卫星应用到了轻型飞机等更广泛的领域。

10.4.2 石墨烯的加工技术

虽然石墨烯具有很多优良特性，但是石墨烯禁带宽度为零，无法直接用于制备数字逻辑器件，难以实现在电子学等领域的应用。因此，制备宽度在 10nm 以下的石墨烯纳米带显得至关重要。大量研究表明，石墨烯纳米带可以为石墨烯打开一个尺寸合理的禁带宽度。目前常用化学合成方法和机械切割方法实现石墨烯纳米带的制备。

金属纳米粒子侵蚀法加工石墨烯由中国科技大学提出，如图 10.27 所示。将铁族金属纳米粒子作为催化剂，在氢气环境中对单层石墨烯进行侵蚀。当铁族金属纳米粒子接触石墨烯边缘时，石墨烯结构中的共价键被纳米粒子侵蚀并最终断开，产生含有悬键的不饱和碳原子；将剥落下来的碳原子吸入铁族金属纳米粒子内部，利用新产生的悬键继续沿指定方向移动，形成连续加工。

图 10.27　金属纳米粒子侵蚀法加工石墨烯[86]

　　AFM 机械切割法加工石墨烯如图 10.28 所示。其原理是在 AFM 悬臂上施加一定的压力并在石墨烯表面进行轻敲刻划，AFM 探针在运动过程中将破坏石墨烯中碳原子间的共价键，从而实现石墨烯的裁剪加工。这种加工方法对 AFM 探针的损耗比较大，难以定位，而且切割精度难以满足产生特征边缘的要求。

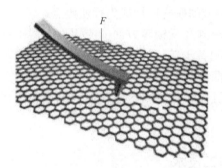

图 10.28　AFM 机械切割法加工石墨烯[87]

　　AFM 阳极氧化法是 AFM 探针以电化学氧化形式划切石墨烯以实现石墨烯的切割。如图 10.29 所示，在潮湿环境中，将偏压施加到石墨烯片和 AFM 探针之间，通过电化学氧化反应使石墨烯发生局部氧化，起到切割石墨烯的作用。这种氧化反应只发生于石墨烯边缘，由于石墨烯的电阻率很低，即使在很高的偏压（约 40V）下，也无法在石墨烯内部触发氧化反应。此方法可以制备宽度为 25nm 的石墨烯纳米带，但无法实现特殊边缘的调控。除了 AFM，利用扫描隧道显微镜（scanning tunneling microscope，STM）探针也可以制备宽度为 2.5nm 的石墨烯纳米带，STM 探针的机械划擦作用往往在衬底上造成划痕，切割的石墨烯边缘隆起严重，切割终端会有石墨烯堆积。

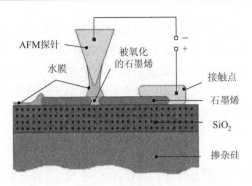

图 10.29　AFM 阳极氧化法加工石墨烯[88]

飞秒激光法加工石墨烯的原理是利用飞秒激光产生的热能，破坏扫描部分的 C—C 键，达到切割石墨烯的效果。研究发现，利用飞秒激光法加工单层石墨烯时的能量密度阈值为 1.0J/cm³，加工多层石墨烯时的能量密度阈值为 0.8J/cm³，最优激光扫描速度为 100mm/s。石墨烯具有极高的透射率，激光在石墨烯表面聚能生热十分困难，因此该方法加工石墨烯的效率和精度难以保证。

光刻法加工石墨烯是在石墨烯表面覆盖一层光刻胶，通过离子束对石墨烯进行刻蚀，去除光刻胶覆盖部分以外的石墨烯。目前该方法已经应用于多层石墨烯的加工中，可制备电极等电子元件，如图 10.30 所示。

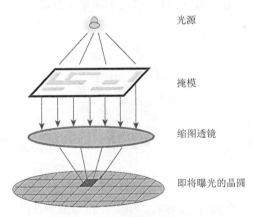

图 10.30　光刻法加工石墨烯[88]

纳米线刻蚀法加工石墨烯[89]是在石墨烯表面沉积化学合成的硅纳米线，以作为氧等离子体处理过程的掩蔽层。石墨烯纳米带宽度可以由硅纳米线的直径和刻蚀时间来控制。此方法可以加工宽度小于 6nm 的石墨烯纳米带，但是其边缘十分粗糙。此外，硅纳米线在石墨烯表面的可控沉积是一个巨大的挑战。对于大规模平行排列器件的集成，还需要同时实现定位和定向沉积。

声化学切割法加工石墨烯[90]是将机械剥离的石墨烯在 1,2-二氯乙烷的聚间亚苯基乙烯-共-2,5-二辛烷氧基-对亚苯基乙烯（PmPV）溶液中超声分散，在超声过程中石墨烯片被化学机械作用打碎成多种更小的结构，其中包含宽度小于 2.5nm 的石墨烯纳米带，且边缘比较光滑，具有扶手椅形边缘或锯齿形边缘。但该方法加工的石墨烯纳米带在溶液中无序悬浮，很难转移至衬底上，并且难以实现特定宽度的石墨烯纳米带加工。

10.5　DLC 材料的应用及制备技术

10.5.1　DLC 材料的性质与应用

金刚石的杂化轨道为 sp^3，石墨的杂化轨道为 sp^2。图 10.31 为金刚石、石墨和 DLC 的晶体结构。DLC 薄膜是由 sp^3 杂化键的金刚石结构和 sp^2 杂化键的石墨结构构成的、以碳网络为骨架的亚稳态非晶或纳米晶-非晶复合体。DLC 薄膜集高硬度、小摩擦系数、减摩耐磨、耐腐蚀、高热导率和高化学稳定性等特性于一体，广泛应用于航空航天、生物医学和装饰外观保护等领域。在 DLC 薄膜内部，sp^3 杂化键与金刚石中 C—C 键相似，形成四面体配位，σ 键决定了 DLC 薄膜的力学性能；sp^2 杂化键与石墨中 C—C 键相似，形成三角形配位，电子在 σ 键的 p_z 轨道形成弱的 π 键，π 键决定了 DLC 薄膜的光学和电学性能。

(a) 金刚石　　　　　　(b) 石墨　　　　　　(c) DLC

图 10.31　金刚石、石墨、DLC 的晶体结构

在机械领域，DLC 薄膜不仅摩擦系数小，而且抗黏附性好、硬度高、耐磨性优良，在许多复合材料和有色金属加工场合可以替代金刚石膜，作为模具、不锈钢刀具等表面的保护膜和航天材料的表面涂层等。基于切削刀具的特殊使用环境，DLC 薄膜在切削初始阶段便发生剥离，其性能得不到充分发挥。日本三菱公司开发了加工复合材料的新型 DLC 薄膜用于涂层刀具。三菱 DLC 薄膜内部金刚石与石墨比例适当，具有高耐磨性和高膜基结合强度。普通 DLC 薄膜的最高硬度为

3500HV,而三菱 DLC 薄膜的最高硬度达到 8000HV。在对玻璃纤维增强复合材料的铣削试验中,加工宽为 6mm、深为 0.5mm 的槽,传统 TiN、TiAlN 涂层立铣刀一次只能加工 3 个,而新型 DLC 薄膜用涂层刀具一次可加工 12 个,展现出极为出色的减摩耐磨性,有效延长了刀具寿命[91]。美国 IBM 公司一直以来研发应用于印制电路板(printed circuit boards,PCB)钻孔的 DLC 涂层微型钻头,涂覆 DLC 薄膜后的钻头可使钻速提高 50%,使用寿命延长 5 倍,钻孔成本降低 50%[92]。

此外,DLC 薄膜具有良好的疏水性能,且疏水性能主要受颗粒间距与颗粒尺寸两个因素影响。当颗粒间距为 1.5×10^3nm 以上时,颗粒间距起主导作用,且颗粒间距越小,性能越好;当颗粒间距为 1.5×10^3nm 以下时,疏水性能主要受颗粒尺寸的影响,随着颗粒尺寸增大,疏水性能提高,可以通过改变条件,增强 DLC 薄膜的黏性[93]。

在生物医学领域,DLC 薄膜拥有优秀的物理化学性质,同时具有良好的生物相容性,它对蛋白质吸附率高而对血小板吸附率低,能促进材料表面生成活性功能簇而不影响主体的特征,在医疗和生物技术方面得到广泛应用。例如,在钛合金或不锈钢制成的人工心脏瓣膜上沉积 DLC 薄膜,其耐磨性等力学性能和耐腐蚀性能提高,且具有良好的生物相容性。在 DLC 薄膜中掺银可以控制 DLC 薄膜的性能,会在 DLC 薄膜制备过程中出现等离子体共振效应,使 DLC 薄膜具有抗菌性、血液相溶性等表面生物特性,增加其抗磨损性,减小其残余应力且保持硬度几乎不变。Meškinis 等[94]采用反应非平衡磁控溅射法,在氩气和乙炔气氛下,溅射银靶制备得到含银 DLC 薄膜,研究了基底偏压对膜结构、化学成分和压阻性能的影响。Miksovsky 等[95]研究了细胞在修饰处理后的超细纳米金刚石和 DLC 薄膜的附着和繁殖,发现采用 O_2、NH_3 或 N_2 等离子体、紫外线、O_3 对表面进行终端替代修饰,表面修饰后细胞的亲水性增强。Gabryelczyk 等[96]研究了缩氨酸与 DLC 薄膜的相互作用,以期得到两者结构间亲和性的基本认识,为移植和生物医药设备中的功能薄膜应用提供参考。

在光学和电学领域,DLC 薄膜在光电材料应用方面具有很好的表现,通过调节膜中 sp^2 和 sp^3 相的比例可以对其电学性能进行调制。DLC 薄膜在红外到紫外波段具有很高的透射率,可以用作高硬度耐磨红外窗口和光学透镜保护膜;DLC 薄膜具有宽禁带,可在整个可见光范围内发光,可以作为高性能光致或电致发光材料;DLC 薄膜具有高耐磨性,可以作为光刻电路板的掩模;DLC 薄膜具有良好的热导率,可以在超大规模集成电路电子设备制造上发挥优势;DLC 薄膜具有较低的电子亲和势和良好的化学惰性,是一种很好的冷阴极场发射材料。Hsieh 等[97]采用高真空过滤阴极真空电弧法制备得到 ZnO 颗粒埋入其中的 DLC 薄膜,并检测到强的单色发射信号。在 ZnO 颗粒埋入其中的 DLC 薄膜中,DLC 薄膜充当硬壳和保护盒,ZnO 颗粒的力学性能得以保持,同时 DLC 薄膜的光电特性可以通过改变 ZnO 颗粒的尺寸得以调制。

　　在惯性约束聚变（inertial confinement fusion，ICF）领域，DLC 薄膜也具有潜在的应用价值[98]。首先，金刚石和 DLC 具有高硬度、高透射率和高热导率等特点，可以制备高性能 ICF 靶。金刚石或 DLC 薄膜 ICF 靶对光子的透射率低，能有效吸收能量，产生高的烧蚀率，减小烧蚀面；金刚石或 DLC 薄膜 ICF 靶的强度高、内应力小，较薄的壳层可以吸收较多的驱动能量，能承受充氘/氚气后产生的高压；金刚石或 DLC 薄膜 ICF 靶对紫外到远红外波段的光具有高透射率，同时具有高热导率，可以方便地采用光学技术对靶球内的氘/氚气进行解冻。目前，美国金刚石膜 ICF 靶已满足国家点火装置（national ignition facility，NIF）靶的粗糙度和尺寸要求[99, 100]，要实现金刚石或 DLC 薄膜在 ICF 靶上的应用还需要进一步的深入研究。其次，利用金刚石和 DLC 薄膜的优异抗磨损性能，将金刚石或 DLC 薄膜作为光学元件中石英玻璃的保护膜具有很高的工程应用价值。最后，金刚石和 DLC 薄膜的禁带宽度大、漏电流低、热噪声小、抗辐照能力强、相对介电常数小、信噪比高、载流子迁移率高、对 X 射线响应快速，可以在辐射探测器上采用金刚石或 DLC 薄膜代替硅材料，具有缺陷浓度较少、载流子迁移率和寿命较高、电阻率调节方便、制备工艺简单和性能可调等优点，具有较大的发展潜力。

　　在环境领域，Paul[101]和 Karan 等[102]研究发现，DLC 薄膜能快速渗透有机溶液并阻止其他不溶分子通过。这一性能将对未来 DLC 薄膜在环境领域的应用产生深远影响。图 10.32 为自支撑 DLC 薄膜透过有机溶液示意图[102]。

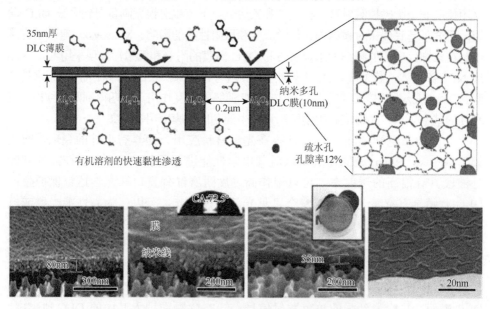

图 10.32　自支撑 DLC 薄膜透过有机溶液示意图[102]

CA 为接触角

在石化领域，为了提高原油的回收效率，往往会在输油管道中通入 CO_2 气体，如何防止钢质输油管道被酸性物质腐蚀成为重要课题。Wang 等[103]采用等离子体离子浸入沉积技术在碳钢表面沉积了多层 DLC 薄膜。研究发现，表面有 DLC 薄膜的样品具有低腐蚀率，DLC 薄膜中的亚微米缺陷能有效保护碳钢免受长时间腐蚀冲击，且能防止盐垢的形成。

10.5.2　DLC 材料的制备技术

DLC 薄膜主要有等离子增强 CVD 法、脉冲激光沉积法、磁过滤阴极真空电弧法、磁控溅射法等制备技术。

等离子增强 CVD 法利用进入真空室的气体流经等离子体辉光区，产生反应性物质并与衬底碰撞形成薄膜。基于此方法制得的 DLC 薄膜具有沉积温度要求不高、成膜均匀、可大面积制膜等优点，目前应用最为广泛。

脉冲激光沉积法利用高功率脉冲激光束照射靶材表面，使其在高温下变为熔融状态，并产生温度和压强都很高的等离子体，喷射到衬底表面并沉积成 DLC。激光脉冲沉积法的适用范围广，可用于陶瓷、半导体、金属等多种材料的镀膜工艺。激光脉冲沉积法对沉积温度要求低，易得到质量较高的 DLC 薄膜，可通过多靶共掺杂以实现多元组分沉积，但平均沉积速率慢、成本过高。

磁过滤阴极真空电弧法可以产生稳定的电弧和电子束流，精准控制电弧能量，还可以改变磁场强度，控制镀膜离子能量，解决了磁控溅射法等只能通过加热的方式增加镀膜离子能量的问题。磁过滤阴极真空电弧法对温度要求较低，可在低于 80℃下进行，应用十分广泛。

磁控溅射法应用广泛、操作简单，其原理是通过外加电场使电子定向移动并与氩原子碰撞，使其电离出氩离子和新的电子。产生的新电子与衬底相结合，氩离子在电场力作用下获得加速度，以高能量轰击阴极靶材并发生溅射，使靶原子或分子沉积成薄膜。

参 考 文 献

[1]　张培彦. 基于白刚玉微粉的 SiC 单晶片（0001）C 面化学机械抛光研究[D]. 南京：南京理工大学，2012.

[2]　Raback P. Modeling of the sublimation growth of silicon carbide crystals[J]. Journal of Neurology Neurosurgery and Psychiatry，1999，50（9）：1173-1177.

[3]　李婷. 碳化硅纳米材料的制备与表征[D]. 济南：山东大学，2009.

[4]　Neudeck P G. SiC technology[J]. VLSI Handbook，1998，30（39）：97-106.

[5]　王顺冲. 宽禁带半导体碳化硅在中红外激光方面的应用[J]. 河南科技，2017（17）：133-135.

[6]　郝跃，彭军，杨银堂. 碳化硅宽带隙半导体技术[M]. 北京：科学出版社，2000.

[7]　Wright N G，Horsfalk A B. SiC sensors：A review[J]. Journal Applied Physics，2007，40（20-21）：6345-6354.

[8]   全宏声. 钛基复合材料发动机活塞和飞机起落架[J]. 材料工程，2001（12）：42.

[9]   科信. 三菱公司牵引逆变器采用碳化硅功率模块，能耗降低 40%[J]. 半导体信息，2015（4）：10.

[10]   陈明会，王春宁，武浩. 碳化硅电力半导体器件在现代电力系统的应用及展望[J]. 通讯电源技术，2018，35（1）：11-13.

[11]   Chen X F，Li J，Ma D Y，et al. Fine machining of large-diameter 6H-SiC wafers[J]. Journal of Materials Science and Technology，2006，22：681-684.

[12]   Aida H，Doi T，Takeda H，et al. Ultraprecision CMP for sapphire，GaN，and SiC for advanced optoelectronics materials[J]. Current Applied Physics，2012，12：S41-S46.

[13]   赵敏，贺文智，朱昊辰，等. 碳化硅在能源领域的应用及展望[J]. 上海节能，2017（10）：578-582.

[14]   赵佶. 半导体照明产业的新血液：碳化硅衬底[J]. 半导体信息，2013（4）：21-24.

[15]   张磊. 碳化硅中子探测器的研制及其性能研究[D]. 长沙：国防科技大学，2015.

[16]   Hojun L，Beomyoung P，Hyunseop L，et al. The effect of mixed abrasives slurry on CMP of 6H-SiC substrate[J]. Materials Science Forum，2008，569：133-136.

[17]   王旭，张学军，徐领娣. 固着磨料加工碳化硅反射镜的实验[J]. 光学精密工程，2009，17（4）：772-777.

[18]   Tsai M Y，Wang S M，Tsai C C，et al. Investigation of increased removal rate during polishing of single crystal silicon carbide[J]. The International Journal of Advanced Manufacturing Technology，2015，80（2）：9-12.

[19]   Chen X F，Xu X G. Anisotropy of chemical mechanical polishing in silicon carbide substrates[J]. Materials Science and Engineering B，2007，142（1）：28-30.

[20]   Heydemann V D，Everson W J，Gamble R D，et al. Chemi-mechanical polishing of on-axis semi-insulating SiC substrates[J]. Materials Science Forum，2004，457：805-808.

[21]   Zhou L，Audurier V，Pirouz P. Chemomechanical polishing of silicon carbide[J]. Journal of the Electrochemical Society，1997，144：161-163.

[22]   Kato T，Wada K，Hozomi E，et al. High throughput SiC wafer polishing with good surface morphology[J]. Materials Science Forum，2007，556：753-756.

[23]   Pan G S，Zhou Y，Luo G，et al. Chemical mechanical polishing of on-axis Si-face 6H-SiC wafer for obtaining atomically flat defect-free surface[J]. Journal of Materials Science Materials in Electronics，2013，24（12）：5040-5047.

[24]   Lee H S，Kim D I，An J H，et al. Hybrid polishing mechanism of single crystal SiC using mixed abrasive slurry（MAS）[J]. CIRP Annals-Manufacturing Technology，2010，59（1）：333-336.

[25]   Lagudu U，Isono S，Krishnan S，et al. Role of ionic strength in chemical mechanical polishing of silicon carbide using silica slurries[J]. Colloids and Surfaces A-Physicochemical and Engineering Aspects，2014，445：119-127.

[26]   Yin T，Doi T，Kurokawa S，et al. The effects of strong oxidizing slurry and processing atmosphere on double-sided CMP of SiC wafer[J]. Advanced Materials Research，2012，591-593（25）：1131-1134.

[27]   Chen G M，Ni Z F，Xu L J，et al. Performance of colloidal silica and ceria based slurries on CMP of Si-face 6H-SiC substrates[J]. Applied Surface Science，2015，359：664-668.

[28]   Chen G M，Ni Z F，Bai Y W，et al. The role of interactions between abrasive particles and substrate surface in chemical-mechanical planarization of Si-face 6H-SiC[J]. RSC Advances，2017，7（28）：16938-16952.

[29]   Hara H，Sano Y，Mimura H，et al. Novel abrasive-free planarization of 4H-SiC（0001）using catalyst[J]. Journal of Electronic Materials，2006，35（8）：11-14.

[30]   Kamoyo T，Sano Y，Tachibana K，et al. Improvement of removal rate in abrasive-free planarization of 4H-SiC substrates using catalytic platinum and hydrofluoric acid[J]. Japanese Journal of Applied Physics，2012，51（4）：046501.

[31]　Sano Y，Arima Z K，Yamauchi K. Planarization of SiC and GaN wafers using polishing technique utilizing catalyst surface reaction[J]. Journal of Solid State Science and Technology，2013，8（2）：N3028-N3035.

[32]　Zhou Y，Pan G S，Shi X L，et al. Chemical mechanical planarization（CMP）of on-axis Si-face SiC wafer using catalyst nanoparticles in slurry[J]. Surface and Coatings Technology，2014，251（1）：48-55.

[33]　徐少平，路家斌，阎秋生，等. 单晶 SiC 化学机械抛光液的固相催化剂研究[J]. 机械工程学报，2017，53（21）：167-173.

[34]　阎秋生，徐少平，路家斌，等. 单晶 SiC 化学机械抛光液化学反应参数研究[J]. 机械设计与制造，2017（9）：98-100.

[35]　Li C H，Ishwara B，Wang R J，et al. Electro-chemical mechanical polishing of silicon carbide[J]. Electronic Materials，2004，33（5）：481-486.

[36]　Ballarin N，Carraro C，Maboudian R，et al. Electropolishing of n-type 3C-polycrystalline silicon carbide[J]. Electrochemistry Communications，2014，40：17-19.

[37]　Deng H，Hosoya K，Imanishi Y，et al. Electrochemical mechanical polishing of single-crystal SiC using CeO_2 slurry[J]. Electrochemistry Communications，2015，52：5-8.

[38]　Murata J，Yodogawa K，Ban K. Polishing-pad-free electro-chemical mechanical polishing of single-crystalline SiC surfaces using polyurethane-CeO_2 core-shell particles[J]. International Journal of Machine Tools and Manufacture，2016，114：1-7.

[39]　Yamamura K，Takiguchi T，Zettsu N. Development of atmospheric-pressure-plasma-assisted high-efficient and high-integrity machining process of difficult-to-machine materials[C]. Delft：European Society for Precision Engineering and Nanotechnology，2010：299-302.

[40]　Yamamura K，Takiguchi T，Ueda M，et al. High-integrity finishing of 4H-SiC（0001）by plasma-assisted polishing[J]. Advanced Materials Research，2010，126：423-428.

[41]　Yamamura K，Takiguchi T，Ueda M，et al. Plasma assisted polishing of single crystal SiC for obtaining atomically flat strain-free surface[J]. CIRP Annals-Manufacturing Technology，2011，60：571-574.

[42]　Deng H，Monna K，Tabata T，et al. Optimization of the plasma oxidation and abrasive polishing processes in plasma-assisted polishing for highly effective planarization of 4H-SiC[J]. CIRP Annals-Manufacturing Technology，2014，63：529-532.

[43]　Deng H，Katsuyoshi E，Yamamura K. Damage-free finishing of CVD-SiC by a combination of dry plasma etching and plasma-assisted polishing[J]. International Journal of Machine Tools and Manufacture，2016，115：38-46.

[44]　Kordonski W I，Jacobs S D. Magnetorheological finishing[J]. International Journal of Modern Physics B，1996，10：2837-2848.

[45]　刘志军. 碳化硅镜面材料的磁流变抛光工艺研究[D]. 长沙：国防科技大学，2008.

[46]　王芳杰，郭忠达，阳志强，等. 单晶碳化硅磁流变抛光工艺实验研究[J]. 科技创新导报，2010（32）：112-113.

[47]　Zhu J T，Jiabin L U，Pan J，et al. Study of cluster magnetorheological-chemical mechanical polishing technology for the atomic scale ultra-smooth surface planarization of SiC[J]. Advanced Materials Research，2012，797：284-290.

[48]　白杨，张峰，李龙响，等. 碳化硅基底改性硅表面的磁流变抛光[J]. 光学学报，2015，35（3）：316-323.

[49]　Yan Q S，Yan J W，Lu J B. Ultra smooth planarization polishing technique based on the cluster magnetorheological effect[J]. Advanced Materials Research，2010，135（135）：18-23.

[50]　潘继生，阎秋生，路家斌，等. 集群磁流变平面抛光加工技术[J]. 机械工程学报，2014，1：205-212.

[51]　梁华卓. 单晶 SiC 磁流变化学复合抛光机理研究[D]. 广州：广东工业大学，2019.

[52]　杨超，李福坤，任婷，等. 碳化硅晶圆的快速高质量复合加工方法[J]. 光学学报，2020，40（13）：6.

[53]　苑泽伟，杜海洋，何艳，等. 光催化辅助化学机械抛光 CVD 金刚石抛光液的研制[J]. 金刚石与磨料磨具工程，2016，36（5）：15-20.

[54]　Yuan Z W, He Y, Sun X W, et al. UV-TiO₂ photocatalysis-assisted chemical mechanical polishing 4H-SiC wafer[J]. Materials and Manufacturing Processes，2017，33（11）：1214-1222.

[55]　何艳，苑泽伟，段振云，等. 单晶碳化硅晶片高效超精密抛光工艺[J]. 哈尔滨工业大学学报，2019，51（1）：115-121.

[56]　Ishikawa Y，Matsumoti Y，Nishida Y，et al. Surface treatment of silicon carbide using TiO₂（Ⅳ）photocatalyst[J]. Journal of the American Chemical Society，2003，125（21）：6558-6562.

[57]　Ohnishi O，Doi T，Kurokawa S，et al. Effects of atmosphere and ultraviolet light irradiation on chemical mechanical polishing characteristics of SiC wafers[J]. Japanese Journal of Applied Physics，2012，51（5S）：4403-4408.

[58]　Lu J，Wang Y G，Luo Q F，et al. Photocatalysis assisting the mechanical polishing of a single-crystal SiC wafer utilizingan anatase TiO₂-coated diamond abrasive[J]. Precision Engineering，2017（49）：235-242.

[59]　Zhou Y，Pan G S，Zou C L，et al. Planarization of SiC wafer using photo-catalyst incorporated pad[C]. Beijing: International Conference on Planarization/CMP Technology，2017：1-6.

[60]　叶子凡，周艳，徐莉，等. 紫外 LED 辅助的 4HSiC 化学机械抛光[J]. 纳米技术与精密工程，2017，15（5）：342-346.

[61]　路家斌，熊强，阎秋生，等. 紫外光催化辅助 SiC 抛光过程中化学反应速率的影响[J]. 表面技术，2019，48（11）：148-158.

[62]　路家斌，熊强，阎秋生，等. 6H-SiC 单晶紫外光催化抛光中光照方式和磨料的影响[J]. 金刚石与磨料磨具工程，2019，39（3）：29-37.

[63]　何艳. 光催化辅助抛光碳化硅晶片工艺及机理研究[D]. 沈阳：沈阳工业大学，2019.

[64]　肖晓兰，阎秋生，林华泰，等. 氮化硅陶瓷球研磨抛光技术研究进展[J]. 广东工业大学学报，2018，35（6）：18-30.

[65]　Shiau T N，Tsai Y J，Tsai M S. Nonlinear dynamic analysis of a parallel mechanism with consideration of joint effects[J]. Mechanism and Machine Theory，2008，43（4）：491-505.

[66]　Prokhorov I V，Kordonsky W I，Gleb L K，et al. New High-precision magnetorheological instrument-based method of polishing optics[J]. Technical Digest Series（Optical Society of America），1992，24：134-136.

[67]　Kiho B，Kye H B，Jaeseok K，et al. Highly selective chemical mechanical polishing of Si₃N₄ over SiO₂ using advanced silica abrasive[J]. Japanese Journal of Applied Physics，2017，56（5）：056501.

[68]　Hu Y Z，Yang G R，Chow T P，et al. Chemical-mechanical polishing of PECVD silicon nitride[J]. Thin Solid Films，1996，290（45）：3-5.

[69]　Jiang M，Wood N O，Komanduri R. On chemo-mechanical polishing（CMP）of silicon nitride（Si₃N₄）work material with various abrasives[J]. Wear，1998，220（1）：59-71.

[70]　朱从容，吕冰海，袁巨龙. 氮化硅陶瓷球化学机械抛光机理的研究[J]. 中国机械工程，2010，21（10）：1245-1249.

[71]　李庆忠，高渊魁，朱强. 精细雾化抛光氮化硅陶瓷的抛光液配制参数优化[J]. 材料科学与工程学报，2018，36（2）：282-285.

[72]　谢文祥. 蓝宝石的化学机械抛光液研究[D]. 大连：大连理工大学，2021.

[73]　Ebina Y，Hang W，Zhou L B，et al. Study on grinding processing of sapphire wafer[J]. Advanced Materials

Research，2012，565：22-27.

[74]　Fujita T，Enomoto T，Tominaga S，et al. High efficient finishing by using a structure-controlled polishing pad（improvement of contact condition between pad and work-piece）[J]. Transactions of the Japan Society of Mechanical Engineers，2008，74（747）：2803-2808.

[75]　肖强，朱育权，王文娟，等. ELID 磨削工艺参数优化对光学玻璃表面质量影响的试验研究[J]. 机床与液压，2008，36（2）：68-69.

[76]　Kozhinova I A，Arrasmith S R，Lambropoulos J C，et al. Exploring anisotropy in removal rate for single crystal sapphire using MRF[J]. Proceedings of SPIE-The International Society for Optical Engineering，2001，4451：277-285.

[77]　Cui Y Q，Niu X H，Zhou J K，et al. Effect of chloride ions on the chemical mechanical planarization efficiency of sapphire substrate[J]. ECS Journal of Solid State Science and Technology，2019，8（9）：488-495.

[78]　马振国，刘玉岭，武亚红，等. 蓝宝石衬底 nm 级 CMP 技术研究[J]. 微纳电子技术，2008，45（1）：51-54.

[79]　Zhou Y，Pan G，Shi X，et al. AFM and XPS studies on material removal mechanism of sapphire wafer during chemical mechanical polishing（CMP）[J]. Journal of Materials Science：Materials in Electronics，2015，26（12）：9921-9928.

[80]　黄毅，陈永胜. 石墨烯的功能化及其相关应用[J]. 中国科学：化学，2009，39（9）：887.

[81]　黄海平，朱俊杰. 新型碳材料——石墨烯的制备及其在电化学中的应用[J]. 分析化学，2011，39（7）：963-971.

[82]　文卫无. 纳米单晶铜杆的分子动力学模拟与性能研究[D]. 西安：西北工业大学，2004.

[83]　王艳. 石墨烯导电薄膜的可控制备及导电性能研究[D]. 太原：太原理工大学，2012.

[84]　李萌萌. 微通道气体流动的分子动力学模拟[D]. 西安：西安电子科技大学，2005.

[85]　马新玲，杨卫. 并行 MD 优化算法与纳米晶体力学模拟[J]. 清华大学学报（自然科学版），2004，44（5）：661-665.

[86]　Qiu Z Y，Song L，Zhao J，et al. The nanoparticle size effect in graphene cutting：A "Pac-Man" mechanism[J]. Angewandte Chemie，2016，55（34）：9918-9921.

[87]　Masubuchi S，Arai M，Machida T. Atomic force microscopy based tunable local anodic oxidation of graphene[J]. Nano Letters，2011，11（11）：4542-4546.

[88]　傅强，包信和. 石墨烯的化学研究进展[J]. 科学通报，2009，54（18）：2657-2666.

[89]　Bai J，Duan X，Huang Y. Rational fabrication of graphene nanoribbons using a nanowire etch mask[J]. Nano Letters，2009，9（5）：2083.

[90]　Li D，Müller M B，Gilje S，et al. Processable aqueous dispersions of graphene nanosheets[J]. Nature Nanotechnology，2008，3（2）：101-105.

[91]　章宗城. 加工复合材料的新利器——DLC 涂层刀具[J]. 航空制造技术，2006（7）：54-55.

[92]　黄雷. 类金刚石碳基复合薄膜制备工艺及其应用研究[D]. 南京：南京理工大学，2018.

[93]　杨思远，邬奕欣，吴小倩，等. 类金刚石薄膜应用与制备技术发展现状[J]. 黑龙江科学，12（16）：20-22.

[94]　Meškinis Š，Vasiliauskas A，Šlapikas K，et al. Bias effects on structure and piezoresistive properties of DLC：Ag thin films[J]. Surface and Coatings Technology，2014，255：84-89.

[95]　Miksovsky J，Voss A，Kozarova R，et al. Cell adhesion and growth on ultrananocrystalline diamond and diamond-like carbon films after different surface modifications[J]. Applied Surface Science，2014，297：95-102.

[96]　Gabryelczyk B，Szilvay G R，Linder M B. The structural basis for function in diamond-like carbon binding peptides[J]. Langmuir，2014，30（29）：8798-8802.

[97]　Hsieh J，Chua D H C，Tay B K，et al. Monochromatic photoluminescence obtained from embedded ZnO nanodots

in an ultrahard diamond-like carbon matrix[J]. Diamond and Related Materials，2008，17（2）：167-170.

[98]　王雪敏，吴卫东，李盛印，等. 类金刚石膜在 ICF 研究中的潜在应用[J]. 激光与光电子学进展，2009，46（1）：60-66.

[99]　Amendt P，Cerjan C，Hamza A，et al. Assessing the prospects for achieving double-shell ignition on the national ignition facility using vacuum hohlraums[J]. Physics of Plasmas，2007，14（5）：056312.

[100]　Biener J，Mirkarimi P B，Tringe J W，et al. Diamond ablators for inertial confinement fusion[J]. Fusion Science and Technology，2006，49（4）：737-742.

[101]　Paul D R. Creating new types of carbon-based membranes[J]. Science，2012，335：413-414.

[102]　Karan S，Samitsu S，Peng X，et al. Ultrafast viscous permeation of organic solvents through diamond-like carbon nanosheets[J]. Science，2012，335：444-446.

[103]　Wang Z M，Zhang J，Han X，et al. Corrosion and salt scale resistance of multilayered diamond-like carbon film in CO_2 saturated solutions[J]. Corrosion Science，2014，86：261-267.